液流電池與儲能

FLOW BATTERIES AND ENERGY STORAGE

徐泉,牛迎春
王岫,徐春明 主編

目錄 CONTENTS

第 1 章　能源與儲能技術 …………………………………………………… 1

第 2 章　液流電池電化學基礎 ……………………………………………… 23

第 3 章　電池管理系統 ……………………………………………………… 51

第 4 章　儲能材料表徵與分析 ……………………………………………… 111

第 5 章　全釩液流電池 ……………………………………………………… 149

第 6 章　鐵鉻液流電池 ……………………………………………………… 167

第 7 章　其他液流電池 ……………………………………………………… 191

第 8 章　儲能與液流電池的應用與展望 …………………………………… 239

第 1 章　能源與儲能技術

　　當前，全球氣候暖化、大氣汙染、酸雨蔓延、水體汙染、臭氧層破壞、固體廢物汙染等環境問題日益嚴重，這對國際能源形勢的改變產生了較為深遠的影響。近十幾年來，隨著能源轉型的持續推進，作為推動可再生能源從替代能源走向主體能源的關鍵，儲能技術受到了業界的高度關注。儲能技術具有削峰填谷的重要作用，在產能高峰期時，可以將未消耗的一部分電能儲存起來，待產能低峰期出現時，再將電能釋放，用於減輕波動，保證母線電壓的變化能夠維持在一定安全範圍內，使得電網或者負載正常運行。儲能技術在國民經濟生產生活中佔據著重要地位，已被廣泛應用於輸電、供配電、汽車製造、軌道交通、航太航空等領域[1]。

1.1　能源概述及發展現狀

1.1.1　碳達峰與碳中和

　　碳達峰（Peak Carbon Dioxide Emissions）就是指在某一個時點，二氧化碳的排放不再成長達到峰值。碳達峰是二氧化碳排放量由增轉降的歷史反曲點，代表著碳排放與經濟發展實現脫鉤，達峰目標包括達峰年分和峰值。碳中和是指企業、團體或個人測算在一定時間內直接或間接產生的溫室氣體排放總量，通過植樹造林、節能減排等形式，以抵消自身產生的二氧化碳排放量，實現二氧化碳「零排放」。碳達峰與碳中和一起，簡稱「雙碳」（見圖 1-1）。

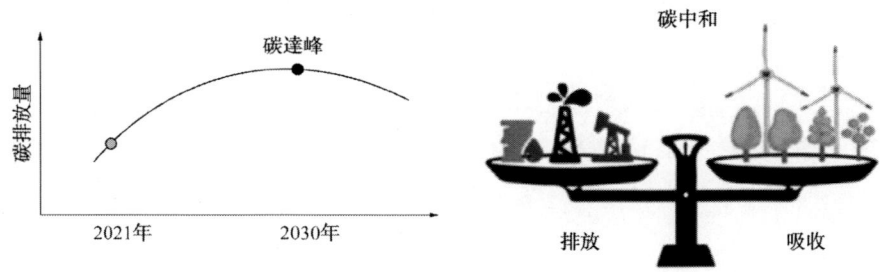

圖 1-1　碳達峰與碳中和示意圖

由中國發起成立的全球能源互聯網合作組織發布的研究報告提出，以特高壓引領中國能源網際網路建設，推動中國碳減排總體可分3個階段：第一階段是2030年前儘早達峰，2025年電力先實現碳達峰，峰值4.5×10^9 t，2028年能源和全社會實現碳達峰，峰值分別為1.02×10^{10} t、1.09×10^{10} t；第二階段是2030～2050年加速脫碳，2050年電力實現近零排放，能源和全社會碳排放分別降至1.8×10^9 t、1.4×10^9 t，相比峰值分別下降80%、90%；第三階段是2050～2060年全面碳中和，力爭2055年左右全社會碳排放淨零，實現2060年前碳中和目標[2]。

隨著碳中和目標的明確，能源領域將迎來一場巨大的革命，新能源必將取代傳統化石能源，成為能源領域的支柱。

伴隨人類社會經濟發展、人口規模增加、城市化和工業化進程加快，由化石能源消費迅速成長導致的碳循環非對稱性加劇與全球氣候變化已成為當前世界各界共同關注的焦點。近年來，雖然各國都在努力調整能源產業結構，但整體來看，化石能源仍是主要消費資源[3]。

在化石能源中，作為目前全球第一大能源，石油在展望期內仍將繼續發揮主體能源的作用。2020年，在全球能源消費中，石油消費佔比31.2%，消費佔比仍超過煤炭、天然氣以及其他能源。

全球石油已探明儲量近幾年來小幅下降（見圖1－2）。從地區構成來看，目前，中東地區已探明石油儲量穩居全球第一，占全球已探明儲量的比重接近一半。2020年，中東地區已探明石油儲量為8.359×10^{11}桶，占全球總量的48.3%；南美地區已探明石油儲量為3.234×10^{11}桶，占全球總量的18.7%；北美地區已探明石油儲量為2.429×10^{11}桶，占全球總量的14.0%。

如圖1－3所示，2020年石油產量創七年新低。全球石油產量自2010年以來保持持續成長勢頭，2020年，受新冠肺炎疫情影響，全球石油產量增勢未能延續，總產量為4.1651×10^9 t，同比下降7.2%。2020年石油消費創十年新低。從石油能源消費情況來看，2010年以來，全球石油消費總量仍保持平穩成長勢頭。2020年，受全球新冠肺炎疫情影響，各地能源需要下降，石油消費有所下滑，總消費量為4.0067×10^9 t，同比下降9.7%，創近十年石油消費總量新低[4]。

1.1.2　風能發電

風能發電的原理是將風能轉化為動能，然後轉化為機械能和輸出能。具體方

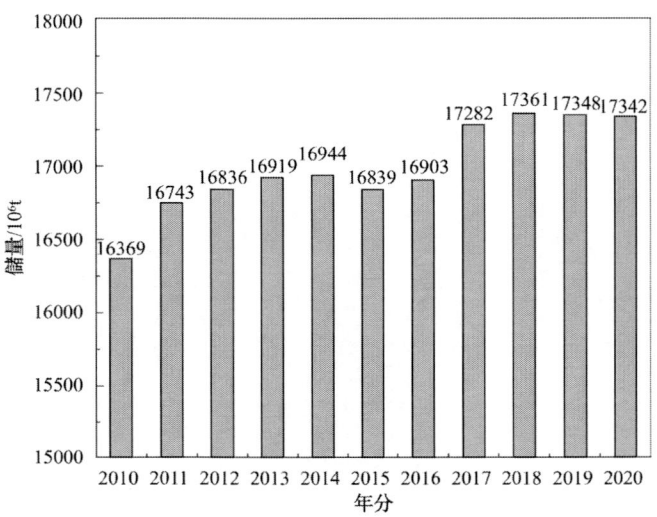

圖1-2　2010～2020年全球石油已探明儲量變化趨勢[4]

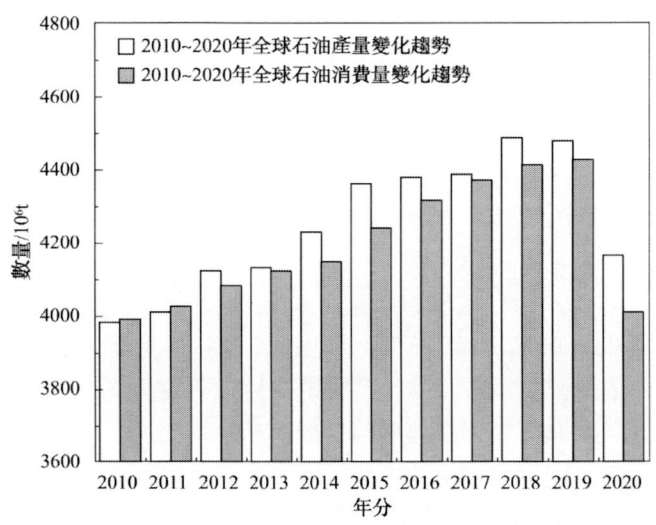

圖1-3　2010～2022年全球石油產量和銷量變化趨勢[4]

法是風使風力葉片轉動，使發電機內部旋轉並切割磁場，最後積累能量的裝置以電能的形式保持恆定的電流輸出。

　　風力發電機通常由葉片、低速軸、高速軸、風速計、塔架、發電機、液壓系統組成。在風力發電機結構中，風輪是一種將風能轉化為電能的裝置，可根據風向的變化改變風輪的方向，從而最大限度地利用風能。塔架是連接和支撐風輪和

發電機的支座，其高度取決於周圍地形和風輪的大小，以確保風輪的正常運行。風力發電機是一種將機械能從風能轉換為電能的裝置，其構造如圖1－4所示。

圖1－4　風力發電機構造圖[3]

風能發電最明顯的優勢是資源豐富，風能作為一種可再生資源，不會枯竭，儲量豐富，其充分開發產生的能量能大大滿足人們的生活需要。風能作為一種清潔能源，其利用不需要煤炭等化石燃料，不會產生危害環境和人類生存的有害物質，具有很高的環境效益。與太陽能、核能和生物質能等發電方法相比，風能發電需要建造發電廠的週期短，對地理環境的要求相對較低。風能在發電中的應用具有很大的市場優勢和競爭力[3]。

中國風力發電的前景是風力發電量大，利用率高，發電成本低。未來風能發電前景是很可觀的，電力成本較煤炭成本呈現明顯下降狀態。2030年，滿足電力總裝機容量15%的風力發電機組可滿足8.4%左右的用電需要；2050年，滿足電力總裝機容量26%的風電產生的電量能滿足約17%的電力需求，風力發電在中國能源發展中佔據發電主力之席[3]。雖然中國的風能資源豐富，但其開發量遠低於其儲量，所以風能有著相當廣闊的發展空間。

1.1.3　太陽能發電

太陽能發電具有資源豐富、清潔環保的優點，已經成為世界各國能源發展的重要形式，也是中國今後能源工作的重點之一。太陽能發電具有太陽能和光熱發電兩種形式，具有不同的技術經濟特性以及發展前景，未來太陽能發電技術路線選擇問題等已引起發電企業、電網企業、裝備製造企業和投資商等相關利益方的廣泛關注[4]。

1.1.3.1　太陽能發電技術

太陽能發電技術是一種直接將太陽光的輻射能轉化為電能的發電模式，利用

了半導體PN結的光生伏特效應。當太陽光照射在PN結上時，部分光被反射，其餘部分或變成熱能，或使光子與半導體的原子價電子發生碰撞形成空穴電子對。由於存在擴散運動，P區帶正電，N區帶負電，PN結兩端產生電位差，如果將多個電池串聯或並聯在一起，接通外電路就會形成電壓和電流，太陽能便被轉化為電能。太陽能電池材料特性見表1—1。

表1—1 太陽能電池材料特性[5]　　　　　　　　　　　　　　　　%

太陽能技術	材料類型	實驗室轉換效率	量產轉換	優點	缺點
第一代（矽片技術）	單晶矽	24.7	23	轉換效率高、使用壽命長、技術成熟	成本高、受環境影響大、高汙染、耗能大
	多晶矽	20.3	18.5		
第二代（薄膜技術）	非晶矽	12.8	8	成本低、質量輕、弱光下可發電	轉化效率低；Cd含劇毒，汙染環境
	CuInSe$_2$	19.8	12		
	CdTe	19.6	13		
第三代（多結技術）	染料敏化	22.7	18	染料敏化與有機電池成本低、無汙染；聚光電池效率高	處於探索開發階段、穩定性差；聚光電池需追蹤器，成本高
	有機電池	6.77	1		
	聚光電池	42.7	30		

從未來發展趨勢來看，2020～2030年太陽能發電將基本進入規模化生產階段，此期間政策支持可能會逐漸減弱甚至取消。2030～2050年太陽能發電將進入平穩發展階段，但由於太陽能發電本身特點，規模擴大會受到一定限制[6]。

1.1.3.2 光熱發電技術

光熱發電技術根據集光形式分為非集光型的傳統平板式和集光型的塔式拋物線型、槽式拋物線型、碟式拋物線型、線性菲涅耳式以及向下反射式。集光型的光熱發電又稱「聚光太陽能發電」，根據物理學原理通過鏡面將光能聚集到焦點或焦線上，通過集熱器吸收儲存熱量再將熱量傳遞給工質流體，從而產生蒸汽，帶動汽輪機發電[5]。光熱發電技術中各種聚光方式原理及特性見表1—2。

表1—2 光熱發電技術中各種聚光方式原理及特性[5]　　　　　　　　　%

聚光方式	原理	最高效率	優點	缺點
傳統平板式	光輻射經玻璃板到達集熱板，集熱板的熱量傳遞給工質流體	4.6	結構簡單、運行可靠、輸出平穩、造價低	溫度低、效率低

續表

聚光方式	原理	最高效率	優點	缺點
塔式	定日鏡場將光輻射聚焦到焦線上的集熱器上	23	聚光比和溫度較高、熱量損失小、效率高、適合大規模生產	前期投資大、控制系統較複雜、難維護、占地要求高
槽式	槽式拋物狀反射鏡將光輻射聚焦到焦線上的集熱器上	21	商業化運用佔比大、系統簡單、易於維護	聚光比低，熱量損耗大、效率較低、管道系統複雜
碟式	旋轉鏡面將光輻射集中在焦點處的集熱器上	31	聚光比高、噪音低、較靈活、效率高	成本高、設計複雜、規模受限制、無法儲熱
線性菲涅耳式	平面鏡或曲面鏡將光輻射集中到集熱器上	20	工藝相對簡單、成本低、易於維護	占地較大、聚光比和效率低、處於開發階段
向下反射式	定日鏡為主鏡，塔上雙曲面為副鏡，將太陽光聚集到塔下方的線性集熱器上	/	效率高、熱能傳遞損失少，系統安全性得到保障	處於研發階段，尚未成熟

  雖然中國太陽能光熱發電目前仍處於示範電站階段，但近年來發展勢頭快速，同時，中國光熱發電自主核心技術發展步伐明顯加快，正在建設的首批光熱發電示範專案中，設備、裝備、材料等國產化率均達到了 90% 以上，這為今後光熱技術的國產化發展奠定了良好的基礎。值得注意的是，由上海電氣為 EPC 總承包的杜拜阿聯酋馬克圖姆太陽能園區第四期 950MW 光熱太陽能複合發電專案的開工建設，代表著中國光熱專案建設已向國際化邁進，該專案在單體光熱裝機、單體光熱專案熔鹽用量、吸熱塔高度等方向均創造了世界之最。2019 年魯能海西州多能互補整合優化示範工程 50MW 光熱專案的建成投產，為風電、太陽能、光熱、儲能等多種能源綜合利用提供了新的思路。甘肅玉門花海百萬千瓦級光熱發電基地、青海省千萬千瓦級可再生能源基地等多個光熱發電基地的規劃，為中國光熱發電發展提供了良好的發展契機。中國可再生能源學會預計，2030 年中國光熱發電裝機容量將達到 30GW，2050 年預計可達到 180GW，發展前景非常好[7]。

1.1.4　其他能源發電技術

1.1.4.1　地熱能發電

  地熱能源自地殼運動、擠壓，常以地震、火山噴發的形式為人所熟知。地熱

能量巨大，地核溫度可達7000℃，通過地下水可將地熱能帶到地表為人們所利用。地熱能大部分是來自地球深處的可再生性熱能，它起於地球的熔融岩漿和放射性物質的衰變。還有一小部分能量來自太陽，大約占總地熱能的5%，表面地熱能大部分來自太陽。地下水的深處循環和來自極深處的岩漿侵入地殼後，把熱量從地下深處帶至近表層。地熱能儲量比人們所利用能量的總量多很多，大部分集中分布在構造板塊邊緣一帶，該區域也是火山和地震多發區。它不但是無汙染的清潔能源，而且如果熱量提取速度不超過補充的速度，那麼熱能是可再生的。

地熱能發電是先將地熱能轉變為機械能，然後轉變為電能的過程。中國中深層地熱能發電的主力地區是高溫地熱資源豐富的西藏、雲南西部、川西等地區，目前建成投產的地熱能發電專案多採用閃蒸發電技術、有機朗肯循環技術。截至2019年底，中國地熱能發電裝機容量從「十二五」末的27.28MW增至49.08MW，新增21.8MW。受中國地熱電價政策以及裝備技術等因素影響，20世紀建成的部分地熱電站已關停，目前僅有位於西藏的羊易地熱電站、羊八井地熱電站在繼續運行，地熱能發電規模整體成長緩慢[8]。

1.1.4.2　潮汐能發電

潮汐能的主要利用方式為發電。潮汐能發電與水力發電的原理類似，一般是建築一條帶有缺口的大壩，將靠海的河口或海灣與外海隔開形成一個天然水庫，在大壩缺口處安裝水輪發電機組，漲潮時，水庫中的水位低於海水水位，大量海水會通過缺口進入水庫，海水中的動能和勢能可轉化為水輪機的機械能，帶動水輪機轉動，使發電機組發電；退潮時，水庫中的水位就會高於海水水位，海水由水庫注入大海時帶動水輪機反方向轉動，使發電機組發電。因此，海水的漲落能使發電機組不斷地發電。而潮汐能發電與水力發電有一定的差異，主要為水力發電中水位差較大，而潮汐能發電水位差較小，所以潮汐電站中水輪機組為適合較小水位差且流量較大的機組[9]。

潮汐能是一種豐富的可再生自然資源，清潔無汙染，在中國沿海城市建立潮汐電站是一種緩解能源危機的良策。中國幅員遼闊，海岸線漫長，有18000km的大陸海岸線及6500多個海島海岸線，岸線總長度超過32000km，蘊藏著豐富的海洋能資源。據聯合國教科文組織提供的資料，全球可利用的海洋能源高達$800×10^8$kW，而中國沿岸和近海及毗鄰海域的潮汐能資源理論總儲量約為$1.1×10^8$kW，技術可利用量約為$0.2179×10^8$kW。近海（距海岸1km以內）水深在20～30m的水域為興建潮汐電站的理想海域。英國近海用水輪機研究所的專家法蘭克·彼得認為，在菲律賓、印度尼西亞、中國、日本等的海域都適於興建潮汐電站，並且隨著技術的日趨完善，潮汐電站的發電成本會進一步降低，而電

站提供的電能質量也會越來越高，潮汐能發電技術的大規模商業化應用也會逐步實現[10]。

1.1.4.3 海洋溫差發電

海洋溫差發電利用海水深淺層的溫度不同，通過熱交換器及渦輪機來發電。現有海洋溫差發電系統中，熱能的來源即是海洋表面的溫海水，發電的方法基本上有兩種：一種是利用溫海水，將封閉的循環系統中的低沸點工作流體蒸發；另一種則是溫海水本身在真空室內沸騰。海洋溫差發電廠是利用海水表面的溫海水加熱低沸點的物質並讓它汽化（或者通過降低壓力來使海水氣化），以驅動汽輪機發電；並且利用海水深處的冷液面將做功後的蒸汽冷凝重新變為液體，以此形成系統循環。

1.1.4.4 核能發電

核能發電是將核反應堆中的核分裂反應所釋放出來的熱能利用起來進行發電的。核能發電和火力發電很接近，只是將核反應堆替代火力發電的鍋爐，用核分裂產生的熱能替代燃料產生的燃燒能。在1950年代到1960年代中期產生的第一代核能發電，是利用原子核分裂能發電，以開發早期的原型堆核電廠為主的。在1960年代中期到1960年代末，是第二代核能發電商用核電廠大發展的時期，即使當前正在興建的核電廠，還大多屬於第二代。第二代核電廠包括幾種主要的核電廠類型，即沸水堆核電廠、壓水堆核電廠、氣冷堆核電廠、重水堆核電廠，以及壓力管式石墨水冷堆核電廠。

1.2 儲能技術

儲能（Stored Energy）是指通過介質或設備把能量儲存起來，在需要時再釋放的過程。儲能又是石油油藏中的一個名詞，代表儲層儲存油氣的能力。儲能本身不是新興的技術，但從產業角度來說卻是剛剛出現，正處在起步階段。

儲能技術主要是指電能的儲存，具體方式為在電網負荷低的時候儲能，在電網負荷高的時候輸出能量。儲存的能量可以用作應急能源，也可以用於削峰填谷、減輕電網波動等。能量有多種形式，包括輻射能、化學能、重力位能、電位能等。能量儲存的目的是將難以儲存的能量形式轉換成更便利或經濟可儲存的形式。

根據儲能技術的原理及儲存形式差異可將儲能系統分為以下幾類（見圖1—5）。

① 機械儲能：包括抽水蓄能、壓縮空氣儲能和飛輪儲能等。

② 電磁儲能：包括超導磁儲能和超級電容器等。

③ 電化學儲能：包括鋰離子電池、鉛酸電池等常規電池和鋅溴、全釩氧化

還原液流電池等。

④ 化學儲能：包括氫儲能和燃料電池等。

⑤ 熱/冷儲能：包括含水層儲能系統、液態空氣儲能以及顯熱儲能與潛熱儲能等高溫儲能。

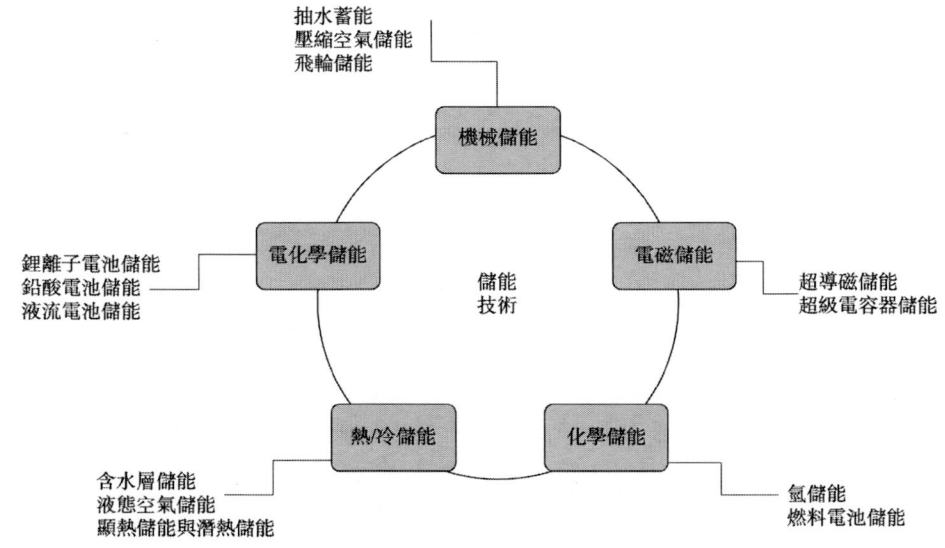

圖 1－5　儲能技術分類

此外，還可以依放電時間尺度及系統的功率規模對儲能技術進行分類。例如放電時間為秒至分鐘級的儲能系統可用於支持電能質量，此類儲能系統額定功率小於 1MW，且具快速響應(μs 級)的特性，典型的儲能系統包括超導磁儲能、飛輪儲能、超級電容等；放電時間為分鐘至小時級的儲能系統則可用作橋接電源，額定功率約在 100kW～10MW，且響應時間較快(小於 1s)，典型的儲能系統包含液流電池、燃料電池和金屬空氣電池等；至於放電時間為數小時甚至超過 24h 的儲能系統則多應用於能源管理，其中，壓縮空氣、抽水蓄能和低溫儲能等功率在 100MW 以上的儲能系統適用於大規模能源管理，而一些化學式與熱能式儲能可用於容量為 10～100MW 的中等規模能源管理。

總體來說，儲能技術能增加電網靈活性、改善電力質量、促進新能源消納，而不同的儲能技術也有各自的特點與適用場景，目前有多種儲能技術並行發展。抽水蓄能技術成熟、成本較低，是大規模儲能系統的中流砥柱，其中，地下抽水蓄能及海洋抽水蓄能的相關研究開拓了抽水蓄能技術的發展潛力。飛輪儲能、超導磁儲能與超級電容的響應速度快、功率密度高，適用於改善電能質量，但儲能容量較小，且目前材料或系統設備生產成本較高，因此應用相對受限。壓縮空氣

液流電池與儲能

儲能的儲能效率較低、選址要求高,其中,先進絕熱壓縮空氣儲能是目前最主要的新型技術,對環境更為友好,亦可提升系統效率。電化學儲能呈現多項技術並行發展的局面,安裝靈活、可依應用需要設計儲能規模、建設週期相對較短是多數電化學儲能的優勢。鋰離子電池的專案數量居於首位、應用廣泛;鉛酸電池歷史悠久、技術成熟,但不環保、壽命短;液流電池和鈉硫電池等新興電池儲能技術則提供了更多選擇。

各種儲能技術在能量密度和功率密度方面均有不同的表現,而電力系統對儲能系統的應用也提出了不同的技術要求,但很少有一種儲能技術可以完全勝任電力系統中的各種應用。因此,電力系統在應用時必須兼顧雙方需要,選擇匹配的儲能方式與電力應用[11,12]。

1.2.1 機械儲能

機械儲能技術是最早出現的儲能技術,與我們的生活息息相關,其主要可分為抽水儲能、壓縮空氣儲能和飛輪儲能。

1.2.1.1 抽水儲能

抽水儲能是最古老,也是目前裝機容量最大的儲能技術。抽水儲能技術是指,在電力負荷低谷期或水資源豐富時,利用電能將水從地勢低的下游水庫抽取到地勢高的上游水庫,將電能轉化成重力位能儲存起來,在地區發生電枯竭時,利用上游水庫放水使得水輪發電機運行,從而將重力位能轉變為電能,進而實現發電。抽水蓄能電站既可以使用淡水,也可以使用海水作為儲存介質。目前,地下抽水蓄能(UPHES)的新思路已經浮出水面。地下抽水蓄能電站與傳統抽水蓄能電站的唯一區別是水庫的位置。傳統的抽水蓄能電站對於地質構造與適用區域有較高的要求,而新型抽水蓄能電站就沒有這樣高的限制。只要有地下水可用,地下抽水蓄能電站就可以建設在平地,上水庫在地表,下水庫在地下[13]。

由其儲能的原理可知,抽水蓄能的儲能容量主要正比於兩水庫之間的高度差和水庫容量。由於水的蒸發或滲透損失相對極小,因此抽水蓄能的儲能週期範圍廣,短至幾小時,長可至幾年。再考慮其他機械損失與輸送損失,抽水蓄能系統的循環效率為70%~80%,預期使用年限約為40~60年,實際情況取決於各抽水蓄能電站的規模與設計情況。抽水蓄能的額定功率為100~3000MW,可用於調峰、調頻、緊急事故備用、黑啟動和為系統提供備用容量等。抽水儲能示意圖如圖1-6所示。

抽水蓄能電站高度依賴於當地的地形地貌並且會直接造成環境破壞。它的理想場所是上下水庫的落差大、具有較高的發電能力、較大的儲能能力、對環境無不利影響,並靠近輸電線路。抽水蓄能系統除了從電網獲得電能之外,現在還可

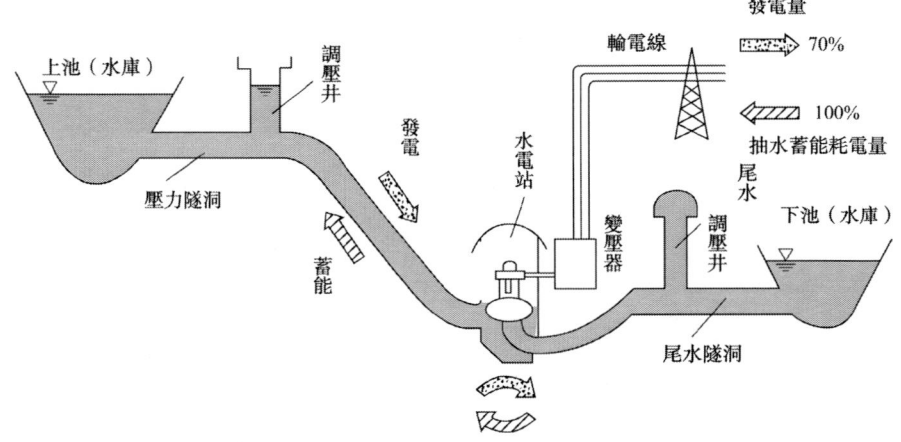

圖 1-6 抽水儲能示意圖

以使用風力渦輪機或太陽能直接驅動水泵工作。這種方式不但使能量的利用更為有效，還很好地解決了風能和太陽能發電不穩定的問題[14]。

根據新聞媒體報導，中國國網新能源吉林敦化抽水蓄能電站 1 號機組已於 2021 年 6 月 4 日正式投產發電，預計 2022 年實現全部投產，可為東北電網安全穩定運行和促進新能源消納提供堅強保障。敦化電站可說是中國抽水蓄能技術的一個里程碑，是中國首次實現 700m 級超高水頭、高轉速、大容量抽水蓄能機組的完全自主研發、設計和製造，額定水頭 655m，最高揚程達 712m，裝機容量為 1400MW，其中包含 4 臺單機容量 350MW 的可逆式水泵水輪機組，且在機組運行穩定性、電纜生產工藝、斜井施工技術上皆有所突破，還克服了施工過程中低溫嚴寒所造成的問題。敦化抽水蓄能電站完工投產，可發揮調峰、填谷、調頻、調相、事故備用及黑啟動等儲能應用的功能，可提高併網電力系統的穩定性與安全性，並促進節能減排。

1.2.1.2　壓縮空氣儲能

壓縮空氣儲能與抽水儲能的運作方式相似。壓縮空氣儲能是在電力負荷低谷期利用電能使空氣壓縮機做功，將空氣高壓密封在山洞、報廢礦井和過期油氣井中。當電力富餘時，利用電力驅動壓縮機，將空氣壓縮並儲存於腔室中；當需要電力時，釋放腔室中的高壓空氣以驅動發電機產生電能。目前，已有兩座大規模壓縮空氣儲能電站投入商業運行，分別位於美國和德國。其主要應用為調峰、備用電源、黑啟動等，效率約為 85%，高於燃氣輪機調峰機組，儲存週期可達一年以上。

中國對壓縮空氣儲能系統的研究開發比較晚。近年來，隨著電力儲能需要的快速增加，壓縮空氣儲能逐漸成為研究和開發焦點，被一些大學和科學研究機構

液流電池與儲能

重視。2015年，中國首個1.5MW壓縮空氣儲能系統在貴州畢節興建，它是世界上首套超臨界壓縮空氣儲能系統。另外，中國國家電網擬在張北地區建設10MW壓縮空氣儲能電站[15]。中國目前也在江蘇建了首座先進絕熱壓縮空氣儲能電站——金壇鹽穴壓縮空氣儲能國家試驗示範專案，一期工程發電裝機60MW，儲能容量300MW·h，專案遠期規劃1000MW，其系統儲能效率大約為60%。

從2001年起，美國俄亥俄州Norton開始建設一座2700MW的大型壓縮空氣儲能商業電站，此電站由9臺300MW的機組組成，2009年，該技術被美國列入未來10大技術；2001年，日本投入運行上砂川町壓縮空氣儲能示範專案（位於北海道），輸出功率2MW，是日本開發400MW機組的工業試驗用中間機組；另外，ABB公司亦開發了聯合循環壓縮空氣儲能發電系統。目前，除德國、美國、日本、瑞士外，俄羅斯、法國、義大利、盧森堡、南非、以色列和韓國等，也在積極開發壓縮空氣儲能技術。總體而言，電力系統壓縮空氣儲能尚處於產業化初期，技術和經濟性有待觀察[15]。

當前壓縮空氣儲能的主要問題是儲能效率較低（70%～80%）、能量密度較低，且與抽水蓄能類似，其選址條件要求高。另外，由於先進絕熱壓縮空氣儲能以儲熱系統替代燃燒室，發電受制於傳熱速率，因此系統響應速度可能更低。

1.2.1.3 飛輪儲能

飛輪儲能是一種物理儲能技術，通過真空磁懸浮條件下高速旋轉的飛輪轉子來儲存能量。磁懸浮飛輪儲能裝置是一套可以實現「電能⟷動能」之間高效相互轉換的設備。充電時，處於馬達工作模式，將電能轉換為動能，轉速每分鐘可達幾萬轉，儲存能量；放電時，處於發電機工作模式，轉速下降，將動能轉化為電能，向負載釋放電能。飛輪轉子在真空腔體內、磁懸浮狀態下工作，沒有空氣阻力，減少了運行中的能量損耗、提高了飛輪轉速。如圖1-7所示，飛輪儲能系統（FESS）通常包括：飛輪、電機、軸承、密封殼體、電力控制器和監控儀錶等6個部分。

飛輪儲能有以下顯著優勢：

① 超高可靠性：無爆炸起火隱患，長期頻繁深度充放電運行也能確保超高可靠性，平均無故障時間遠大於化學電池。

② 工作溫度範圍寬：對工作環境溫度不敏感，對環境溫度的適應性遠強於化學電池。

③ 超高響應速度：適合大功率頻繁充放電、毫秒級充放電響應。

④ 高轉化效率，低損耗、少維護：轉換效率＞95%，磁懸浮軸承在真空環境下機械損耗極小，維護量低。

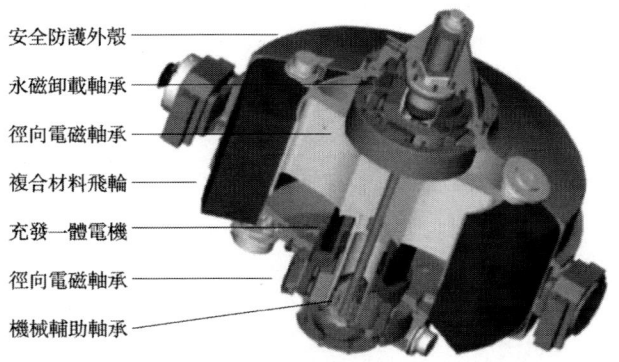

圖 1－7　飛輪儲能系統結構圖及半剖圖[16]

⑤ 超長使用壽命：千萬次深度循環充放，儲能量不受放電次數的影響，運行壽命可達 20 年以上。

⑥ 大規模製造成本會大幅下降：研發成本高，材料成本低，主要是鋼材和電子電子組件，大規模製造後成本大幅下降。

飛輪儲能應用範圍廣，包括以下方面：

① 資料中心：用於資料中心的 UPS 應用。
② 微電網：用於微電網調頻。
③ 智慧建築：用於高層建築和智慧建築電源保護。
④ 半導體和高科技：用於高科技工廠不間斷電源。
⑤ 軌道交通：地鐵和高鐵的剎車製動能回收應用。
⑥ 新能源和智慧電網：風能和太陽能儲能、削峰填谷，平滑波動以及電網的調頻。
⑦ 軍事：航母電磁彈射、雷射炮和電磁軌道炮。
⑧ 醫療行業：用於醫療行業 CT、MR 等其他高端醫療儀器電源保護。
⑨ 行動發電車保電：政治、民生、軍事、重大商業活動的緊急保電。
⑩ 石油天然氣領域：石油鑽井平臺的能量回收，天然氣發電削峰填谷。

現代飛輪儲能技術自 20 世紀中葉開始發展，至今已有超過 50 年的研究、開發和應用的歷史。通過前 30 年的技術積累，1990 年代中後期，技術最先進的美國進入產業化發展階段，首先在不間斷供電過渡電源領域提供商業化產品，近 10 年來飛輪儲能不間斷電源(UPS)市場穩定發展。中國在 2010 年前後，出現了飛輪儲能系統商業推廣示範應用的技術開發公司，如北京奇峰聚能科技有限公司，這和 15 年前的美國情況相似[16]。

美國 1970 年代提出車輛動力用超級飛輪儲能計劃，大力研究高能量密度複合材料飛輪、電磁懸浮軸承以及高速電動/發電一體化電機技術。飛輪儲能技術

在車輛(公車、小汽車和軌道交通車輛)混合動力應用領域長期積累,實現了多種工程樣機的示範應用,技術日趨成熟,處於產業化前夜,推廣速度很大程度上取決於燃料價格和排放壓力。飛輪儲能技術在風力發電平滑領域有著廣泛的應用前景。飛輪儲能還可應用於分布太陽能發電的波動調控[16]。

北京泓慧國際能源技術發展有限公司打破了飛輪儲能國外壟斷,取得了具有完全自主智慧財產權的一些技術突破,該公司幾種飛輪如圖1-8所示。

功率型
HHE-FW3002
額定功率:350kW
額定電壓:400V
最高轉速:20000r/min
儲存能量:2kW·h
主要應用於軌道交通、石油石化、港口碼頭、機械製造

飛輪關鍵電源
HHE-FW2503
額定功率:250kW
額定電壓:400V/690V
最高轉速:11000r/min
儲存能量:3kW·h
主要應用於大型資料中心、精密製造、半導體、醫院等電能質量要求高的場所

能量型
HHE-FW2550
額定功率:50~250kW
額定電壓:4400V/690V
最高轉速:7200r/min
儲存能量:50kW·h
主要應用於電源側、電網側等調頻領域

脈衝功率型
HHE-FW5M25
額定功率:5000kW
額定電壓:690V
最高轉速:5000r/min
儲存能量:25kW·h
主要應用於大功率脈衝電源、電壓下降、衝擊型負載的鋼廠、高鐵電源、石油石化、港口碼頭

MW級功率型
HHE-FW1M45
額定功率:1000kW
額定電壓:690V
最高轉速:10500r/min
儲存能量:45kW·h
主要應用於電廠一次調頻

圖1-8 幾種現階段飛輪型號

整體來說,機械儲能技術是當今社會運用最廣的技術,其對環境汙染小、利用率高、使用壽命長的特點使之廣受好評[14,17]。

1.2.2 電磁儲能

電磁類儲能主要分為超導磁儲能(SMES)技術和超級電容器儲能技術。超導磁儲能是在低溫冷卻到低於其超導臨界溫度的條件下利用磁場儲存的能量。這項技術的概念出現在1970年代。典型的超導磁儲能系統由三個部分組成,即超導線圈(磁鐵)、功率調節系統及低溫系統。超導儲能的優點主要有:①儲能裝置結構簡單,沒有旋轉機械部件和動密封問題,因此設備壽命較長;②儲能密度高,可做成較大功率的系統;③響應速度快(1~100ms),調節電壓和頻率快速且容易。由於超導線材和製冷能源需要的成本高,超導磁儲能主要用於短期能源如不間斷電源(UPS)、柔性交流輸電(FACTS)。

超級電容器或稱雙電層電容器(DLC)、電化學電容器,它具有相對較高的能量密度,大約是傳統的電解電容器能量密度的數百倍,能量儲存在充電極板之間。與傳統的電容器相比,超級電容器包括顯著擴大表面積的電極、液體電解質和聚合物膜。超級電容器在充放電過程中只有離子和電荷的傳遞,因此其容量幾乎沒有衰減,循環壽命可達萬次以上,遠遠大於蓄電池的充放電循環壽命[14]。

1.2.3 電化學儲能

電化學儲能包含多種儲能技術，例如鋰離子電池、鉛酸電池、金屬空氣電池等二次電池儲能，以及液流電池、超級電容等。不同的儲能技術有其各自特點，其中，電池儲能的優勢體現在靈活性及可擴充性。一般常見的有鉛酸電池（見圖1-9）、鋰電子電池（見圖1-10）、液流電池（見圖1-11）等。電池通過化學反應實現充放電，在直流電的通電情況下，將電能轉化為化學能儲存起來；在放電的情況下，化學能轉變為電能，從而提供高效的電流供應。

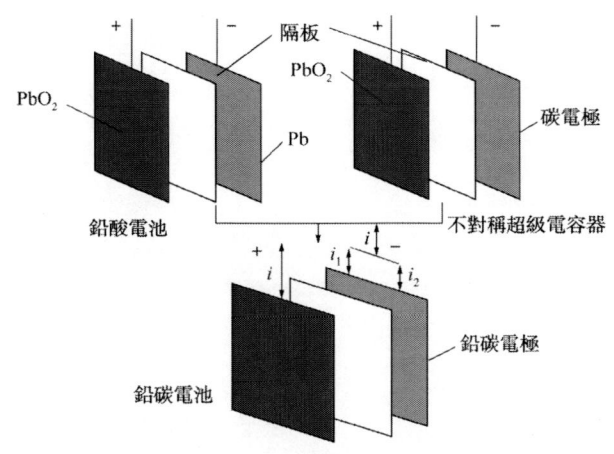

圖1-9　鉛酸電池、鉛碳電池結構原理圖[18]

鉛酸電池歷史最為悠久，發展至今製造工藝較為成熟、成本較低，能源轉換效率為70%～90%，適合改善電能質量、不間斷電源和旋轉備用等應用。鉛酸電池的缺點是不環保，且循環壽命低，僅500～2500次。

鋰離子電池在電子產品與電動汽車領域已有較多應用。鋰離子電池能量密度高，循環壽命約為10000次，特定情況下庫倫效率可接近100%，且沒有記憶效應，製造成本隨著新能源汽車市場的規模效應而不斷下降。儲能電池一般用於通訊基站、電網、微電網等場合，因此，其更注重安全性、壽命與成本。目前，鋰離子電池是國內外電化學儲能專案佔比最大者。

液流電池的特點是活性物質不在電池內，而是另外儲存於罐中，電池僅是提供氧化還原反應的場所，因此儲能容量不受電極體積的限制，可實現功率密度和能量密度的獨立設計，使其具有豐富的應用場景。以全釩液流電池為例，其具有循環壽命長（可超過200000次）、效率高（>80%）、安全性好、可模組化設計、功率密度高的特點，適用於大中型儲能場景。但礙於製造成本較高，液流電池目前未得到大規模的應用，其中電解液與隔膜是左右成本的關鍵。

液流電池與儲能

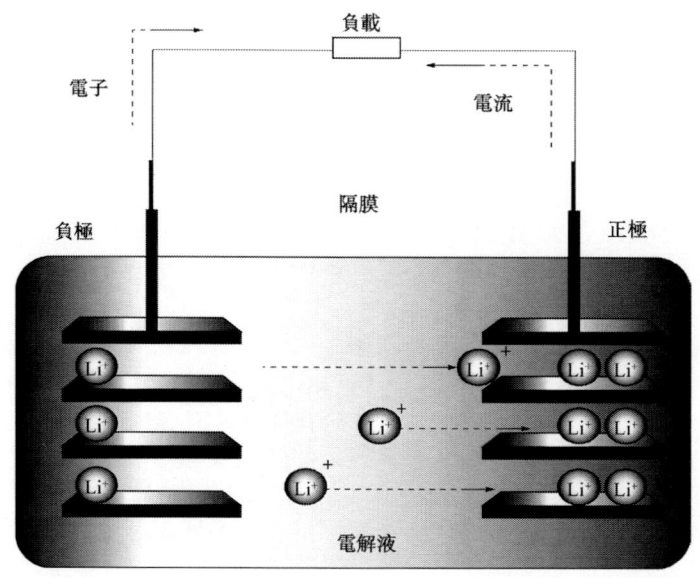

圖1-10 鋰離子電池原理示意圖[18]

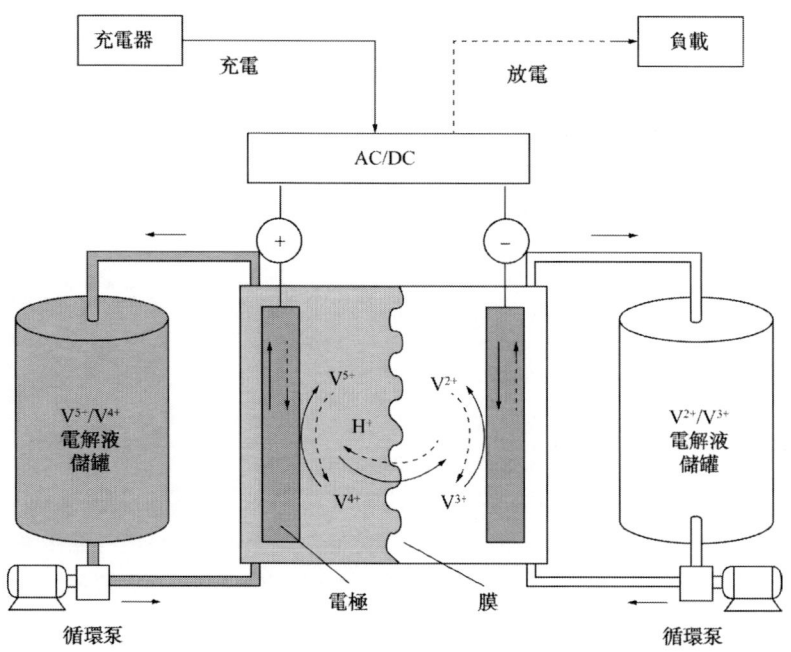

圖1-11 液流電池原理圖[18]

電化學儲能除了充放電更便捷外，還有一個顯著的特點是對環境的汙染小。現在人們的日常生活中出現較多的為鋰電池，壽命長、重量輕，因此應用更方便。總而言之，電化學儲能對人們的生活有著極其重要的意義。

1.2.4 化學儲能

隨著社會的發展，環境汙染不斷加劇，當務之急便是尋找汙染較小、更加節能的技術。化學儲能可以減少溫室氣體的排放，減少石油的能源消耗，在根本上減少了環境的汙染，保護了環境。

儲氫技術是目前最受關注的一種化學儲能方式。如果與可再生能源或低碳技術相結合，儲氫技術將達到零排放。儲氫技術指的是把氫氣以穩定的能量形式儲存起來以方便使用，這樣的技術不僅清潔、環保、安全，與其他的技術相比，更經濟、高效，且可再生使用，具有可觀的發展前景。

氫能利用是一個複雜的系統工程，其中經濟規模製氫是源頭、高效安全儲氫是關鍵、燃料電池是核心。熔融碳酸鹽燃料電池（MCFC）、質子交換膜燃料電池（PEMFC）、直接甲醇燃料電池（DMFC）、鹼性燃料電池（AFC）、固體氧化物燃料電池（SOFC）、聚合物燃料電池（Polymer）和磷酸燃料電池（PAFC）是幾種常用的燃料電池。

質子交換膜燃料電池、固體氧化物燃料電池、鹼性燃料電池用於可逆電解槽的運行。磷酸燃料電池是當前商業化發展得最快的燃料電池，它對於氣體的純度有較高的包容性[14]。

1.2.5 熱/冷儲能

儲熱技術可以分為顯熱儲熱、潛熱儲熱與熱化學儲熱。儲熱技術主要是藉助於儲熱介質來吸收太陽能或者其他熱量將其儲存於儲熱介質中，當環境的溫度低於儲熱介質的溫度時，能量便會釋放。

儲存的熱量主要分為顯熱和潛熱兩種。由此，儲熱技術便有顯熱儲熱和潛熱儲熱兩種技術。顯熱儲熱技術是利用儲熱介質溫度升高來儲存熱量，而潛熱儲熱技術是利用儲熱介質由固態熔化為液態時需要大量熔解熱的特性來吸收儲存熱量。

熱化學儲熱與前面的兩種不同，熱化學儲熱是利用可逆的化學反應來儲存和釋放能量。比起顯熱儲熱和潛熱儲熱，熱化學儲熱可以儲存更高密度的熱量，且可以實現更長時間的儲熱，具有廣闊的應用前景。

從能量密度、技術特點、相對發展狀況、經濟成本等方面對不同儲能技術進行了比較，見表1-3[14]。

表 1-3　不同類型儲能技術比較[14]

儲能技術	能量密度/(W·h/kg)	恢復效率/%	發展情況	總成本/(歐元/kg)	優點	缺點
超級電容	0.1～5	85～98	研究中	200～1000	循環壽命長效率高	能量密度低，有毒和腐蝕性化合物
鎳電池	20～120	60～91	可用	200～750	能量功率密度較高	鎳鎘有劇毒，必須回收
鋰電池	80～150	90～100	可用	150～250	能量功率密度高、效率高	鋰氧化物成本高、需回收，聚合物溶劑必須是惰性
鉛酸電池	24～45	60～95	可用	50～150	成本低	能量密度低
鋅溴液流電池	37	75	商業化早期	900 歐元/kW·h	容量大	能量密度低
全釩液流電池		85	商業化早期	1280	容量大	能量密度低
金屬空氣電池	110～420	約 50	研究中		高能量密度、成本低、無環境危害	充電能力差
鈉硫電池	140～240	＞86	可用	170	高能量密度、高效	生產成本高、鈉需要回收
抽水儲能		75～85	可用	140～680	高容量、成本較低	對當地生態環境影響大
壓縮空氣儲能		80	可用	400	高容量、成本較低	利用上存在問題
飛輪儲能	30～100	90	可用	3000～10000	高功率	能量密度低
超導磁儲能		97～98	開發中，10MW 將增加到 2000MW	350	高功率	大規模使用影響健康
儲氫燃料電池		25～85	研究/開發/市場化	6000～30000	能長期儲存、種類多	維護費用高

1.3 液流電池

隨著中國能源結構轉型及中國清潔能源利用比例的不斷提高，風電、太陽能固有的間歇性和波動性特點在規模併網時對電力系統的穩定運行提出了嚴峻考驗。儲能不僅能夠解決新能源的間歇性和波動性問題，還能夠提高電網穩定性和供電質量，提供各種能源的時空轉移，是能源發展版圖中的一塊重要拼圖[19]。

根據中關村儲能產業技術聯盟（CNESA）資料統計，截至 2018 年底，中國儲能總裝機 3.1×10^7 kW 中，3×10^7 kW 為抽水蓄能。但抽水蓄能受自然環境限制較多，必須尋找其他大規模儲能技術。

中國科學院工程熱物理研究所首次實現了不需要依靠天然洞穴，通過一些設備的研製可以進行壓縮空氣儲能。壓縮空氣儲能現在的系統利用效率經過進一步的優化已經由 52％提高到了 60.2％，相當於 100kW·h 電進去，通過壓縮空氣儲能可以出來 60kW·h 電，以供削峰填谷。

1.3.1 液流電池簡介

近年來發展比較迅速，成長最快的是電化學儲能，也就是我們比較熟悉的電池，比如我們平時開的新能源汽車，實際上用的是鋰電池，另外還有一些比較新的液流電池，包括鉛蓄電池，它們統稱為電化學儲能。電化學儲能比起別的儲能方式，具備比較寬的調峰、使用方便等優點。電化學儲能技術是目前除抽水蓄能外最成熟的儲能技術，截至 2019 年 9 月底，中國已投運電化學儲能專案的累計裝機規模為 1267.8MW，占中國儲能市場的 4.0％。在電化學儲能中，鋰離子電池依然佔據較大的比例，但是由於其應用過程中始終伴隨著安全性的問題，給儲能領域的規模化應用帶來了巨大的不確定性。液流電池被認為是目前最具有發展前景的大規模儲能方式[19]。

液流電池由電堆單位、電解液、電解液儲存供給單位以及管理控制單位等部分構成，是電池裡面一個新興的領域。液流電池是通過電池的正負極電解液中活性物質發生反應實現的一種氧化還原電池，它通過不同的電解液之間進行的循環轉換，實現了電能的儲存和釋放。它的優勢包括造價低，有利於並行的設計和有望實現快速滿足大中型儲能和調峰的需求。

現在液流電池可分為四大類：第一，全釩液流電池，全釩液流電池將快速得到商業化的應用；第二，新興的鐵鉻液流電池；第三，鉛酸液流電池，鉛酸液流電池初期的設計成本比較低，但是它的循環次數比較低，只能做到 3000 次左右，所以後期的維護成本是比較高的；第四，鋰離子液流電池。

液流電池與儲能

1.3.2 液流電池儲能舉例

以全釩液流電池為例，全釩液流電池是以不同氧化態的釩離子來儲存化學能的一種可充電液流電池。全釩液流電池的最主要特徵是電池正負極的變價元素都為釩。釩以四種不同氧化態存在於正負極溶液中。不同價態的釩顏色是不一樣的，所以全釩液流電池在具體工作的時候液體有不同顏色的變化，非常漂亮。這也是最先開發的液流電池的技術。

鐵鉻液流電池是美國國家航空暨太空總署（NASA）在 1980 年代初期提出的，在 2014 年的時候首次完成了商業化專案，目前該機器仍處於運轉狀態，預計能量使用壽命大概在 60～70 年。中國石油大學（北京）聯合中海儲能，正在進行鐵鉻液流電池的開發，現已取得一些成果。

鐵鉻液流電池的構造和原理跟全釩液流電池類似，也是兩個罐子，有正負極，液體在其之間流動，通過充電和放電實現能量的儲存和釋放。它的理論效率大概可以達到 80%～90%，在實驗室的使用壽命已經無限接近於這個理論值。

鐵鉻液流電池的優勢在於循環的次數非常多，可達 2 萬次，鐵鉻液流電池循環次數是可以滿足太陽能儲能的需求的。

鐵鉻液流電池的材料來源主要是鐵和鉻，因為鐵、鉻的成本是比較低廉的，所以鐵鉻液流電池的成本較低。另外由於鉻主要是以鹽酸的鹽溶液存在的，所以基本沒有爆炸的風險，安全係數比較高，可以進行並行的設計，規模大、容量大，可以達到百兆瓦的級別。

鐵鉻液流電池可以實現削峰填谷，彌補風電的波動率大和光電間歇性的缺點。在用戶側可以滿足不同的保護櫃、機櫃的需求，實現用戶負載的儲能保護，另外也可以進行高低峰電價的套利。

中國石油大學（北京）聯合中海儲能在 2020 年和 2021 年，尤其是 2021 年攻克了鐵鉻液流電池之前存在的一些問題，包括它的副反應等。中國國家電投中央研究院目前實驗室的能量密度為 $140mA/cm^2$，在產能達到 1GW 的時候，鐵鉻液流的系統成本將與抽水蓄能相媲美。

從橫向來看，國外的儲能技術發展得比較早，尤其是美國和日本，近幾年中國在相關技術方面的也進行了快速疊代。通過研究發現，鋰電池包括固態電池適合的儲能區間是每分鐘、每小時這個級別，從每小時到每天這個級別屬於液流電池的適用範圍。對於抽水儲能，因為水從低處被抽到高處需要幾個小時，所以適用的區間大概是每小時到每天。氫能是能源終極的利用形式，通過電解水製氫的方式，可以進行長時間的儲存和運輸，所以我們認為氫能的儲能區間適用範圍是

從天到星期或者月這個級別。

儲能技術能夠更好地提高電力系統的性能。無碳排放和可再生能源的潛力將使儲能技術在市場上進一步得到推廣。雖然儲能技術的種類很多，但沒有一種是萬能的，還需要進行更多的研究。通過了解每一種儲能技術的優缺點，根據實際選擇儲能技術，以滿足電力與交通等的需求[14]。

參　考　文　獻

[1] 丁志康，王維俊，米紅菊，等. 新能源發電系統中儲能技術現狀與分析[J]. 當代化工，2020，49(7)：1519−1522.

[2] 李劍. 我國風能發電發展前景研究[J]. 中國設備工程，2019(14)：2.

[3] 辛培裕. 太陽能發電技術的綜合評價及應用前景研究[D]. 北京：華北電力大學，2015.

[4] 房茂霖，張英，喬琳，等. 鐵鉻液流電池技術的研究進展[J]. 儲能科學與技術，2021(1)：1−9.

[5] 于影. 太陽能發電技術及其發展趨勢和展望[J]. 百科論壇電子雜誌，2019(6)：508.

[6] 王韜. 太陽能發電技術的綜合評價及應用前景[J]. 電子技術與軟體工程，2019(18)：2.

[7] 童家麟，呂洪坤，李汝萍，等. 國內光熱發電現狀及應用前景綜述[J]. 浙江電力，2019，38(12)：6.

[8] 李天舒，王惠民，黃嘉超，等. 我國地熱能利用現狀與發展機遇分析[J]. 石油化工管理幹部學院學報，2020，22(3)：5.

[9] 張浩東. 淺談中國潮汐能發電及其發展前景[J]. 能源與節能，2019(5)：2.

[10] 李書恆，郭偉，朱大奎. 潮汐發電技術的現狀與前景[J]. 海洋科學，2006，30(12)：82−86.

[11] 孟明，薛宛辰. 綜合能源系統環境下儲能技術應用現狀研究[J]. 電力科學與工程，2020，36(6)：9.

[12] 張宇，俞國勤，施明融，等. 電力儲能技術應用前景分析[J]. 華東電力，2008，36(4)：3.

[13] 羅莎莎，劉雲，劉國中，等. 國外抽水蓄能電站發展概況及相關啟示[J]. 中外能源，2013(11)：4.

[14] 李佳琦. 儲能技術發展綜述[J]. 電子測試，2015(18)：48−52.

[15] 張雷，姜茜. 物理方式電力儲能系統的現狀和發展[J]. 東方電氣評論，2018，32(1)：6.

[16] 戴興建，魏鯤鵬，張小章，等. 飛輪儲能技術研究五十年評述[J]. 儲能科學與技術，2018，7(5)：18.

[17] 保正澤. 儲能技術在新能源發電中的應用[J]. 南方農機，2019，50(13)：1.

[18] 饒宇飛，司學振，谷青發，等. 儲能技術發展趨勢及技術現狀分析[J]. 電器與能效管理技術，2020(10)：9.

[19] 楊林，王含，李曉蒙，等. 鐵−鉻液流電池250kW/1.5MW·h示範電站建設案例分析[J]. 儲能科學與技術，2020，9(3)：751−756.

第 2 章　液流電池電化學基礎

　　液流電池是一種電化學儲能技術，由電堆單位、電解液、電解液儲存供給單位以及管理控制單位等部分構成。液流電池是利用正極和負極電解質溶液分別儲存於兩個電池外部的儲罐中、各自循環的一種高性能蓄電池，具有容量高、使用領域廣、循環使用壽命長的特點。液流電池通過正、負極電解質溶液活性物質發生可逆氧化還原反應（價態的可逆變化）實現電能和化學能的相互轉化，表現為充電時，正極發生氧化反應使活性物質價態升高，負極發生還原反應使活性物質價態降低，放電過程與之相反。與一般固態電池不同的是，液流電池的正極和（或）負極電解質溶液儲存於電池外部的儲罐中，通過泵和管路輸送到電池內部進行反應。液流電池中電解質溶液的反應活性、穩定性和溶解度的溫度依存性等直接影響液流電池儲能系統的效率、穩定性和耐久性等性質。本章將討論液流電池的電化學基礎[1-12]。

2.1　電化學基礎知識

2.1.1　導體

　　導體主要分為電子導體、離子導體以及混合型導體。

　　電子導體，以電子載流子為主體導電，依靠自由電子定向移動，而在這個過程中導體本身不會發生化學反應。電子導體導電時溫度升高，電阻增大，導電總量全部由電子承擔，如金屬、石墨、某些金屬氧化物、金屬碳化物等都屬於這一類導體。離子導電，以離子載流子為主體導電，該載流子由正負離子構成，通過它們的定向移動而導電，導電過程中會有化學反應的發生，離子導體溫度升高，電阻下降，導電總量分別由正、負離子分擔。電解質溶液是最常見的離子導體，溶液中帶正電的離子和帶負電的離子總是同時存在，它們在電場作用下沿相反方向定向移動形成電流。離子導體不能獨立導電，而電子導體可以。若想讓離子導體導電，必須有電子導體與之相連接。混合型導體，其載流子電子和離子兼而有之。有些電現象並不是由載流子遷移所引起的，而是在電場作用下誘發固體極化所引起的，例如介電現象和介電材料等。

液流電池與儲能

在電解池中，電子導電和離子導電可以相互轉化。在電解池中施加一個外加電場，該電場對自由離子所產生的驅動力將使溶液中帶正、負電荷的離子沿電場的方向或與電場相反的方向運動。這種離子的運動相當於溶液中電荷的傳輸，從而使電流流過電解質溶液（離子導體）。實驗中，將兩個電子導體（含自由電子的固體或液體，如金屬、碳、半導體等）插入電解液中，通過與之相連的直流電源對電解液施加電場，所採用的電子導體稱為電極。

如圖 2-1 所示，完整的電解池由一個直流電源、一個電阻、一個電流計以及與電極相連的導線組成，在直流電源電場作用下產生的電流通過上述導電元件從一個電極流向另一個電極。圖中的電解液為 $CuCl_2$ 水溶液（解離成 1 個 Cu^{2+} 和 2 個 Cl^-），電極為鉛等惰性金屬材料。當電流流過電解池時，帶負電的氯離子向正極移動，而帶正電的銅離子則向負極移動，到達離子導體和電子導體介面的離子最終通過獲得或釋放電子而發生轉化，如到達負極的銅離子從電極得到兩個電子而形成金屬銅：

$$Cu^{2+} + 2e^- = Cu$$

同時，到達正極的氯離子則給出電子到電子導體，形成氯氣：

$$2Cl^- = Cl_2(\uparrow) + 2e^-$$

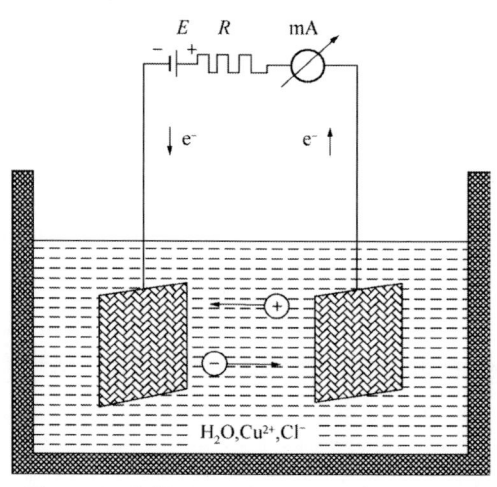

圖 2-1　電解 $CuCl_2$ 水溶液的電解池示意圖

可以發現，電解液中通過離子遷移傳輸電荷和電子導體中通過電子運動傳輸電荷有著本質區別：電子導體傳輸過程導電體（如金屬線）不發生任何變化，即電子導體本身不發生任何化學變化；而離子導體傳輸電荷使電解液發生明顯的變化。如圖 2-1 所示，一方面，電流流過電解池時，銅離子將從右向左遷移，而氯離子從左向右遷移，從而在溶液中形成濃度梯度；另一方面，銅離子和氯離子因在電極/溶液介面進行電極反應而從溶液中消失，使得電解液的總濃度變小。

2.1.2 原電池與電解池

原電池與電解池為兩類常見的電化學反應裝置。由電子導體連接兩個電極並使電流在兩極間通過,構成外電路的裝置稱為原電池;在外電路中並聯一個外加電源,而且有電流從外加電源流入電池,使電池中發生化學變化,這種裝置稱為電解池。將一個外加電源的正、負極用導線分別與兩個電極相連,然後插入電解質溶液中,就構成了電解池,如圖2-2所示,溶液中的正離子(Cation)將向陰極(Cathode)遷移,在陰極上發生還原反應。而負離子(Anion)將向陽極(Anode)遷移,並在陽極上發生氧化反應。

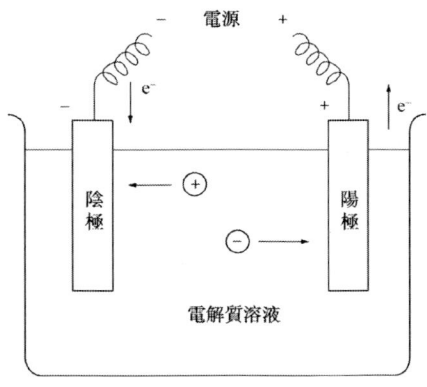

圖2-2 電解池示意圖

例如,若電解質是$CuCl_2$濃溶液(電極是惰性金屬,本身不發生反應,由於極化作用氧氣不可能在陽極析出),則電極反應為:

陽極發生氧化反應:$2Cl^-(液) \Longrightarrow Cl_2(氣) + 2e^-$

陰極發生還原反應:$Cu^{2+}(液) + 2e^- \Longrightarrow Cu(固)$

如圖2-2所示的是Daniell(丹尼爾)電池,是一種最簡單的原電池。在Zn電極上發生氧化反應,故Zn電極是陽極。在Cu電極上自動發生還原反應,故Cu電極是陰極,其反應為:

陽極發生氧化反應:$Zn(固) \Longrightarrow Zn^{2+}(液) + 2e^-$

陰極發生還原反應:$Cu^{2+}(液) + 2e^- \Longrightarrow Cu(固)$

總之,無論是電解池還是原電池,在討論其中單個電極時,都把發生氧化反應的電極稱為陽極,把發生還原反應的電極稱為陰極。但是在電極上究竟發生什麼反應,這與電解質的種類、溶劑的性質、電極材料、外加電源的電壓、離子濃度以及溫度等有關。例如,若用惰性電極電解Na_2SO_4溶液:

在陰極(還原作用):$2H^+(液) + 2e^- \Longrightarrow H_2(氣)$

在陽極(氧化作用):$2OH^-(液) \Longrightarrow H_2O + \frac{1}{2}O_2(氣) + 2e^-$

因為溶液中的正離子H^+較Na^+更容易於在陰極放電,Na^+只是移向陰極但並不在陰極放電。同樣,在陽極上起作用的是水中的OH^-而不是SO_4^{2-},但SO_4^{2-}也移向陽極且不參與導電。又如,在用惰性電極電解$FeCl_3$溶液時,在陰極上Fe^{3+}也可以進行$Fe^{3+} + e^- \Longrightarrow Fe^{2+}$的還原反應。在電解$CuCl_2$溶液時,若溶液濃度很低,陽極上可能發生$OH^-$的氧化而不是$Cl^-$的氧化;若用Cu為電極,則

液流電池與儲能

在陽極可能發生下述反應：

$$Cu(電極材料) \Longrightarrow Cu^{2+}(液) + 2e^-$$

電解質溶液導通電流的能力是基於電解質溶液中荷電溶劑化離子在電場作用下兩電極間發生的定向電遷移。電荷為 ze_0 的離子受電場強度（E）的作用發生電遷移時，也將受溶液環境介質的摩擦阻力（F）的作用；離子運動速度（v）越快，其所承受的摩擦阻力越大。對於半徑為 r_1 的簡單球形離子來說，運動離子所產生的摩擦力表示為：$F = 6\Pi\eta r_1 v$，其中，η 為離子所處介質的黏度。所以，離子運動速度在經過了一個曲線上升過程後將達到一個極限值 v_{max}，此時離子所受的電場作用力與摩擦力相等：

$$ze_0|E| = 6\Pi\eta r_1 v_{max}$$

溶劑化離子的最終運動速度為：

$$v_{max} = \frac{ze_0|E|}{6\Pi\eta r_1}$$

對於給定的 η 和 $|E|$ 值，每種離子均有與其自身的電荷和溶劑化離子半徑相關的特徵傳輸速度，而其電遷移方向取決於離子本身所帶電荷的符號。

水溶液中離子間的相互作用對溶液的性質影響很大，主要受離子與水分子間以及離子與離子間兩個方面作用的影響。對於電解質稀溶液，有如下假設：

① 在強電解質溶液中，溶質完全解離成離子。
② 離子是帶電球體，離子中電場球形對稱，而且不會被極化。
③ 只考慮離子間的庫侖力，忽略其他作用力。
④ 離子間的吸引能小於熱運動能。
⑤ 溶劑水是連續介質，它對體系的作用僅在於提供介電常數，並且電解質加入後引起的介電常數變化以及水分子與離子間的水化作用可完全忽略。

在以上假設的基礎上，Debye 和 Huckel 於 1923 年提出了能解釋稀溶液性質的離子互吸理論，為其他電解質溶液的理論打下基礎，還提出了離子氛的概念。離子氛是處理電解質溶液中離子相互作用的一種模型，該模型認為在中心離子周圍，存在由符號相反的電荷組成的離子團，這些電荷遵從 Poisson 和 Boltzmann 分布。離子氛對於中心離子的作用可以簡化為相當於一個半徑為 r 的帶等量與中心離子相反荷電的空心圓球的作用，這是 Debye－Huckel 理論的核心觀點。任何一個離子的周圍，可設想均存在一個帶相反電荷離子構成的離子氛，即中心離子是任意選擇的，並且離子氛中的每一個離子都是其離子氛所共有的。由於離子的熱運動，離子在溶液中所處的位置不斷發生變化，因而離子氛是瞬息萬變的，因此離子氛為統計平均的結果。

2.1.3 濃度

以單位體積裡所含溶質的莫耳數來表示溶液組成的物理量，叫做該溶質的莫耳濃度，又稱該溶質物質的量濃度。而理想溶液是指溶液中任意組分在全濃度範圍內都遵從 Raoult 定律的溶液。其特徵是溶液內各組分大小及作用力彼此近似或相等，當一種組分被另一種組分取代時，沒有能量的變化或空間結構的變化，即當各組分混合時，沒有焓變和體積的變化。在自然界中很難找到理想液體，通常可以將無限稀的溶液看作一種理想溶液。

對於真實電解質溶液而言，當電解質溶於水後，就會完全或部分電離成離子從而形成電解質溶液。由於溶液濃度、溶液中各組分間尺寸及作用力的差異，以及離子水化作用和離子氛的存在，電解質溶液並不具有理想溶液的性質，因此，為對電解質溶液等非理想液體進行計算，Lewis 引入了活度的概念用以表示實際電解質溶液的有效濃度。

2.1.4 活度與活度係數

我們已知在理想液態混合物中無溶劑與溶質之分，任一組分 B 的化學位能可以表示為

$$\mu_B = \mu^*(T, p) + RT\ln x_B \quad (1)$$

在獲得這個公式時，曾引用了 Raoult 定律，即 $\dfrac{P_B}{P_B^*} = x_B$，對於非理想液態混合物，Raoult 定律應修正為：$\dfrac{P_B}{P_B^*} = \gamma_{x,B} x_B$。因此，對非理想溶液，上式應修正為 $\mu_B = \mu^*(T, p) + RT\ln(\gamma_{x,B} x_B)$。定義 $a_{x,B} \overset{\text{def}}{=\!=} \gamma_{x,B} x_B$，$\lim\limits_{x_B \to 1}\gamma_{x,B} = 1$。其中，$a_{x,B}$ 為 B 組分用莫耳分數表示的活度（Activity），是量綱為 1 的量；$\gamma_{x,B}$ 為組分用莫耳分數表示的活度因子（Activityfactor），也稱活度係數（Activity Coefficient），它表示在實際混合物中，B 組分的莫耳分數與理想液態混合物的偏差，也是量綱為 1 的量。將上面兩個式子聯立得：

$$\mu_B = \mu^*(T, p) + RT\ln a_{x,B} \quad (2)$$

對於理想液態混合物，$\gamma_{x,B} = 1$，$a_{x,B} = x_B$。由此可見，非理想液態混合物與理想液態混合物中 B 組分化學位能的表示式是一樣的。但式(2)更具有普遍意義，它可以用於任何(理想或非理想)系統。凡是由理想液態混合物所導出的一些熱力學方程式，將其中的 x_B 換為 $a_{x,B}$，就能擴大使用範圍，應用於非理想液態混合物。

而對於活度因子 $\gamma_{x,B}$ 的求解如下，$\mu^*(T, p)$ 是 $x_B = 1$、$\gamma_{x,B} = 1$ 即 $a_{x,B} = 1$ 的那個狀態的化學位能，這個狀態就是純組分 B，這是一個真實存在的狀態。對

於非理想稀溶液的溶劑，其組成多用莫耳分數 x_A 表示，因此總是用 $\dfrac{P_B}{P_B^*}=\gamma_{x,B} x_B$ 來求活度或活度因子。但是對於溶質來說，情況較為複雜一些。當溶質為固體或氣體時，其溶解度有一定的限度，因此就不可能選擇一個真實的狀態作為標準態，而只能是一個假想的狀態。若濃度採用不同的方法表示時，其標準態也有所不同，則溶質的化學位能也有不同的形式。

2.1.5　離子遷移速率與電導率

離子在單位強度(V/m)電場作用下的移動速度稱為離子遷移速率，它是分辨被測離子直徑大小的一個重要參數。空氣離子直徑越小，其遷移速度就越快。離子遷移率(又稱離子淌度)是表達被測離子大小的重要參數。離子運動速度與離子直徑成反比，而離子遷移率與離子運動速度成正比，故離子遷移率與離子直徑成反比。

材料的電阻只與其幾何尺寸有關，材料的電阻率則是材料的一個特性，與其尺寸無關。因此，可同樣定義電解質溶液的電導率來描述電解質溶液的電性質，它與電解質溶液的幾何尺寸無關。電解質溶液的電導率定義為單位立方公分體積電解質溶液的電導。對於單一截面積(A)均一的電解池，插入溶液中的兩個電極的距離為 1m，則電解質溶液的電導率(κ_1)與電導(L)的關係可用下式表示：

$$\kappa_1 = \dfrac{1}{A} L$$

從式中可以知道，電導率的單位是 Ω^{-1}/cm 或 S/m。理論上，電導率的測量可以在一個已知電極面積為 $A\,\text{m}^2$ 和電極間距為 1m 的電池中完成。但是，在實際測量中，需採用許多複雜的校準以消除電池的邊界效應。為了避免每次測量中複雜的校準步驟，通常採用一種簡單測量電導率 κ 的方法，具體方法是預先用已知電導率的電解質溶液進行測量，擷取電池的參數 $1/A = K_{\text{cell}}$，實驗裝置如圖 2-3 所示。利用相同的裝置，測量其他未知電解質溶液的電導，再通過該電解池的電池常數(K_{cell})進行校正，可以獲得未知電解質溶液的絕對電導率。

2.1.6　電極/電極溶液的介面結構

電極溶液介面的雙電層結構在電極/電極溶液介面存在著兩種相互作用。第一種為電極與溶液兩相中的剩餘電荷所引起的靜電長程作用。第二種是電極和溶液中各種粒子(離子、溶質分子、溶劑分子等)之間的短程作用，如特性吸附、偶極子定向排列等。這些相互作用決定著介面的結構和性質，雙電層結構模型的提出都是從這些相互作用出發的。在距電極表面不超過幾個 Å 的「內層」中，需要

同時考慮上述兩種相互作用；而在距電極表面更遠一些的液相裡的「分散層」中，只需考慮靜電相互作用。電極溶液介面的基本結構是靜電作用使得符號相反的剩餘電荷力圖相互靠近形成的緊密雙電層結構，簡稱緊密層，如圖2-4所示。熱運動促使荷電粒子傾向於均勻分布，從而使剩餘電荷不可能完全緊貼著電極表面分布，而具有一定的分散性，形成分散層。

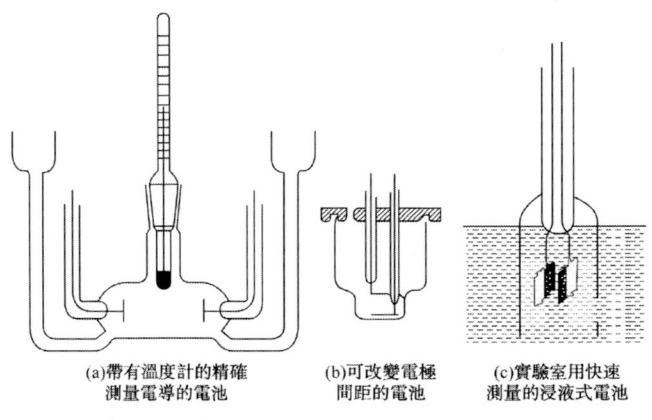

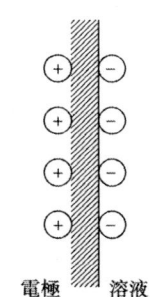

圖2-3　測量電解質溶液電導用的一些電池

圖2-4　電極溶液介面的緊密雙電層結構

剩餘電荷分布的分散性決定於靜電作用與熱運動的對立統一結果，因而在不同條件下的電極體系中，雙電層的分散性不同。在金屬相中，自由電子的濃度很大，可達$10^{25}\,mol/dm^3$，少量剩餘電荷在介面的集中並不會明顯破壞自由電子的均勻分布，因此可以認為金屬中全部剩餘電荷都是緊密分布的，金屬內部各點的電位均相等。

在溶液相中，當溶液總濃度較高，電極表面電荷密度較大時，由於離子熱運動較困難，對剩餘電荷分布的影響較小，而電極與溶液間的靜電作用較強，對剩餘電荷的分布起主導作用，溶液中的剩餘電荷也傾向於緊密分布，形成緊密雙電層，如圖2-5所示。雙電層主要是靠靜電作用和熱運動形成的，因此，雙電層結構主要受以下幾個因素的影響：①溫度升高，離子熱運動加劇，雙電層趨於分散排布；溫度降低，離子熱運動減緩，雙電層趨於緊密排布。②濃度升高，雙電層趨於緊密排布；濃度降低，雙電層趨於分散排布。③電極表面剩餘電荷增多，雙電層趨於緊密排布；電極表面剩餘電荷減少，雙電層趨於分散排布。④溶液組分中部分

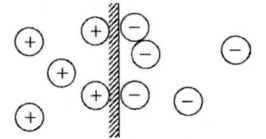

圖2-5　考慮了熱運動干擾時的電極溶液介面雙電層結構

離子可脫去水化膜，直接進入緊密層。

2.1.7　法拉第定律

　　法拉第常數可以表述為：一個電子攜帶的電量為 1.60×10^{-19} C（1mol 電子所攜帶的電量為 $1.60\times10^{-19}\times6.02\times10^{23}=96485$ C，將 1mol 電子所帶電量用 F 表示）。法拉第定律為闡明電和化學反應物質相互作用定量關係的定律，1833 年由英國科學家 M. Faraday 根據精密實驗測量提出此定律。其主要內容為：電流通過電解質溶液時，在電極上析出或溶解的物質的質量同通過電解質溶液的總電量成正比；當通過各電解質溶液的總電量相同時，在電極上析出或溶解的物質的質量同各物質的化學當量成正比，其中化學當量為某種離子莫耳質量與離子價態的比值。從以上內容可以推論出，當電極上析出或溶解一定量的物質時，在該電極上必然會產生或消耗相應的電量。

　　法拉第定律是從大量實踐中總結出來的，是自然界最嚴格的定律之一，溫度、壓力、電解質的組成和濃度、溶劑的性質等均對這個定律沒有任何影響。但是，在實踐中也常常會出現形式上違反法拉第定律的現象，主要原因是有副反應、次級反應的存在。副反應和次級反應的產物均不是目標產物，對於目標產物而言存在效率的問題，因此，提出了電流效率的概念，用於表示主反應的電量在總電量中所佔的百分數。通常對於某一過程的電流效率定義如下：

$$電流效率=\frac{實際產物質量}{根據法拉第定律計算的產物質量}\times100\%$$

可推廣為：

$$電流效率=\frac{實際的電量變化}{根據法拉第定律計算的電量變化}\times100\%$$

　　將法拉第定律應用於液流電池中，可以通過電量與電解質溶液中活性物質的量之間的關係估算不同充電狀態下電解質溶液中活性物質的轉化率。

2.2　電化學中的熱力學

2.2.1　相間電位

　　相間電位是指兩相接觸時，在兩相介面層中存在的電位差。其產生電位差的原因為帶電粒子（含偶極子）在介面層中的非均勻分布。形成相間電位的可能情形有：①離子雙電層。帶電粒子在兩相間的轉移或利用外電源向介面兩側充電，使兩相出現剩餘電荷。②吸附雙電層。陰、陽離子在介面層中吸附量不同，使介面層與相本體中出現等值異號電荷。③偶極子層。極性分子在介面溶液一側定向排

列。④金屬表面電位。金屬表面因各種短程力作用而形成的表面電位差如圖 2-6 所示。

從微觀的角度來看，粒子在相間轉移的原因為：兩相接觸時，粒子自發從能態高的相（A）向能態低的相（B）轉移。不帶電粒子只克服短程力做功引起化學能變化。長程力隨距離的增加而緩慢減少，如靜電引力。短程力，即力的作用範圍很小，影響力隨距離的增加而急速減小，如凡得瓦力，共價鍵力。

同一種粒子在不同相中具有的能量狀態是不同的。當兩相接觸時，該粒子就會自發地從能態高的相向能態低的相轉移。假如是不帶電的粒子，那麼它在兩相間轉移所引起的自由能變化就是它在兩相中的化學位之差，即

$$\Delta G_i^{A \to B} = \mu_i^B - \mu_i^A$$

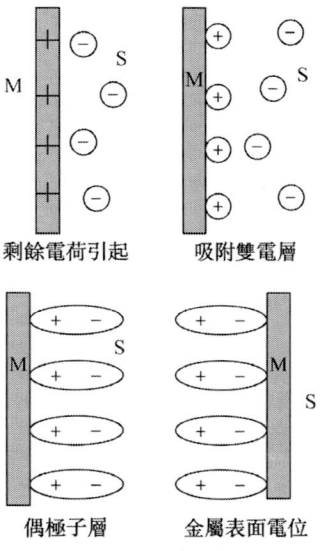

圖 2-6　引起相間電位的幾種可能情形

式中，ΔG 為自由能變化，上標為相，下標為粒子。顯然，建立起相間平衡，即粒子在相間建立穩定分布的條件應當是：

$$\Delta G_i^{A \to B} = 0$$

也就是該粒子在兩相中的化學位相等，即

$$\mu_i^B = \mu_i^A$$

2.2.2　金屬接觸電位

相互接觸的兩個金屬相之間的外電位差稱為金屬接觸電位。由於不同金屬對電子的親和能不同，因此在不同的金屬相中電子的化學位不相等，電子逸出金屬相的難易程度也就不相同。通常，以電子離開金屬逸入真空中所需要的最低能量來衡量電子逸出金屬的難易程度，這一能量叫電子逸出功，如圖 2-7 所示。產生原因為當兩種金屬相互接觸時，由於電子逸出功不等，相互逸入的電子數目將不相等，因此，在介面層形成了雙電層結構：在電子逸出功高的金屬相一側電子過剩，帶負電；在電子逸出功低的金屬相一側電子缺乏，帶正電。這一相間雙電層的電位差就是金屬接觸電位。

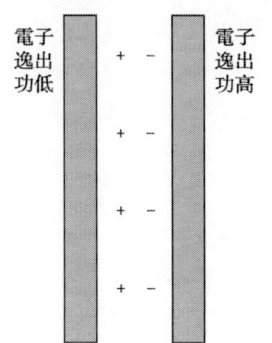

圖 2-7　電子逸出功示意圖

2.2.3 電極電位

如果在相互接觸的兩個導體相中，一個是電子導電相，另一個是離子導電相，並且在相介面上有電荷轉移，這個體系就稱為電極體系，有時也簡稱電極。但是，在電化學中，「電極」一詞的含義並不統一。習慣上也常將電極材料，即電子導體（如金屬）稱為電極。這種情況下「電極」二字並不代表電極體系，而只表示電極體系中的電極材料。所以應予以區分。

因此，電極電位也從上面引申而來，電極體系中，兩類導體介面所形成的相間電位，即電極材料和離子導體（溶液）的內電位差稱為電極電位。而我們需要明白的是電極電位是如何形成的，它主要決定於介面層中離子雙電層的形成。我們以鋅電極（如鋅插入硫酸鋅溶液中所組成的電極體系）為例，具體說明雙電層的形成過程。金屬是由金屬離子和自由電子按一定的晶格形式排列組成的晶體（見圖2-8）。金屬表面的特點為：鋅離子脫離晶格，必須克服晶格間的金屬鍵力。在金屬表面的鋅離子，由於鍵力不飽和，有吸引其他正離子以保持與內部鋅離子相同的平衡狀態的趨勢；同時又比內部離子更易於脫離晶格。

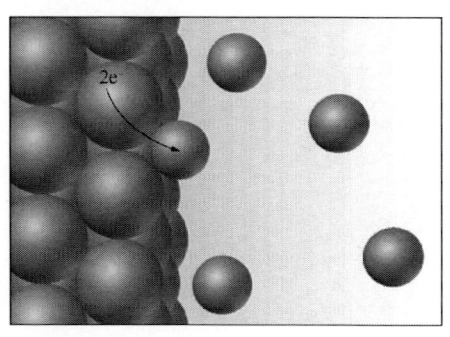

圖2-8　金屬離子與自由電子示意圖

水溶液（如硫酸鋅溶液）的特點為溶液中存在著極性很強的水分子、被水化了的鋅離子和硫酸根離子等，這些離子在溶液中不停地進行著熱運動。當金屬浸入溶液時，便打破了各自原有的平衡狀態：極性水分子和金屬表面的鋅離子相互吸引而定向排列在金屬表面上；同時鋅離子在水分子的吸引和不停地熱運動衝擊下，脫離晶格的趨勢增大了。這就是所謂水分子對金屬離子的「水化作用」。這樣，在金屬/溶液介面上，對鋅離子來說，存在兩種矛盾的作用：①金屬晶格中自由電子對鋅離子的靜電引力。它既起著阻止表面的鋅離子脫離晶格而溶解到溶液中去的作用，又促使介面附近溶液中的水化鋅離子脫水化而沉積到金屬表面來。②極性水分子對鋅離子的水化作用。它既促使金屬表面的鋅離子進入溶液，又起著阻止介面附近溶液中的水化鋅離子脫水化沉積的作用。

在金屬/溶液介面上首先發生鋅離子的溶解還是沉積，需要根據上述內容判斷哪一種作用佔據主導地位。實驗表明對鋅浸入硫酸鋅溶液來說，水化作用是主要的矛盾作用。因此，介面上首先發生鋅離子的溶解和水化，其反應為：

$$Zn^{2+}(H_2O)_n + 2e^- \longrightarrow Zn^{2+} \cdot 2e^- + nH_2O$$

隨著過程的進行，鋅離子溶解速度逐漸變小，鋅離子沉積速度逐漸增大。最終，當溶解速度和沉積速度相等時，在介面上就建立起一個動態平衡。即

$$Zn^{2+} \cdot 2e^- + nH_2O \rightleftharpoons Zn^{2+}(H_2O)_n + 2e^-$$

此時，溶解和沉積兩個過程仍在進行，只不過速度相等而已。也就是說，在任一瞬間，有多少鋅離子溶解在溶液中，就同時有多少鋅離子沉積在金屬表面上。因而，介面兩側（金屬與溶液兩相中）積累的剩餘電荷數量不再變化，介面上的反應處於相對穩定的動態平衡之中。

2.2.4 絕對電位和相對電位

電極電位是金屬（電子導電相）和溶液（離子導電相）之間的內電位差，其數值稱為電極的絕對電位。以鋅電極為例，為了測量鋅與溶液的內電位差，需要把鋅電極接入一個測量迴路中，如圖 2-9 所示，圖中 P 為測量儀器（如電位差計），其一端與金屬鋅相連，而另一端無法與水溶液直接相連，須藉助另一塊插入溶液的金屬（相當於某一金屬插入了溶液）。

在測量電極電位 $\Delta^{Zn}\phi^s$ 絕對數值時，測出的結果是三個相間電位的代數和。其中每一項都無法直接測量出來，因此電極的絕對電位無法測量。電極絕對電位不可測量並不能說明電極電位缺乏實用價值。當電極材料不變時，若能保持引入的電極電位 $\Delta^{Zn}\phi^s$ 不變，採用圖 2-9 所示的迴路是可以測出被研究電極（如鋅電極）相對電極電位的變化的。也就是說，如果選擇一個電極電位不變的電極作為基準，則可以測出：

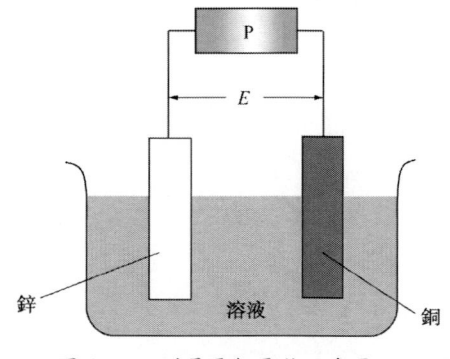

圖 2-9　測量電極電位示意圖

$$\Delta E = \Delta(\Delta^{Zn}\phi^s)$$

如果對不同電極進行測量，則測出的 ΔE 值大小順序應與這些電極的絕對電位的大小順序一致。因此，處理電化學問題時，絕對電位並不重要，有用的是絕對電位的變化值。

將參比電極與被測電極組成一個原電池迴路，所測出的電池端電壓 E（稱為原電池電動勢）叫做該被測電極的相對電位，習慣上直接稱作電極電位，用符號 ϕ 表示。一般在寫電極電位時應註明該電位相對於參比電極電位的種類，進一步分析一下相對電位的含義：

$$E = \Delta^M\phi^s - \Delta^R\phi^s + \Delta^R\phi^M$$

式中　$\Delta^M\phi^s$——被測電極的絕對電位；
　　　$\Delta^R\phi^s$——參比電極的絕對電位；
　　　$\Delta^R\phi^M$——兩個金屬相 R 與 M 的金屬接觸電位，其中 R 與 M 相是通過金屬導體連接的。

2.2.5　液體接界電位

相互接觸的兩個組成不同或濃度不同的電解質溶液相之間存在的相間電位叫液體接界電位（液接電位）。其形成主要是由於兩溶液相組成或濃度不同，溶質粒子將自發地從濃度高的相向濃度低的相遷移，這就是擴散作用。在擴散過程中，因正、負離子運動速度不同而在兩相介面層中形成雙電層，產生一定的電位差。所以按照形成相間電位的原因，也可以把液體接界電位叫做擴散電位，常用符號 ϕ_j 表示。

以一個最簡單的例子來說明液體接界電位產生的原因。例如兩個不同濃度的硝酸銀溶液（活度 $a_1 < a_2$）相接觸，由於在兩個溶液的介面上存在著濃度梯度，所以溶質將從濃度大的地方向濃度小的地方擴散。

Ag^+ 的擴散速度要比 NO_3^- 的擴散速度小，故在一定時間間隔內，通過介面的 NO_3^- 要比 Ag^+ 多，因而破壞了兩溶液的電中性。在圖 2-10 中，介面左方 NO_3^- 過剩，介面右方 Ag^+ 過剩，於是形成左負右正的雙電層。介面的雙側帶電後，靜電作用對 NO_3^- 通過介面產生一定的阻礙，結果 NO_3^- 通過介面的速度逐漸降低。相反，電位差使得 Ag^+ 通過介面的速度逐漸增大。最後達到一個穩定狀態，Ag^+ 和 NO_3^- 以相同的速度通過介面，在介面上存在的與這一穩定狀態相對應的穩定電位差就是液體接界電位。

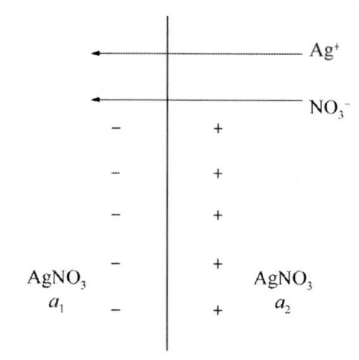

圖 2-10　兩種 $AgNO_3$ 溶液接觸處液體接界電位的形成

液體接界電位是一個不穩定的、難以計算和測量的數值，因此大多數情況下是在測量過程中把液體接界電位消除，或使之減小到可以忽略的程度。為減小液體接界電位，通常在兩種溶液之間連接一個高濃度的電解質溶液作為「鹽橋」。鹽橋的溶液既需高濃度，又需要其正、負離子的遷移速度盡量接近。因為正、負離子的遷移速度越接近，其遷移數也越接近，液體接界電位越小。

此外，用高濃度的溶液作鹽橋，主要擴散作用出自鹽橋，因而全部電流幾乎全由鹽橋中的離子帶過液體接介面，在正、負離子遷移速度近於相等的條件下，液體接界電位就可以降低到能忽略不計的程度。

2.2.6 平衡電極電位與能斯特方程式

可逆電極是電荷交換和物質交換都處於平衡狀態下的電極，也叫平衡電極。

可逆電極的電位也叫平衡電位或平衡電極電位，用符號 ϕ_e 表示，可逆電極的氫標電位可用熱力學方法計算（能斯特電極電位公式）：

$$\phi_e = \phi_0 + \frac{RT}{nF} \ln \frac{a_O}{a_R}$$

式中 ϕ_0——標準狀態下的平衡電位，叫做該電極的標準電極電位，在一定的電極體系中通常為常數；

n——參加反應的電子數。

可逆電極應同時具備以下三個條件：①電極反應可逆，即應滿足充電時的電極反應是放電時電極反應的逆過程，氧化反應失去的電子數等於還原反應得到的電子數，正向反應速率等於逆向反應速率。②電極反應在平衡的條件下進行，即電極反應進行得無限緩慢，通過電極的電流等於零或電流無限小。③可逆電池應滿足電池中進行的其他過程也是可逆的，即當反向電流通過電池時，電極反應以外的其他部分的變化也能恢復到原來的狀態。因此，只有由兩個可逆電極放在同一種電解液中所構成的電池，並且通過電池的電流又是無限小的情況下，才是可逆電池。當通過一個可逆電池中的電流為零時，如忽略相間電位以及液體接界電位之差，電池兩端的電極電位的差值稱為電池的電動勢，用 E 表示。在標準狀態下，有：

$$\Delta_r G_m = -nFE$$
$$\Delta_r G_m^\ominus = -nFE^\ominus$$

式中 $\Delta_r G_m$——莫耳 Gibbs 自由能的變化；

$\Delta_r G_m^\ominus$——標準狀態下莫耳 Gibbs 自由能的變化；

n——電子轉移數；

F——法拉第常數；

E——電池電動勢；

$E^\ominus$——標準狀態下的電池電動勢。

對於反應 $A + B \rightleftharpoons C + D$，根據化學反應的等溫方程式，有：

$$E = E^\ominus - \frac{RT}{nF} \ln \frac{a_C a_D}{a_A a_B}$$

通常電極反應可用 $O + ne^- \rightleftharpoons R$ 表示，由於電池電動勢為電池兩端平衡電位的差值，所以對於電極反應的平衡電位，有：

$$\phi_e = \phi^\ominus - \frac{RT}{nF} \ln \frac{a_R}{a_O} = \phi^\ominus + \frac{RT}{nF} \ln \frac{a_O}{a_R}$$

上式就是電極反應的能斯特(Nernst)方程式。因此，確定某電極反應的標準電極電位，就可以根據參加電極反應的各物質的活度計算平衡電極電位。在實際應用中，為了使用方便，常將公式中的自然對數換成常用對數，因此能斯特方程式可改寫為：

$$\phi_e = \phi^\ominus + \frac{2.3RT}{nF} \lg \frac{a_0}{a_R}$$

2.2.7 電池電動勢的影響

可逆電池在恆壓條件下進行化學反應時，莫耳 Gibbs 自由能的變化可以用亥姆霍茲(Helmholtz)方程式來描述，即

$$\Delta_r G_m = \Delta_r H_m - T\Delta_r S_m = \Delta_r H_m + T\left(\frac{\partial \Delta_r G_m}{\partial T}\right)_p$$

因此有：$\Delta_r H_m = \Delta_r G_m - T\left(\frac{\partial \Delta_r G_m}{\partial T}\right)_p = -nEF + nFT\left(\frac{\partial E}{\partial T}\right)_p$

式中　$\Delta_r H_m$——電池反應的莫耳焓變；

　　　$\Delta_r S_m$——電池反應的莫耳熵變；

　　　$\left(\frac{\partial E}{\partial T}\right)_p$——恆壓條件下電池電動勢對溫度的偏導數，稱為溫度係數。

由上式可知：

$$\left(\frac{\partial E}{\partial T}\right)_p = \frac{1}{nF} T\Delta_r S_m$$

因此，電池電動勢與溫度的關係為：

$$E = E_T^\ominus + \frac{1}{nF} \int_{T^\ominus}^T \Delta_r S_m dT = E_T^\ominus + \frac{(T-T^\ominus)\Delta_r S_m}{nF}$$

當可逆電池放電時，電池反應過程的熱為可逆熱，以 Q_r 表示。在可逆條件下，Q_r 與 $\Delta_r S_m$ 的關係為：

$$Q_r = T\Delta_r S_m = -T\left(\frac{\partial \Delta_r G_m}{\partial T}\right)_p = nFT\left(\frac{\partial E}{\partial T}\right)_p$$

因此，可逆電池工作時與環境的熱交換有以下三種情況：

① 若 $\left(\frac{\partial E}{\partial T}\right)_p = 0$，則 $Q_r = 0$，電池等溫可逆工作時與環境無熱交換。

② 若 $\left(\frac{\partial E}{\partial T}\right)_p < 0$，則 $Q_r < 0$，電池等溫可逆工作時放出熱量。

③ 若 $\left(\frac{\partial E}{\partial T}\right)_p > 0$，則 $Q_r > 0$，電池等溫可逆工作時吸收熱量。

2.3 液流電池電化學測試方法

2.3.1 循環伏安測試

循環伏安法是指在電極上施加一個線性掃描電壓，以恆定的變化速度掃描，當達到某設定的終止電位時，再反向回歸至某一設定的起始電位的方法，循環伏安法電位與時間的關係如圖 2—11 所示。若電極反應為 $O+ne^- \rightleftharpoons R$，反應前溶液中只含有反應粒子 O，且 O、R 在溶液中均可溶，控制掃描起始電位從比體系標準平衡電位 ϕ_{Ψ}^{0} 高得多的正值起始電位 ϕ_i 處開始做正向電掃描，電流響應曲線如圖 2—12 所示。當電極電位逐漸負移到 ϕ_{Ψ}^{0} 附近時，O 開始在電極上還原，並有法拉第電流通過。由於電位越來越負，電極表面反應物 O 的濃度逐漸下降，因此電極表面的電流量就增加。當 O 的表面濃度下降到近於零時，電流也增加到最大值 I_{pc}，然後電流逐漸下降。當電位達到 ϕ_r 後，又改為反向掃描。隨著電極電位逐漸變正，電極附近可氧化的 R 粒子的濃度較大，在電位接近並通過 ϕ_{Ψ}^{0} 時，表面上的電化學平衡應當朝著越來越有利於生成 R 的方向發展。於是 R 開始被氧化，並且電流增大到峰值氧化電流 I_{pa}，隨後又由於 R 的顯著消耗而引起電流衰降。整個曲線稱為「循環伏安曲線」。

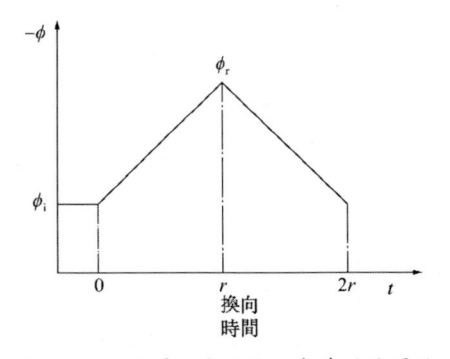

圖 2—11　循環伏安法電位與時間的關係　　圖 2—12　電流響應曲線

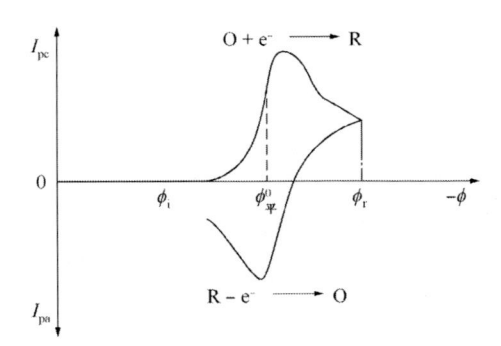

以全釩液流電池電解液的循環伏安曲線為例，測試採用三電極系統，在電化學工作站上進行，工作電極為石墨棒，測試前打磨出光滑的 1.0cm×1.0cm 工作面，參比電極為飽和甘汞電極，對電極為鉑電極。圖 2—13(a)為添加不同石墨烯後 H_2SO_4 電解液在掃描速率為 5mV/s 下的循環伏安圖，石墨烯對反應的可逆性無太大影響，但是在一定程度上增大了峰電流。當石墨烯含量為 1%時，氧化峰電流比空白的提高了 20.3%；還原峰電流比空白的提高了 17.6%，石墨烯作為

添加劑對氧化還原電對的反應起了催化作用。圖2-13(b)為石墨烯添加量為1%的電解液的首次和第30次的循環伏安曲線，掃描速度為5mV/s，經過30次循環後，無論是峰電位差還是峰電流的大小幾乎都沒變化，說明石墨烯加入後電解液具有良好的電化學穩定性。

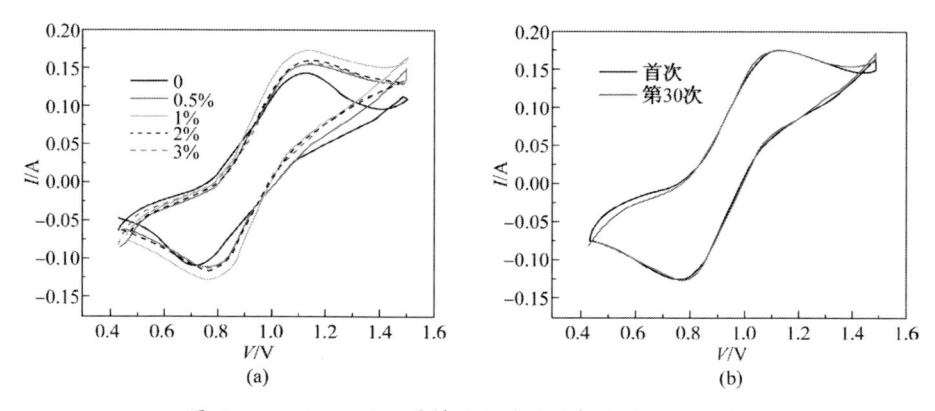

圖2-13 (a)不同石墨烯添加量的電解液的CV曲線；
(b)石墨烯在含量為1%的電解液中首次和第30次循環的CV曲線

2.3.2 極化曲線測試

極化曲線表示電極電位與極化電流或極化電流密度之間的關係曲線。如果電極分別是陽極或陰極，所得曲線分別稱為陽極極化曲線或陰極極化曲線。極化曲線分為四個區：活性溶解區、過渡鈍化區、穩定鈍化區、過鈍化區。分析研究極化曲線，是解釋金屬腐蝕的基本規律、揭示金屬腐蝕機理和探討控制腐蝕途徑的基本方法之一。

為了探索電極過程機理及影響電極過程的各種因素，必須對電極過程進行研究，其中極化曲線的測定是重要方法之一。我們知道在研究可逆電池的電動勢和電池反應時，電極上幾乎沒有電流通過，每個電極反應都是在接近於平衡狀態下進行的，因此電極反應是可逆的。但當有電流明顯地通過電池時，電極的平衡狀態被破壞，電極電位偏離平衡值，電極反應處於不可逆狀態，而且隨著電極上電流密度的增加，電極反應的不可逆程度也在增大。由於電流通過電極而導致電極電位偏離平衡值的現象稱為電極的極化，描述電流密度與電極電位之間關係的曲線稱作極化曲線。金屬的陽極過程是指金屬作為陽極時在一定的外電位下發生的陽極溶解過程，如下式所示：

$$M \longrightarrow M^{n+} + ne^-$$

此過程只有在電極電位高於熱力學電位時才能發生。陽極的溶解速度隨電位

變正而逐漸增大，這是正常的陽極析出，但當陽極電位達到某一數值時，其溶解速度達到最大值，此後陽極溶解速度隨電位變高而大幅度降低，這種現象稱為金屬的鈍化現象。圖 2-14 中曲線表明，從 A 點開始，隨著電位朝正方向移動，電流密度增加，電位超過 B 點後，電流密度隨電位增加迅速減至最小，這是因為在金屬表面產生了一層高電阻、耐腐蝕的鈍化膜。B 點對應的電位稱為臨界鈍化電位，對應的電流稱為臨界鈍化電流。電位到達 C 點以後，隨著電位的繼續增加，電流保持在一個基本不變的很小的數值，該電流稱為維鈍電流，直到電位升到 D 點，電流才隨著電位的上升而增大，表示陽極又發生了氧化反應，可能是高價金屬離子產生的也可能是水分子放電析出氫氣所致，DE 段稱為過鈍化區。

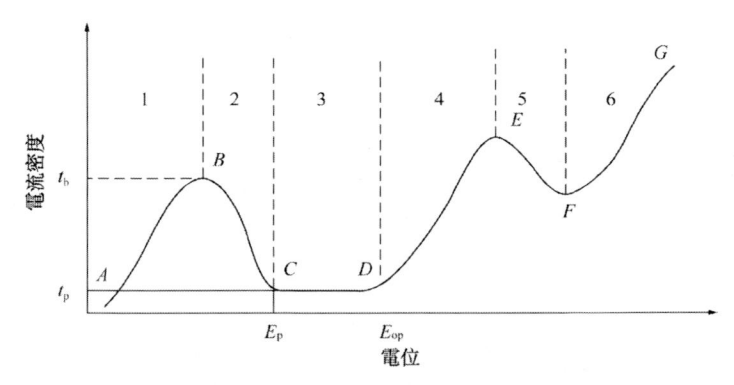

圖 2-14 典型陽極極化曲線

極化曲線的測定通常有下面幾種方法：①恆電位法。恆電位法就是將研究的電極電位依次恆定在不同的數值上，然後測量各電位下的電流。極化曲線的測量應盡可能接近體系穩態。穩態體系指被研究體系的極化電流、電極電位、電極表面狀態等基本上不隨時間變化而改變。一般來說，電極表面建立穩態的速度愈慢，則電位掃描速度也應愈慢。因此對不同的電極體系，掃描速度也不相同。為測得穩態極化曲線，人們通常依次減小掃描速度測定若干條極化曲線，當測至極化曲線不再明顯變化時，可確定此掃描速度下測得的極化曲線即為穩態極化曲線。②恆電流法。恆電流法就是控制研究電極上的電流密度依次恆定在不同的數值下，同時測定相應的穩定電極電位值。採用恆電流法測定極化曲線時，給定電流後，電極電位往往不能立即達到穩態，不同的體系，電位趨於穩態所需要的時間也不相同，因此在實際測量時一般電位接近穩定即可讀值。

以全釩液流電池為例，研究了不同碳布電極在全釩液流電池氧化還原反應中的影響，對其進行極化曲線測試，結果如圖 2-15 所示。從圖 2-15 中可以發現，在不同的電流密度下，經過活化後的電極材料功率密度遠高於未活化的電極

材料，表明在較大的電流下活化的電極具有優異的性能。

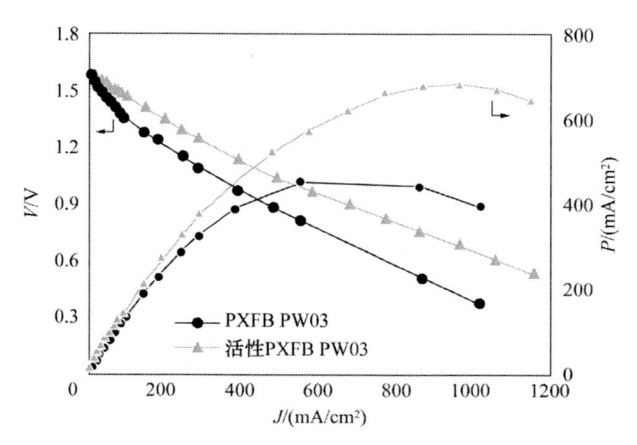

圖 2—15　不同電極所裝電池極化曲線測試

2.3.3　電化學阻抗測試

　　電化學阻抗譜（Electrochemical Impedance Spectroscopy，EIS）：通過電化學系統施加一個不同頻率、小振幅的交流電位，測量交流電位與電流訊號的比值（即為系統的阻抗）隨正弦波頻率 ω 的變化，或者是阻抗的相位角 Φ 隨 ω 的變化。電化學阻抗譜通過測量阻抗隨正弦波頻率的變化，進而分析電極過程動力學、雙電層和擴散等，研究電極材料、固體電解質、導電高分子以及腐蝕防護等機理。

　　將電化學系統看作一個等效電路，這個等效電路是由電阻（R）、電容（C）和電感（L）等基本元件按串並聯等不同方式組合而成的。通過 EIS 可以測定等效電路的構成以及各元件的大小，利用這些元件的電化學含義，來分析電化學系統的結構和電極過程的性質等。

　　EIS 測量包括以下前提條件：①因果性條件。輸出的響應訊號只是由輸入的擾動訊號引起的。②線性條件。輸出的響應訊號與輸入的擾動訊號之間存在線性關係。　電化學系統的電流與電位之間是動力學規律決定的非線性關係，當採用小幅度正弦波電位訊號對系統擾動，電位和電流之間可以近似看作呈線性關係。③穩定性關係。擾動不會引起系統內部結構發生變化，當擾動停止後，系統能夠恢復到原先的狀態，可逆反應容易滿足穩定性條件，不可逆電極過程，只要電極表面的變化不是很快，當擾動幅度小、作用時間短時，擾動停止後，系統也能近似恢復到原先狀態，可以近似認為滿足穩定性條件。

　　EIS 測定技術是一種研究電極反應動力學和電化學體系中物質傳遞與電荷轉移的有效方法，通過電化學阻抗資料所提供的資訊，能夠分析電極過程的特徵，包括動力學極化、歐姆極化和濃差極化，為電化學過程設計、電極材料開發和電

極結構研究提供基本依據。為了分析全釩液流電池在充放電過程中正負極極化情況，孫等將全釩液流電池的正負極分離，採用半電池阻抗實驗量化分析了不同電流密度條件下全釩液流電池正負極極化損失比例。如圖2－16所示，在負極的圖譜中出現一個電荷轉移阻抗和與之對應的容抗，容抗值與極化強度影響很小，而電荷轉移阻抗隨著過電位增大而減小，符合Tafel動力學方程式。同樣，正極電極過程出現類似的阻抗譜圖。對比兩電極反應，發現在放電過程中負極極化阻抗占整體極化阻抗的80％左右。由此可知，為了進一步提高整個電池反應的性能，主要問題在於提高負極反應活性。

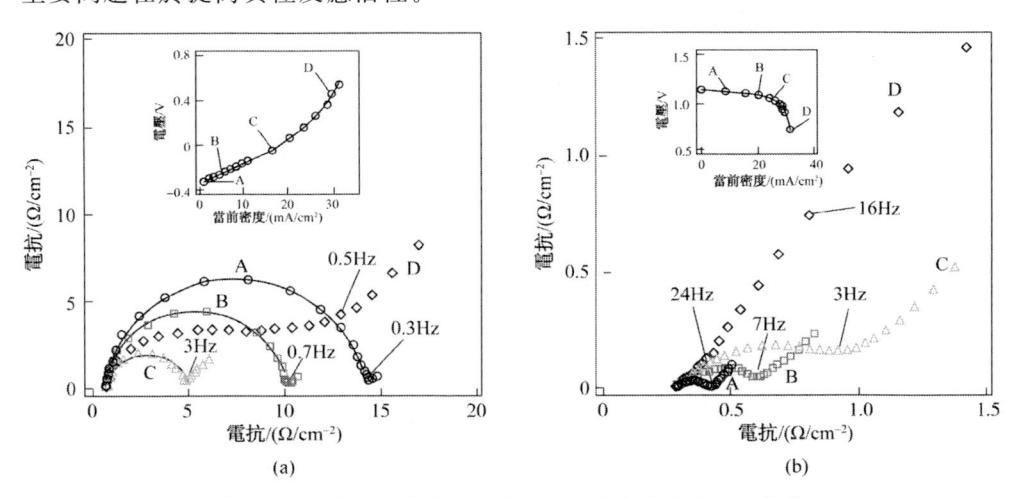

圖2－16　全釩液流電池正負極在不同電流密度下阻抗譜

2.3.4　電位滴定測試

電位滴定是利用溶液電位突變指示終點的滴定法。在滴定過程中，被滴定的溶液裡插入連接電位計的兩支電極，一支為參比電極，另一支為指標電極。與直接電位法相比，電位滴定不需要準確地測量電極電位值，因此，溫度、液體接界電位的影響並不重要，其準確度優於直接電位法。與指示劑滴定法相比，電位滴定可用於滴定突躍小或不明顯、有色或渾濁的試樣。

電位滴定終點的判定方法有繪製$E-V$曲線法、繪製$\Delta E/\Delta V-V$曲線法和二級微商法：

① 繪製$E-V$曲線。用加入滴定劑的體積(V)作橫座標，電動勢讀數(E)作縱座標，繪製$E-V$曲線，曲線上的轉折點即為化學計量點。該法簡單但準確性稍差。具體資料處理方法為：首先根據測試資料繪製$E-V$曲線，然後作兩條與滴定曲線相切，並與橫軸夾角為45°的直線A、B(見圖2－17中切線所示)，再作垂直於橫軸的直線(見圖2－17中虛線所示)，使夾在AB間的線段被曲線交點

液流電池與儲能

C 平分，即 C 點就是反曲點。

② 繪製 $\Delta E/\Delta V - V$ 曲線。$\Delta E/\Delta V$ 為 E 的變化值與相對應的加入滴定劑的體積的增量的比值。具體資料處理方法為：如圖 2-18 所示，以加入滴定劑的體積為橫座標，以 $\Delta E/\Delta V$ 為縱座標，畫出滴定曲線。曲線的最高點即為滴定終點。由最高點引橫軸的垂線，交點就是消耗滴定劑的體積。

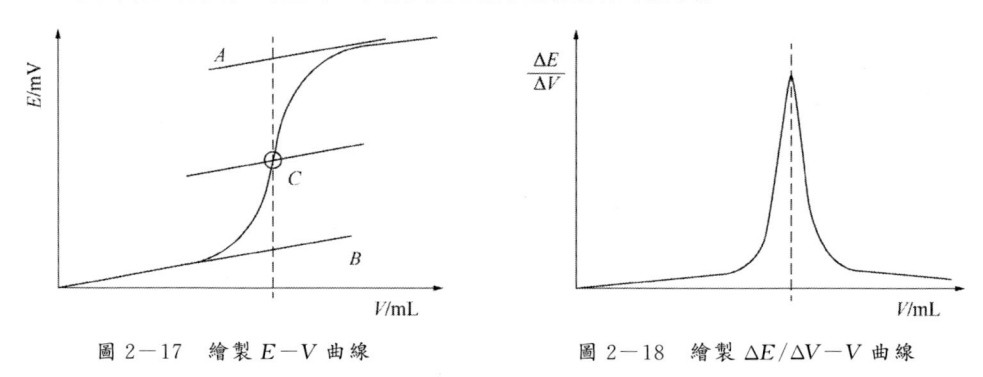

圖 2-17　繪製 $E-V$ 曲線

圖 2-18　繪製 $\Delta E/\Delta V - V$ 曲線

③ 二級微商法。以二階微商值為縱座標，加入滴定劑的體積為橫座標作圖，如圖 2-19 所示。$\Delta^2 E/\Delta V^2 = 0$ 所對應的體積即為滴定終點。二級微商法又稱二階微分滴定曲線，縱座標 $\Delta^2 E/\Delta V^2 = 0$ 的點即為滴定終點。通過後點資料減前點資料的方法逐點計算二階微商。

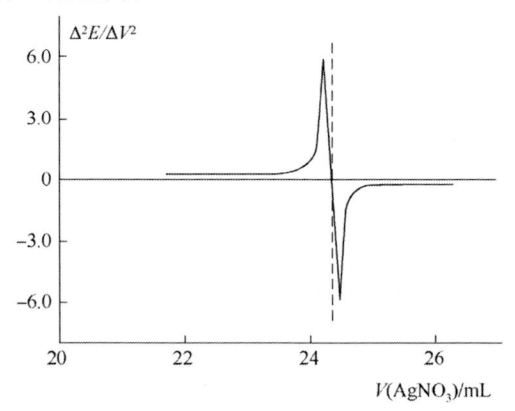

圖 2-19　二階微分滴定曲線

具體計算公式為：

$$\frac{\Delta^2 E}{\Delta V^2} = \frac{\left(\frac{\Delta E}{\Delta V}\right)_2 - \left(\frac{\Delta E}{\Delta V}\right)_1}{(\Delta V)}$$

其中滴定終點的體積可由內插法求得，即取二階微商的正、負轉化處的兩個

點的體積值V_+、V_-，然後通過如下公式求得滴定終點：

$$V_{終}=V_+ + \frac{V_- - V_+}{\left(\frac{\Delta^2 E}{\Delta V^2}\right)_- + \left(\frac{\Delta^2 E}{\Delta V^2}\right)_+}\left(\frac{\Delta^2 E}{\Delta V^2}\right)_+$$

液流電池具有功率大、使用壽命長、無汙染的特點。其中，全釩氧化還原液流電池是目前國內外關注最多的一種液流電池。釩電池中，正負極中的物質都是含有釩離子的電解液。充電過程中，正極中的+4價釩離子轉變為+5價釩離子，負極中的+3價釩離子轉變為+2價釩離子。放電過程反之。釩電池中正負極電解液由一種特殊的質子滲透膜隔開。理想的質子滲透膜只讓質子通過，而阻擋釩離子通過。理想情況下，全釩液流電池的正負極電解液的釩離子濃度保持不變，正負極電解液的價態改變數相同。但是實際情況中由於部分+2價釩離子被氧化和正負極電解液中副反應的存在，釩電池正負極電解液的價態改變並不完全相同，即電解液價態存在失衡。釩電池中使用的離子交換膜並不能完全抑制釩離子的滲透，且不同滲透壓會導致正負極電解液的體積發生變化。這都會導致正負極電解液的濃度改變，即電解液濃度失衡。由於以上原因，釩電池在實際使用中，電解液的濃度和價態的失衡會隨著充放電次數增多變得嚴重，降低釩電池的充放電容量，嚴重影響釩電池的實際使用壽命。為了解決這一問題，需要使用能夠即時檢測釩電池電解液中各種價態的釩離子濃度的方法，掌握離子失衡程度，從而能夠在釩電池狀態不理想時對系統進行調整。

實驗室採用電位滴定測試的方法對釩離子濃度變化進行辨識，通常一次滴定即能求出電解液中不同價態釩離子的濃度。該方法採用 $Ce(SO_4)_2$ 作為氧化劑，將溶液中低價態的釩離子全部氧化為 VO^{2+}，然後用 $(NH_4)_2Fe(SO_4)_2$ 作為滴定劑，採用電位滴定法進行電位滴定分析。根據電位滴定曲線可獲得兩個滴定反應的終點，分別對應於 Ce^{4+} 還原為 Ce^{3+} 和 VO^{2+} 還原為 VO_2^+。根據這個方法可以測定任一組成的釩電池電解液中不同價態釩離子的濃度。該方法操作過程簡單、快捷，可用於釩電池正、負極電解液中不同價態釩離子濃度的快速準確分析。

取適量釩電池電解液，加入稍過量的 $Ce(SO_4)_2$ 標準溶液，用 $(NH_4)_2Fe(SO_4)_2$ 標準溶液進行電位滴定，相應的滴定曲線如圖 2-20 所示。由曲線 a 可見，滴定過程中有兩個突躍點，其中 800~1050mV 區間內的電位突變對應於反應 $Ce^{4+}+Fe^{2+}\longrightarrow Ce^{3+}+Fe^{3+}$，而 500~650mV 區間內的電位則對應於反應 $VO_2^+ + Fe^{2+} + 2H^+ \longrightarrow VO^{2+} + Fe^{3+} + H_2O$。對滴定曲線作一階微商可得曲線 b，其中兩個極值點對應曲線 a 中的突躍電位，即兩個滴定反應的終點電位。

2.3.5 液流電池性能測試

液流電池的性能測試包括充放電性能測試、容量測試、循環壽命測試等。全

液流電池與儲能

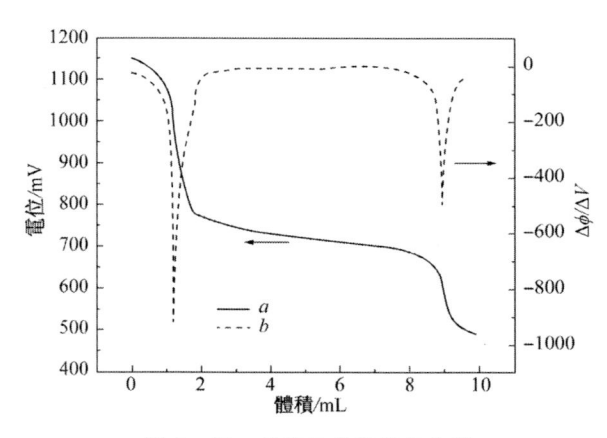

圖 2-20 硫酸亞鐵銨滴定曲線

釩液流電池由於具有循環壽命長、效率高、汙染小等特點而受到廣泛關注,但其在電極、電解液、隔膜等方面都還需要進一步探究,以釩電池為例,對於長期運行的釩電池來說,一個急待解決的問題就是全釩液流電池的容量衰減問題。理論上說,如果在電池充放電循環結束後將正負極電解液重新混合,全釩液流電池就能夠恢復其損失的部分容量,但是這種額外措施會使電池管理系統更複雜,降低系統的能量效率,增加電池系統的操作成本。

以經熱處理的石墨氈為正極、負極,Nafion117 型離子交換膜為隔膜,按圖 2-21 所示的結構裝配成電池。循環壽命是衡量常規蓄電池性能的重要指標,也稱循環耐久性,主要指電池容量隨循環次數或時間的降低速率,通常規定的壽命終止條件為初始容量的 60%,某些行業規定壽命終止條件為初始容量的 80%。

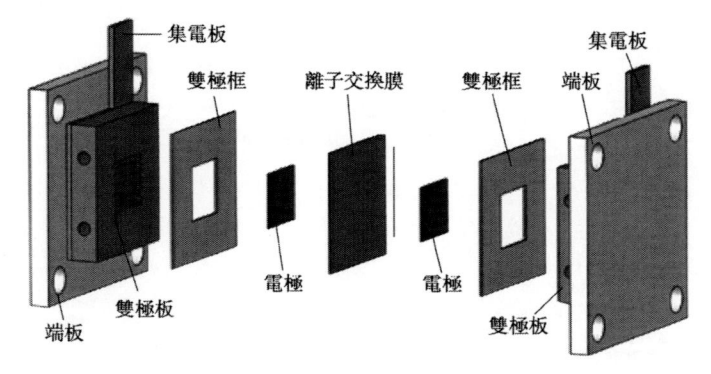

圖 2-21 電池結構示意圖

圖 2-22 為電池循環過程中正極電解液中釩離子濃度變化。由圖 2-22 可以看出,隨著電池充放電循環的進行,正極釩離子總量逐漸增加。一般認為,這是由於 V^{2+}、V^{3+} 通過離子膜的速率大於 VO^{2+}、VO_2^+,從而導致釩離子的淨遷移

方向是從負極到正極。圖2—22還顯示出，隨著電池循環次數的增加，VO^{2+}逐漸減少，而VO_2^+在增加。說明由於正負極釩離子的滲透速率不一樣，隨著電池循環的進行，負極的水合釩離子遷移到正極，最終導致正負極容量失衡，這是全釩液流電池容量衰減的一個主要原因。

圖2—23是電池充放電循環過程中正負極電解液體積的變化情況。在電池充放電循環五週以內，正極體積快速成長，後面四十週趨於穩定，四十週之後又緩慢增加，負極則與之相反。

圖2—24為全釩液流電池的充放電性能測試，由圖2—24中可以看出，電池放電容量從第一次的650mA·h，經過100次循環後容量降到幾乎為零，衰減較快。隨著電池的充放電循環，電池庫侖效率和能量效率在循環過程中比較穩定，分別為90.5％和72.5％左右。

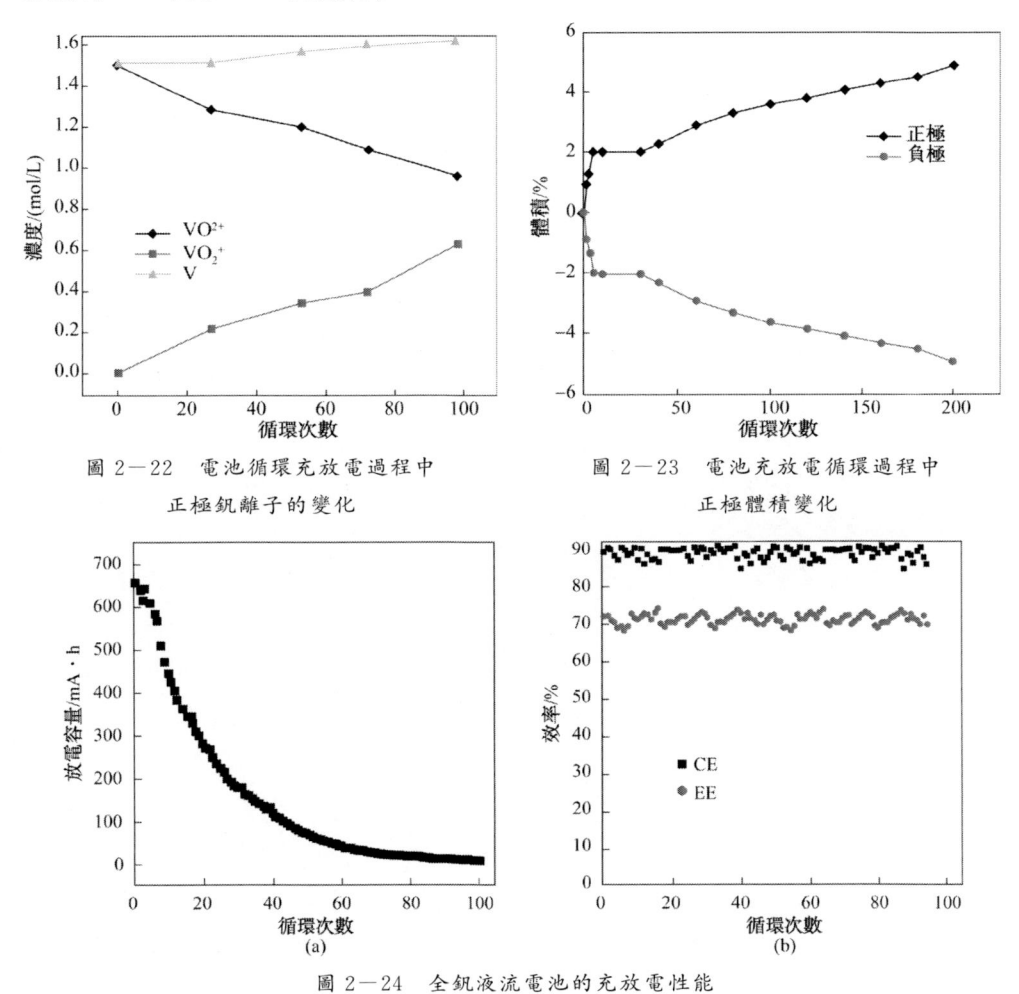

圖2—22 電池循環充放電過程中正極釩離子的變化

圖2—23 電池充放電循環過程中正極體積變化

圖2—24 全釩液流電池的充放電性能

大規模、高效率、低成本、長壽命是未來液流儲能電池技術的發展方向和目標。因此需要加強液流儲能電池關鍵材料(如電解液、離子交換膜、電極材料等)及電池結構的研究，提高電池的電化學性能和耐久性。

2.4　液流電池電化學理論計算

密度泛函理論(Density Functional Theory，DFT)是一種用電子密度分布作為基本變數，研究多粒子體系基態性質的新理論。自從 1960 年代 DFT 建立並在區域密度近似(LDA)下導出著名的 Kohn－Sham 方程式以來，DFT 一直是凝聚態物理領域計算電子結構及其特性最有力的工具。它提供了第一性原理或從頭算的計算框架。

DFT 可適應於不同類型的應用，比如：①電子基態能量與原子(核)位置之間的關係可以用來確定分子或晶體的結構；②當原子不處在它的平衡位置時，DFT 可以給出作用在原子(核)位置上的力。因此，DFT 可以解決原子分子物理中的許多問題，如電離勢的計算，振動譜的研究，化學反應問題，生物分子的結構，催化活性位置的特性等。

宋等首次在聯吡啶環上進行分子工程修飾，得到了一個低滲透率、高穩定性且氧化還原電位更負的「棒狀」紫精分子。通過密度泛函理論計算確證了分子空間結構，系統考察了紫精衍生物的構效關係(見圖 2-25)，結果表明活性中心鄰位接枝的四個甲基通過空間位阻效應改變了紫精分子的空間構型，即由未改性的「S狀」(S-Vi)變為「棒狀」(R-Vi)。該結構進一步提升了電池循環壽命。

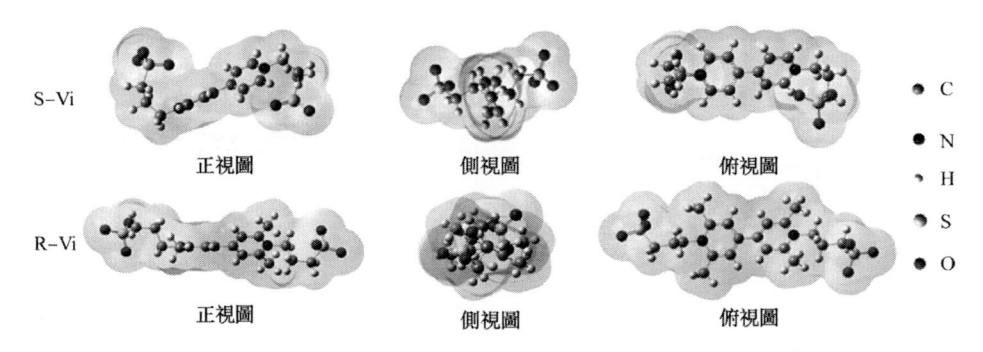

圖 2-25　S-Vi 和 R-Vi 的正視圖、側視圖和俯視圖 DFT 計算模型

賈等利用 Br^- 絡合 Zn^{2+} 的方法來提高 Zn/Zn^{2+} 電對氧化還原可逆性和穩定性。由 DFT 計算結果發現溴代水合鋅離子($[ZnBr(H_2O)_5]^+$)逐步去溶劑化的活化能比其對應的水合鋅離子($[Zn(H_2O)_6]^{2+}$)逐步去溶劑化的活化能都低(見圖 2-26)。在相同的電位條件下，更低的去溶劑化活化能意味著從溶劑化鋅離子中

釋放出 Zn^{2+} 的阻力更小，因此 Zn/Zn^{2+} 電對的氧化還原可逆性提高，從而促進了 Zn^{2+} 在電極上的沉積與脫附。因此基於負極電解液鋅－溴絡合作用的中性鋅－鐵液流電池展現出優異的電池性能，經過 2000 次循環後，電池容量保持率在 80% 以上，為大規模儲能用高性能長壽命中性鋅－鐵液流電池的發展提供了新思路。

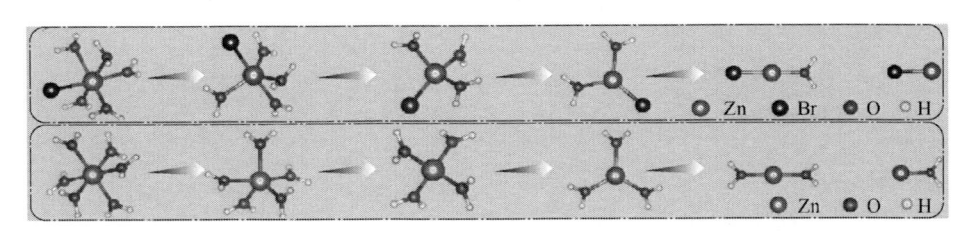

圖 2－26　逐步去溶劑化過程中，溴代水合鋅離子和對應水合鋅離子的離子簇結構變化

陳等設計了一種低成本、高性能的 ARS/鐵氰化物液流電池多孔膜，對負極和正極活性物質進行了 DFT 分析，說明了帶負電荷的多孔膜和氧化還原電對之間的排斥作用(見圖 2－27)。研究給出了負極和正極活性物質的最佳化學結構，結合電荷和孔徑排斥，說明設計的多孔膜可以有效地篩分活性物質，從而使電池具有高 CE 和高容量保持率。

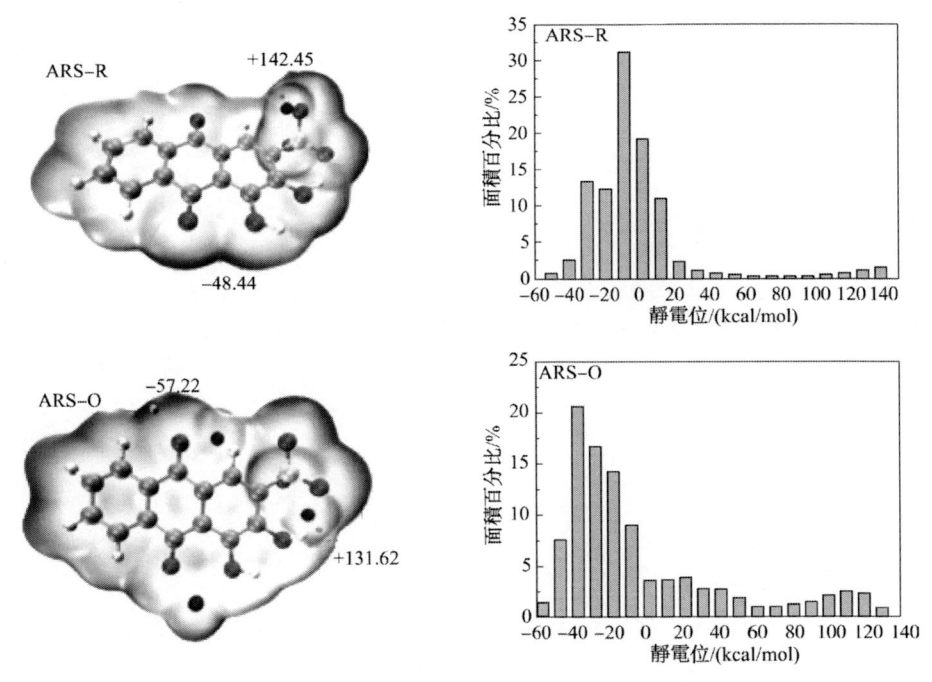

圖 2－27　ARS－R、ARS－O 和鐵氰化物氧化還原電對在電子密度等值面上(0.001a.u.)的靜電位(ESP)及其相應的靜電位分布

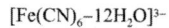

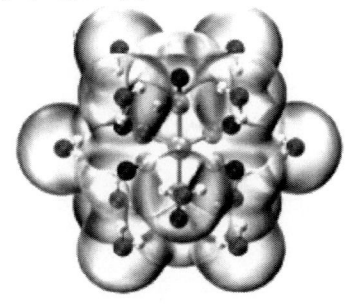

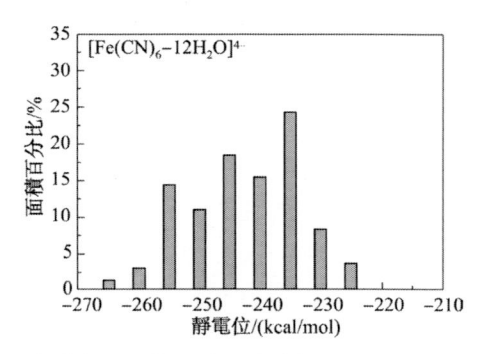

图 2—27　ARS—R、ARS—O 和铁氰化物氧化还原电对在电子密度等值面上(0.001a.u.)的静电位(ESP)及其相应的静电位分布(续)

参　考　文　献

[1] 罗金宏. 有机液流电池的关键材料及其电化学性能研究[D]. 成都：电子科技大学，2019.
[2] 林立宇. 新型锡—铁液流电池的电化学特性与性能优化研究[D]. 深圳：深圳大学，2019.
[3] 李松. 全钒液流电池用 PAN 基石墨毡复合电极性能研究[D]. 沈阳：沈阳建筑大学，2020.
[4] 任海明. 全钒液流电池循环稳定性的研究[D]. 杭州：浙江工业大学，2016.
[5] WANG S L, XU Z Y, WU X L, et al. Analyses and optimization of electrolyte concentration on the electrochemical performance of iron－chromium flow battery[J]. Applied Energy, 2020, 271: 115252.
[6] SUN C Y, ZHANG H. Investigation of Nafion series membranes on the performance of iron－chromium redox flow battery[J]. Int J Energy Res, 2019, 43: 8739-8752.
[7] 杨虹, LEMMON JOHN, 缪平, 等. 碳布电极材料对全钒液流电池性能的影响[J]. 储能科学与技术, 2020, 9(3): 7.
[8] 代威, 汤富领, 路文江, 等. 氧化石墨烯对钒液流电池电解液性能的影响[J]. 电源技术, 2015, 39(6): 4.
[9] 马洪运, 范永生, 洪为臣, 等. 液流电池理论与技术——电化学阻抗谱技术原理和应用

[J]. 儲能科學與技術，2014(5)：6.

[10] HONGBIN L，HAO F，BO H，et al. Spatial Structure Regulation：A Rod-Shaped Viologen Enables Long Lifetime in Aqueous Redox Flow Batteries[J]. Angewandte Chemie，2021，133(52)：27177-27183.

[11] YANG M H，XU Z Z，XIANG W Z High performance and long cycle life neutral zinc-iron flow batteries enabled by zinc-bromide complexation[J]. Energy Storage Materials，2022，44：433-440.

[12] CHEN D J，DUAN W Q，HE Y Y，Porous Membrane with High Selectivity for Alkaline Quinone-Based Flow Batteries[J]. ACS Appl. Mater. Interfaces，2020，12：48533-48541.

液流電池與儲能

第 3 章 電池管理系統

目前,電池技術的發展使得電池安全性和效率性有所提高,電池儲能受地理環境因素影響較小,在儲能實際應用中,已經逐漸成為主要的儲能方式。由於電池儲能的飛速發展,因此需要配備相應的電池能量管理系統以提高電池的工作性能,本章具體以液流電池為主展開討論電池儲能管理系統基本的硬體、軟體設施和未來技術展望。電池儲能系統主要設備包含電池(能量儲存)、儲能變流器(PCS 或 DC/DC 等功率變換器)、本地控制器、配電單位、預製艙及其他溫度、消防等輔助設備,並在本地控制器的統一管理下,獨立或接收外部能量管理系統(EMS)指令以完成能量調度與功率控制,實現安全、高效運行。

3.1 儲能關鍵設備

儲能系統一般由儲能電池、電池管理系統、逆變器等幾個主要部分組成,並通過升壓變壓器接入 10kV 及以上電壓等級。儲能管理系統與電池管理系統、雙向變流器、上級調度系統通過高速的通訊協定以及通訊網路實現資訊互動與傳輸,從而實現對儲能系統的監測、運行控制以及能量管理。針對分散式儲能系統的不同應用場景以及需要,儲能監控系統基於儲能系統中電池、雙向變流器等配套設備的運行狀態,即時控制各儲能變流器的充放電功率並優化管理儲能電池系統充放電能量的過程,不僅可實現電池儲能系統在各種場景下的應用目標,還可實現電池系統的優化調度管理,有效減緩電池劣化,實現儲能系統高效、安全、可靠、經濟運行。

3.1.1 電池

3.1.1.1 電池的定義

電池,是指利用化學反應進行能量儲存的裝置,其通過電池殼內活性物質間的電極氧化還原反應,實現化學能與電能間的轉換,並以電壓/電流的形式向外部電路輸出電力。

3.1.1.2 電池的分類

與不可充電的一次電池相比,儲能領域使用的二次液流電池可多次循環充放

液流電池與儲能

電使用，主要包括全釩液流電池、鐵鉻液流電池、鋅溴液流電池等。正是由於電池充放電過程本質上是電化學反應過程，所以往往伴隨著發燒、結晶、析氣等現象的發生，影響了電池的壽命、效率。廣義上的電池是指多個單電池組成的電池堆（簡稱電堆），目的是獲得實際應用的電壓，相鄰單電池間用雙極板隔開，雙極板起串聯上下單電池和提供液體流路的作用。單電池是組成電池堆的基本單位。如圖3-1所示，每個電池單位主要由離子傳導膜、多孔電極、電極框、雙極板和端板組成。各部件之間以密封墊間隔密封，並通過螺桿和螺帽將所有部件緊固裝配為一體。電池運行時，電解液被泵入電池，流經多孔電極，在電極表面發生電化學反應，然後流回儲液罐，如此循環。

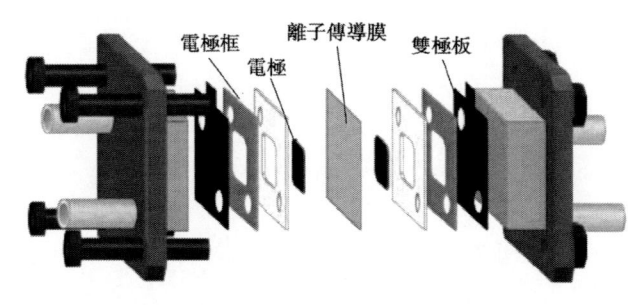

圖3-1 單體電池示意圖

3.1.1.3 液流電池電池堆的組成

對於液流電池而言，電池堆是將不同的電池板疊加在一起，是液流電池儲能系統的核心部分。液流電池儲能系統的成本、功率、效率等性能都與電池堆有密不可分的關係。

電池堆是液流電池儲能系統的核心部件，如圖3-2所示。電池堆由多組電池單位疊合而成，相鄰電池單位通過雙極板相連，即串聯裝配，每個電池堆配有一套電解液循環系統，電堆運行時各個單位的液相迴路並聯。

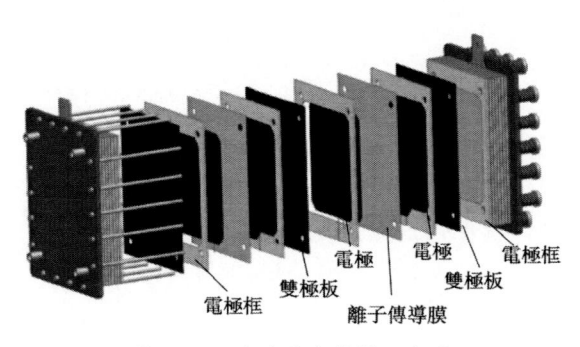

圖3-2 液流電池結構示意圖

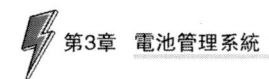

3.1.1.4　液流電池電堆的流道結構設計與優化

　　液流電池流道結構設計與優化是改善電池內部電解液流動性能、提高電堆功率密度和可靠性的重要途徑之一。傳統流道是在石墨板上設計並行、交指和蛇形等流道結構，有流道種類單一、石墨板成本高及機械性能差的缺點。為了克服上述缺點，設計了波紋狀並行、分離式蛇形、螺旋形等新型流道，在電極上構建流道、引入獨立的流道部件，環形與梯形等異型結構能夠有效地提高液流電池性能。採用機械雕刻加工等方式在平板狀的雙極板上刻蝕流道，根據流道中電解液的流動方式不同主要分為蛇形流道、並行流道和交指流道三類[1]，如圖 3-3 所示。這類流場是近期液流電池流場結構設計研究的焦點。

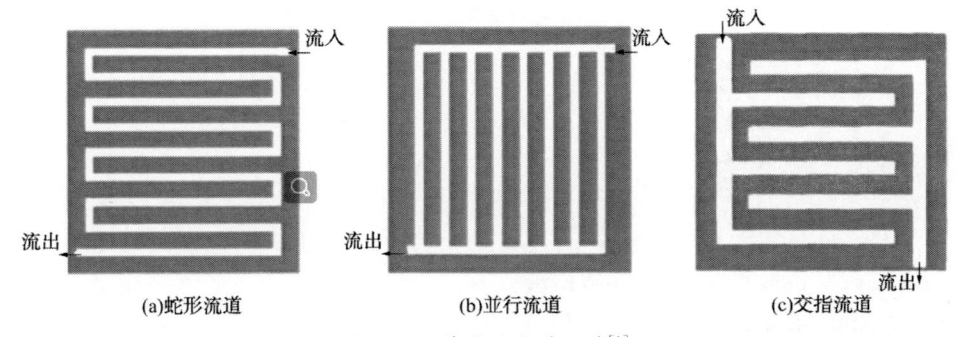

(a)蛇形流道　　(b)並行流道　　(c)交指流道

圖 3-3　傳統的流道設計[1]

　　近年來，得益於數值模擬的發展，人們利用模擬研究可獲得各個物理量在電池內部的分布情況，從而闡明流場內部過程和流場結構對電池性能的影響機制，並據此指導流道結構的設計與優化。Ishitobi 等[2]通過構建 2D 穩態模型，研究了以碳紙作電極並採用交指流道時垂直於膜方向上的流動、質傳和反應過程。研究發現，由於碳紙的滲透率較低，電極中流速不夠均勻，從而形成低流速區，導致低質傳係數，進一步引起大的濃差極化。故在進行電極設計時，不僅需要提高反應活性，提高其滲透性對於降低電池極化亦很關鍵。Lee 等[3]利用 3D 多物理場耦合模型探究了蛇形流道的尺寸對電池性能的影響。研究發現，窄而密的流道可以實現電極中更高的電解液流速和活性物質濃度，且分布更均勻，如圖 3-4 所示。Li 等[4]通過結合三維 CFD 模型和三維多物理場耦合模型探究了採用具有不同寬度肋板的交指流道的電池性能發現，肋板寬度越大，電極中的流速越大，但泵耗也越大，從而使得基於泵耗的電壓效率先快速增大後趨於穩定。Ke 等[5]利用二維模型分析了入口條件對帶有蛇形流道的液流電池中的流動分布和電極介面滲通過程的影響。Al-Yasiri 等[6]通過模擬研究發現，在低流速和高電流密度運行時，蛇形流道深度對電池性能的影響最顯著，且淺流道的能量效率和系統效率最高，對應最佳流率也最小。

图 3—4　流道宽度对活性物质浓度分布的影响[3]

　　为了保证良好的电导性，常采用石墨板材料作为双极板进行流道结构设计。石墨板不仅价格昂贵，而且在加工流道的过程中会破坏石墨板的机械性能，并引入锋利的边缘，这些边缘在电池运行过程中易被正极电解液氧化腐蚀，不利于液流电池的长期稳定运行和工程放大。部分研究者提出在电极上加工流道，在保留双极板上流道结构优势的同时提高电堆运行的稳定性和系统的经济性。在 2014 年，Mayrhuber 等[7]就曾报导利用二氧化碳雷射在碳纸上鑿孔制造电解液传递通道，如图 3—5 所示。并探究了鑿孔前后以及孔的大小和分布密度对电池性能的影响。研究显示，鑿孔有利于增强质传，从而提高电池的峰值功率密度和极限电流密度。

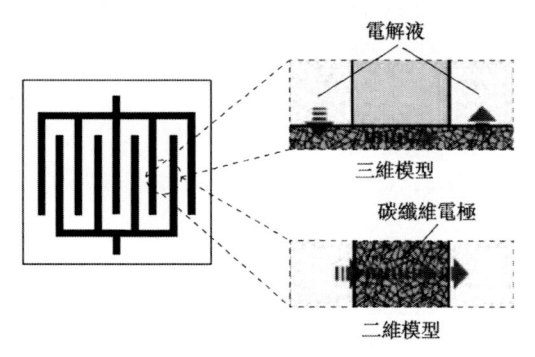

图 3—5　模型简化示意图[7]

　　碳纸较薄，其提供的活性反应位点有限，在碳纸上设计流道的空间并不大，且以碳纸为电极时往往依赖于在双极板上加工流道以实现电解液的充分流动，不利于降低系统成本，故液流电池中电极多为多孔碳毡或石墨毡。碳毡和石墨毡的厚度通常在 1mm 以上，更便于进行流道设计和加工。Bhattarai 等[8]在多孔碳毡电极上设计了 4 种流道，分别是靠近集流体侧的并行流道、交指流道、电极中部的圆形交指流道和电极中部的交叉流道，如图 3—6 所示。结果表明，在给定流速下，采用靠近双极板侧的并行流道压降减小 39%，但其充放电性能较差，与传统并行流道类似，这主要是由于电解液难以渗入电极。而采用靠近双极板侧或电极中部的交指流道均有利于提高电解液在电极中分布的均匀性，促进活性表面

積的充分利用，從而提高能量效率和電壓效率。

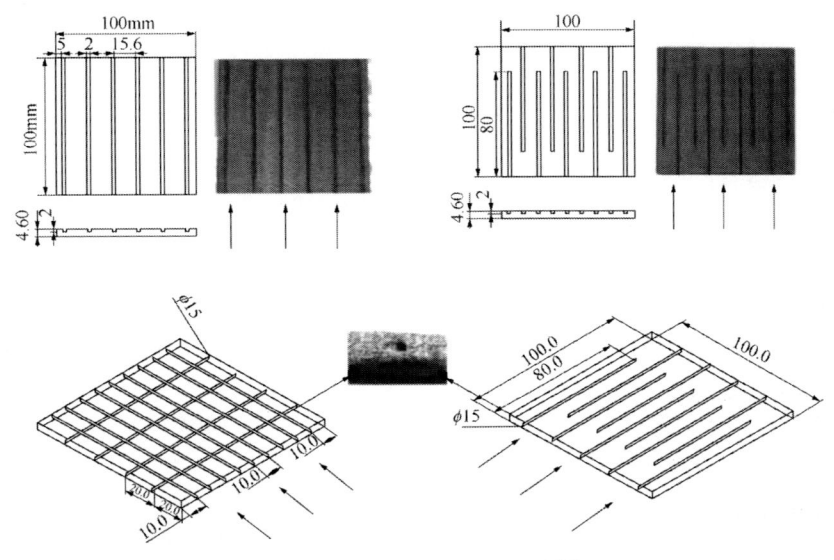

圖 3－6　電極上的四種流道[8]

3.1.2　逆變器

3.1.2.1　逆變器定義

逆變器是一種將直流電（電池、蓄電瓶）轉化為交流電的裝置，在汽車、軌道交通、通訊設備和新能源發電等多領域有廣泛的應用。目前市場上提及的逆變器主要指太陽能發電系統中使用的太陽能逆變器，以及用於儲能系統的儲能逆變器。雙向儲能逆變器包含儲能和逆變兩種功能，可以依照電網的電力供應情況自動選擇工作於儲能模式或逆變模式，當電網電力充足時，雙向儲能逆變器工作在儲能模式，為儲能設備（蓄電池等）充電，此時蓄電池作為能量轉換裝置，將三相電網的能量儲存在蓄電池中，而當負載用電量過大或者電網突然斷電時，雙向儲能逆變器以逆變模式運行，將蓄電池中儲存的太陽能組件、風力發電機以及三相電網的電能逆變成交流電，饋入供電電網或者直接給重要負載供電。

3.1.2.2　逆變器分類

隨著電力電子技術的不斷發展，儲能逆變器主電路的開關元件已經由早期的半控型開關元件（普通晶閘管）發展為全控型開關元件（雙極性電晶體、門極關斷晶閘管、絕緣柵雙極型電晶體等）。其中，主電路使用全控型開關元件的雙向儲能逆變器可以在控制方法中引入 PWM 等技術，將雙向儲能逆變器交流側電流正弦化，減小傳統雙向儲能逆變器因使用半控型開關元件而產生的大量諧波以及因此帶給電網的諧波汙染，實現真正意義上的「綠色轉換」。

液流電池與儲能

隨著時代的進步、科技的發展,人們對雙向儲能逆變器的性能指標的要求越來越高,尤其是對諧波含量的要求越來越高,國內外亦相繼發表了一系列的併網標準,對雙向儲能逆變器轉換後的電壓、電流的諧波含量進行了相應要求,比如 G59/1 和 G57/1 工程推薦標準、IEC1000－3－2 標準、GB/T 14549－1993 標準等。對於雙向儲能逆變器,交流側電流波形質量直接影響其諧波含量。若交流側電流波形質量過低,則諧波含量相應會過高,這樣的電能饋入電網會給電網帶來很大的諧波干擾,不僅影響三相電網的電能質量,而且會縮短其他周邊設備的使用壽命。對雙向儲能逆變器交流側電流波形質量影響最大的兩部分分別為系統的拓撲結構和控制策略。雙向儲能逆變器拓撲結構,這些結構一般可分為電流型和電壓型兩種形式。電流型的雙向儲能逆變器在直流側接入電抗器緩衝無功功率,其直流側等效於一個電流源,這種形式的雙向儲能逆變器可以方便地實現四象限切換運行,然而在其工作過程中需對三相半橋強制換流,採用這種結構搭建的雙向儲能逆變裝置複雜,體積大,交流側諧波也大,一般應用於大容量的系統。太陽能逆變器根據能量是否儲存,可以分為併網逆變器、儲能逆變器;根據技術路線一般分為:集中式逆變器、集散式逆變器、組串式逆變器、微型逆變器四種,見表 3－1。

表 3－1　太陽能逆變器分類

分類		功率等級	適用範圍
併網逆變器	微型逆變器	180～1000W	小型發電系統
	組串式逆變器	1～10kW	單相逆變器、戶用發電系統
		4～80kW	電壓 220V、三相逆變器、工商業發電系統
	集中式逆變器	250kW～10MW	電壓 380V、大型發電站系統
	集散式逆變器	1～10MW	複雜大型地面電站

當前常規電池組電壓不超過 1500V,且隨著電荷含量(SOC)的變化存在一定的波動範圍,為適應不同電網和負荷供電電壓等級的需求,儲能逆變器往往會配置工頻變壓器,這樣一方面實現了交流電壓的升壓或穩定,在離網系統中則可以形成三相四線,為單項負荷供電,另一方面也改善了儲能系統電池過壓/低壓、過載、短路、過溫保護等功能。

3.1.2.3　逆變器控制策略

儲能逆變器層面的控制策略[9]主要包括下幾種:

① 恆功率控制(PQ 控制)。恆功率控制指直接控制逆變器輸出的有功功率和無功功率,由於這種控制方式不直接控制電壓幅值和頻率,因此無法保證電壓幅值和頻率的穩定性。這個特性決定了其一般只用於併網逆變器和主從控制中的從

逆變器控制中，其電壓幅值和頻率支撐由電網提供。

② 恆壓恆頻控制（VF 控制）。恆壓恆頻控制直接控制逆變器輸出電壓的幅值和頻率，這種控制方式可穩定電壓幅值和頻率，並且它們與電網的電壓幅值和頻率一般不相同，因此這種控制方式不適合併網逆變器，其只適合離網逆變器的控制。

③ 下垂控制（Droop 控制）。下垂控制就是選擇與傳統發電機相似的下垂特性曲線作為逆變器的控制方式，下垂控制用於多逆變器並聯場合更具有優勢。但也並不是有功功率與電壓頻率成正比，無功功率與電壓幅值成正比的關係一直成立，這一關係僅當逆變器輸出阻抗呈純感性時才成立。當逆變器輸出阻抗呈純阻性時，有功功率與電壓幅值成正比，無功功率與電壓頻率成正比。當逆變器輸出阻抗呈阻感特性時，有功功率和無功功率間存在依賴關係。

④ 虛擬同步電機控制（VSG 控制）。虛擬同步電機控制是在下垂控制的基礎上做出進一步的改進，主要體現在為了抑制系統頻率的快速波動，增加系統穩定性，在控制環節中加入了虛擬慣量環節。

3.1.3　配電箱

3.1.3.1　配電箱的定義

配電櫃經常被叫做配電箱，是一個整合了各種功能電氣電子組件的櫃體[10]。配電櫃主要有兩方面的作用：一是對配電櫃控制的終端設備進行配電和控制，二是在電路因為特殊情況而出現過載、短路、漏電等問題時提供保護，並可以通過配電櫃對所控制的電路進行方便快捷的排查，節省時間和避免大範圍的停電現象[11]。隨著電力設施建設的逐步擴大，中國配電設備的行業規模亦進一步擴大，產能也較過去提高了很多，國內外配電櫃需要普遍處於成長狀態，擁有可觀的市場前景。現代科學技術的快速發展以及自動化水準的不斷提高，大量基於電腦系統控制的設備投入金融、電信、政府等的資料中心和企業機房等場所，現代工業技術的發展對配電系統運行的可靠性及其智慧化管理也提出了更高的要求。

3.1.3.2　配電箱的發展

隨著現階段中國大規模工程專案以及智慧化高層建築的不斷增多，智慧化低壓配電櫃逐步獲得更多用戶的認可，近年來呈現出明顯的普及趨勢。與傳統的低壓配電櫃相比，智慧低壓配電櫃優勢比較明顯。即時的資料傳輸，所有的參數、狀態、故障等都可以通過總線在後臺主機呈現，甚至通過對 iOS 和 Android 系統的 APP 開發，經 GPRS 網路可以直接顯示在手機等行動終端上，可以真正實現集中化的無人值守變電所。此外，藉助開放式的乙太網介面，可以便捷地將各個分變電所的資訊平臺構建成為一個大型的全面的資訊網路，通過雲伺服器資料

分析，實現全面的監控，達到節能增效的目的[12]。智慧低壓配電系統是傳統的低壓配電櫃與電子通訊技術緊密結合的產物，通過可通訊型的電氣元件及儀錶，即時採集各個迴路的現場訊號，然後通過現代化的總線傳輸技術，最終值班人員在值班室通過電腦監控介面掌握低壓配電房的各種運行狀態及各相電氣參數，並對各配電迴路的遙控及資訊進行處理。

3.1.3.3　配電櫃走向智慧化

智慧化配電櫃對於智慧電網的整體構成來講，可以說是其中最渺小的一部分，但這並不代表智慧化配電櫃不重要。通常情況下，其能夠在極大程度上保證智慧電網實際功能的充分發揮。同時智慧化配電櫃中也必須確保所採取設備的智慧性，如此才能使其在真正意義上發揮出全部作用。智慧化配電櫃主要包含以下幾種設備類型：智慧化接觸器、熔斷器以及斷路器等。在此基礎上將其合理構建於智慧化配電櫃中，就能夠使其在交換機與光纖的共同影響下，進一步提升資料參數的有效傳輸與交換[13]。在採集資料參數方面，熔斷器與接觸器的智慧化特點也有重要影響。

斷路器，在智慧控制下承擔參數測量任務，包括電壓、電流以及保護延時等多個方面，並在此基礎上全方位掌控斷路器的運行狀況以及位置。智慧控制器，主要通過對內部斷路器的有效應用，來達成互感器電流採集的目的。此時再合理應用電腦技術，完成對資料的準確分析，進一步得出合理性有所保證的參數，併科學設置保護時間，將斷路器的輔助作用完全發揮出來，對系統及時掌握斷路器的即時狀況非常有幫助[14]。電子式互感器和電子式採集設備使得設備實現了從模擬採集到數位採集的轉變，這也組成了最新型的智慧化二次設備，這個設備能夠充分地滿足智慧電網的需求，也能與智慧電網的建設步伐齊步同行。

由於開關櫃中的各種電氣元件均採用了智慧化元件，並將微電子、電腦控制、工業乙太網和電力電子等技術與傳統配電櫃技術相結合，從而極大程度地提高了設備的可靠性。智慧型低壓開關櫃利用通訊網路構成了智慧低壓配電系統，該系統具有「四遙」功能，即遙測、遙控、遙調和遙信。此外，現場總線技術的發展，提高了低壓配電櫃的總體配電質量，大幅度降低了能源消耗，並且實現了配電保護自動化以及區域網現場連接，進一步提高了配電系統的可靠性。工業乙太網、通訊技術以及現場總線的應用，給用戶提供了一個智慧快捷、安全可靠的人機介面，從而實現了對自動化配電系統的智慧化控制[15]。

3.2　電池建模與控制管理

液流電池管理系統與鋰電池管理系統有很大的不同[16]。鋰電池管理系統主

要實現對鋰電池的監測、均衡管理，以及荷電狀態與健康狀態等的估算。液流電池管理系統除了實現對電池的監測、荷電狀態與健康狀態等的估算外，更側重於對電池電化學反應過程的調節和控制，在保證液流電池正常化學反應的前提下，進一步提升電池性能，延長壽命。由此，液流電池管理系統更準確地應稱為液流電池控制系統。具體而言，液流電池管理系統需要對電解液管道、氣路閥、流量、壓力等進行控制，對電池堆進出口溫度進行控制，實現電堆、管道、電解液罐等的警報和保護等[17]。

3.2.1 電池建模

液流電池是一種很有前途的大規模儲能應用技術。液流電池技術的一些關鍵挑戰，特別是對於通過實驗研究無法獲得的問題，已經推動了電池建模的使用，可以實現比實驗室測試執行更有效的電池優化。因此，建模對於電池的研究是非常必要的。基於研究的可伸縮性，建模方法大致可分為宏觀方法、微觀方法和分子/原子方法。

3.2.1.1 宏觀方法

忽略了離散的原子和分子結構，可以通過在宏觀尺度上進行建模。宏觀方法通常包括經驗模型、蒙特卡羅（MC）模型、等效電路模型、集總參數模型和連續介質模型。

液流電池建模最簡單的方法是經驗模型，它利用過去的實驗資料來預測未來的行為，而不考慮內部電池的物理化學原理。多項式、指數、冪律、對數和三角函數是經驗建模的常用分析工具。該經驗模型通常適用於確定液流電池中的不確定參數和市場估計。

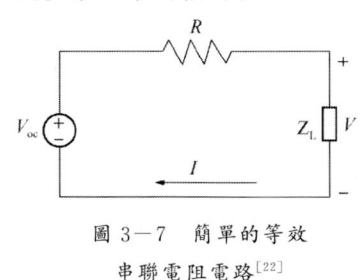

圖3-7 簡單的等效串聯電阻電路[22]

MC 模型是一種利用隨機數生成系統的樣本總體的隨機方法。通常，一個 MC 模擬包括三個典型的步驟[18]。首先，所研究的物理問題應該轉化為一個類似的機率或統計模型。其次，通過數值隨機抽樣實驗可以求解機率模型或統計模型。最後，用統計學方法對所得資料進行分析。通過考慮反應動力學，MC 方法也可以擴展到微觀尺度上的應用[19-21]。

在更高程度上的液流電池建模中，它適用於等效電路模型，它試圖解釋使用電氣元件的物理化學現象。最簡單的電路模型是電阻模型[22]，如圖3-7所示，其計算公式如下：

$$V = V_{oc} - RI$$

它使用基於電池充電狀態(SOC)的開路電壓 V_{oc} 和電阻 R 來模擬等效串聯電阻。負載 Z_L 連接到蓄電池端子之間,測量電壓 V 和電流 I。等效電路模型的結構通常依賴於實驗方法,無論是電化學阻抗譜(EIS)還是沿特定方向的脈衝放電行為測量,都需要達到預期的建模精度。一般來說,精度的提高可以通過在模型中加入更多的電路組件來實現,例如,通過構建一個電阻和電容器的網路,來模擬隨時間變化的電學效應。

與等效電路方法不同的是,集點參數模型明確地表示了電極之間隨時間變化的電化學現象,同時通過一組微分代數方程式(DAEs)假設反應物濃度在空間中是均勻分布的。這種方法通常是基於質量和能量守恆以及能斯特方程式。為了簡化集總參數模型,通常做以下幾個假設[23-25]:電解液完全裝入電解液罐;自放電反應是瞬間的;每個電解液罐、管道和儲電池或電堆中的濃度和溫度是均勻的;電池或電堆和儲罐類似於連續攪拌罐反應器;在電池的工作範圍內,電池或電堆的電阻保持不變。

液流電池建模最常用的方法是連續介質模型,它假定材料連續分布在整個體積中。因此,該方法要求材料和結構在一個有效的、均質化的基礎上進行處理。一般來說,建模的連續體模型遵循一系列的控制方程式,包含連續性方程式、動量守恆、質量守恆、電荷守恆、能量守恆。對於單位電池建模中的熱分析,通過管道和電解液罐發生的熱量傳遞常被忽略,重點放在電池內部的熱損失上。膜、電解質和電極的物理性質是各向同性和均勻的。該方法通常被分解為穩態或瞬態模型,其範圍可以從零到三維描述的電池。結構設計、材料物理參數、操作條件等變化的影響常用該方法進行研究。電池的特定方面,如電池性能、電解質(UE)的利用、電流密度的空間分布、過電位和溫度,以及動態響應,通常是這些工作的重點。

3.2.1.2 微觀方法

微觀方法是在微觀尺度上的建模和模擬,旨在連接連續介質模型和分子/原子的方法。微觀方法中的物體通常用隱含分子細節的微觀粒子的方法來處理。例如晶格波茲曼方法(LBM),在連續體模型中流體速度和壓力是主要的自變數,而 LBM 中的主要變數是粒子速度分布函數(PDFs)。LBM 通過追蹤這些 PDFs 在離散笛卡兒晶格上的輸運來模擬不可壓縮的流體流動,其中 PDFs 只能沿著與相鄰晶格節點對應的有限數量的方向移動。粒子速度使 PDFs 在一個時間內從一個晶格節點跳到相鄰的晶格節點。LBM 描述了 PDFs 種群的演化(沿有限數量的方向),每個晶格節點的時間如下[26]:

$$f_a(x+e_a, t+1) = f_a(x, t) - \left[\frac{f_a(x, t) - f_a^{eq}[\rho(x, t), u(x, t)]}{\tau}\right]$$

方程式右邊表達的是碰撞過程,其中考慮了從相鄰節點到達節點 x 的不同

PDFs 的外力和相互作用的影響。LBM 是可擴展的，可以使用低解析度的常規網格。它提供了比連續體方法更基本的物理化學現象的描述。

3.2.1.3 分子/原子方法

在最基本的尺度，有分子和原子方法，如分子動力學（MD）和密度泛函理論（DFT），這對於理解材料的分子/原子結構和性質很重要，特別是對於液流電離電解液中的電解質種類。

MD 是一種建模方法，它允許人們預測一個相互作用的粒子（原子、分子等）系統的時間演化，並估計了相關的物理性質[27,28]。在適當選擇相互作用勢、數值積分、週期邊界條件等條件的基礎上，可以通過一組針對系統中所有粒子的經典牛頓運動方程式來實現 MD 模擬。

Li 等[30]在苯醌/溴液流電池中應用了分光光度計和特殊的試劑來檢測 Br 通過膜在負電解質的累積滲透，利用 MD 模擬分析了 Br^- 和 Br_2 交叉行為，並研究了電流低效率的機制。闡明了 Br^- 和 Br_2 的交叉行為，Br_2 濃度的增加也應增加總 Br 交叉率，結果表明，Br^- 和 Br_2 滲透速率不同，交叉速率的變化也不同。

DFT 可以用來根據電子或原子核的運動研究原子的電子結構（量子）和相應的相互作用。它利用滿足薛丁格方程式（SE）的基態能量密度來預測原子/分子性質。基態能量密度可以通過一個 Kohn-Sham（KS）軌道來計算，該軌道將基態能量表示為動能、交換相關能量以及原子核、電子和兩者之間的相互作用的函數。通過 DFT，可以計算出電子分布、幾何結構、成鍵鍵合和脫鍵鍵合、總能量等許多方面。原子或分子的性質，如輸運機理、反應途徑、活化能和化學穩定性等性質，可以通過計算電子結構和與結構相關的能量最小化得到。Vijayakumar 等[31]採用 DFT 計算方法和核磁共振波譜法研究了混合酸基電解質溶液中的釩（V）陽離子結構。DFT 研究表明，氯鍵二核 2p 化合物 B 比原始二核 4p 化合物 A 更易於形成。溫度的升高通過配體交換過程促進了氯鍵二核化合物 B 的形成。因此，V^{5+} 在混合酸體系中具有較高的熱穩定性，這是由於氯鍵釩物種的形成，可以抵抗脫質子化和隨後的沉澱反應。Gupta 等[32]基於 DFT 計算得到的水中釩離子的第一溶劑化殼層結構，對釩離子進行了參數化分析。由該參數得到的水－釩相互作用也與文獻中擴展的 X 射線吸收精細結構（EXAFS）資料進行了比較。EXAFS 揭示了 V^{2+} 和 V^{3+} 周圍氧原子的規則八面體結構和 V^{4+}、V^{5+} 周圍氧原子的扭曲八面體結構。這些經過驗證的參數現在可以用於對 VRFB 電解質溶液進行分子動力學模擬，以基本了解不同添加劑對 VRFB 電解質中釩離子溶解度和熱穩定性的影響。Ahn 等[33]研究了在鐵鉻氧化還原流電池（ICRFB）加入電催化劑 Bi，極大地促進了 Cr^{2+}/Cr^{3+} 氧化還原反應的電化學活性，同時延緩了析氧反應。結合實驗分析和 DFT 計算表明，這些現象是由於 Bi 和 KB（科琴黑）

的協同作用，它們抑制了氫的演化，並為增強 Cr^{2+}/Cr^{3+} 氧化還原反應提供了活性位點。

3.2.2 本地硬體控制

3.2.2.1 本地硬體控制器的分類

本地控制器目前沒有統一的名稱，按照不同的屬性可以定義為不同的名稱，從管理的層面可以稱為儲能系統控制器，從時間的角度可以稱為即時控制器，從實際專案安裝的位置可以稱為集裝箱控制器。

3.2.2.2 本地硬體控制器的功能

本地硬體控制器的主要功能包括：擷取電解液溫度、壓力和單體電池電壓巡檢的結果，對電堆總電壓、總電流進行採樣以及分析電池的電荷含量（SOC）、使用壽命等電池狀態資訊；向儲能管理系統上傳內部監測資料、接收調度指令；具有一定智慧化的程度，自主措施實現緊急狀態下的故障保護、故障記錄和診斷的功能等。

3.2.2.3 本地硬體控制的實例

吳雨森[34]研究了以 45kW 電堆模組作為基本單位，通過將 6 個 45kW 電堆串聯構成 270kW 液流電池電堆，每個 45kW 電堆內部由 96 節單電池串聯形成，如圖 3—8 所示。

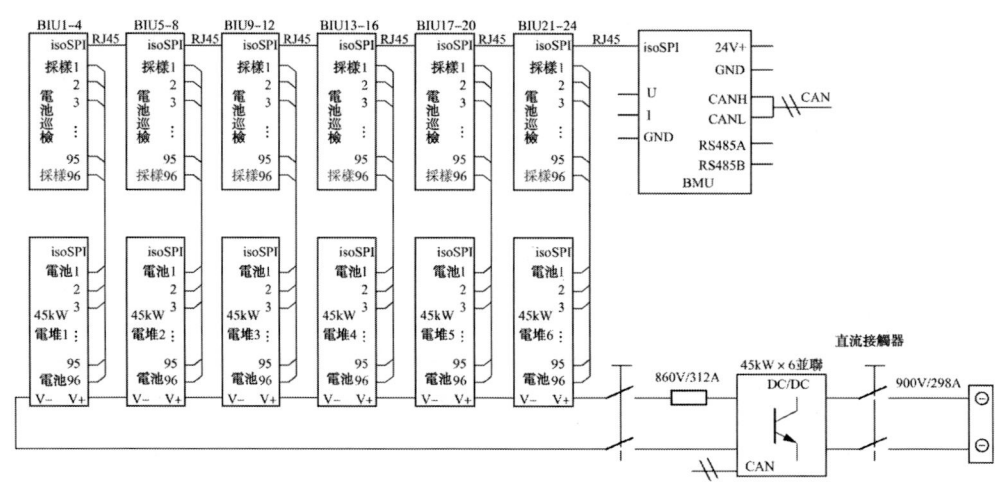

圖 3—8　電堆連接結構[34]

該電池的電池管理系統包括：電池監控單位（Battery Monitoring Unit，BMU）和電池巡檢單位（Battery Inspection Unit，BIU）。每個 BMU 單位負責監控和管理多個 45kW 串聯電堆，每個 BIU 單位負責 24 片電池電壓巡檢和溫度檢

測，根據儲能系統的規模不同，可以配置不同數量的 BMU 和 BIU 進行組網，建立配套的電池管理系統。詳細管理系統結構如圖 3-9 所示。

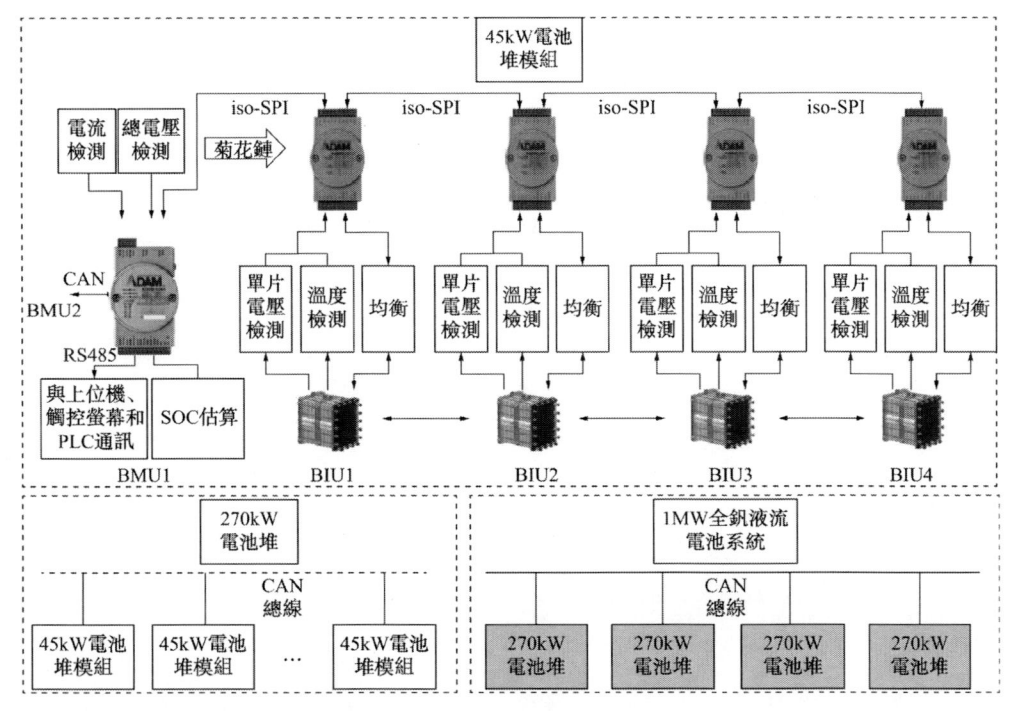

圖 3-9 電池管理系統整體設計方案[31]

通過整合晶片 LTC6811 的設計，實現了電池電壓巡檢和電堆溫度檢測，以進行高精度的資料擷取，BMU 單位需要具備快速運算、多種通訊方式和採樣等功能，考慮到成本和功能需要，電池管理系統 BMU 主控制晶片選擇具有快速處理能力的 STM32F103RBT6。基於 STM32 控制器的 BMU 單位樣板如圖 3-10 所示。

3.2.3 系統通訊與軟體架構

3.2.3.1 系統通訊分類

在具體的電池能源管理系統中，為了實現設備運行狀態的資訊採集傳輸和運行策略的控制，需要相互間通訊，一般而言通訊介面可以按照是否需要傳輸線分為有線傳輸和無線傳輸。有線傳輸一般指

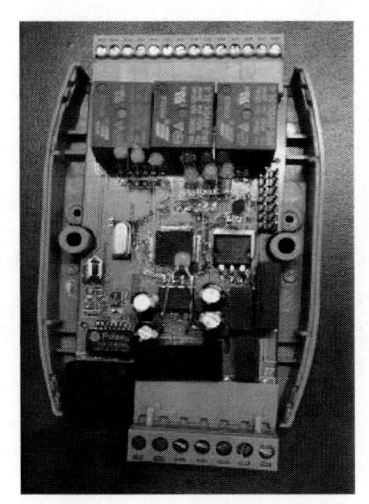

圖 3-10 電池監控單位 BMU 樣板[31]

低速串行介面 RS－232、RS－422、RS－485 和 CAN 總線等，無線傳輸一般指 4G、藍牙、WI－FI 等。

3.2.3.2 RS 系列對比

從開始的 RS－232 到現在廣泛使用的 RS－485，其性能在不斷地提升，RS－232 在 1962 年發布，命名為 EIA－232－E，作為工業標準，以保證不同廠商產品之間的兼容。RS－422 由 RS－232 發展而來，它是為彌補 RS－232 之不足而提出的。為改進 RS－232 通訊距離短、速率低的缺點，RS－422 定義了一種平衡通訊介面，將傳輸速率提高到 10Mb/s，傳輸距離延長到 1219m（速率低於 100kb/s 時），並允許在一條平衡總線上連接最多 10 個接收器。RS－422 是一種單機發送、多機接收的單向、平衡傳輸規範，被命名為 TIA/EIA－422－A 標準。為擴展應用範圍，EIA 又於 1983 年在 RS－422 基礎上制定了 RS－485 標準，增加了多點、雙向通訊能力，即允許多個發送器連接到同一條總線上，同時增加了發送器的驅動能力和衝突保護特性，擴展了總線共模範圍，後命名為 TIA/EIA－485－A 標準。其主要區別見表 3－2。

表 3－2　三種通訊方式對比

通訊標準	RS－232	RS－422	RS－485
工作方式	單端	差分	差分
節點數	1 收 1 發	1 發 10 收	1 發 32 收
最大傳輸電纜長度	約 15m	約 1219m	約 1219m
最大傳輸速率	20kb/s	10Mb/s	10Mb/s
最大驅動輸出電壓	±25V	－0.25～6V	－7～12V
驅動器輸出訊號電頻負載（最小值）	±5～±15V	±2.0V	±1.5V
驅動器輸出訊號電頻負載（最大值）	±25V	±6V	±6V
驅動器負載阻抗	3～7kΩ	100Ω	54Ω
擺率（最大值）	30V/μs	不涉及	不涉及
接收器輸入電壓範圍	±15V	±10V	－7～12V
接收器輸入門限	±3V	±200mV	±200mV
接收器輸入電阻	3～7kΩ	≥4kΩ	≥12kΩ
驅動器共模電壓	不涉及	±3V	－1～3V
接收器共模電壓	不涉及	±7V	－7～12V

3.2.3.3 RS－232

目前 RS－232 是 PC 機與通訊工業中應用最廣泛的一種串行介面。RS－232 被定義為一種在低速率串行通訊中增加通訊距離的單端標準。RS－232 採取不平

衡傳輸方式，即所謂單端通訊。收、發端的資料訊號是相對於訊號地的，典型的 RS－232 信號在正負電平之間擺動，在發送資料時，發送端驅動器輸出正電平在 5～15V，負電平在－15～－5V。當無資料傳輸時，線上為 TTL，從開始傳送資料到結束，線上電平從 TTL 電平到 RS－232 電平再返回 TTL 電平。接收器典型的工作電平在 3～12V 與－12～－3V。由於發送電平與接收電平的差僅為 2～3V，所以其共模抑制能力差，再加上雙絞線上的分布電容，其傳送距離最大為約 15m，最高速率為 20kb/s。

　　RS－232 是為點對點（只用一對收、發設備）通訊而設計的，其驅動器負載為 3～7kΩ，所以 RS－232 適合本地設備之間的通訊。RS－232 介面資訊含義如圖 3－11 所示。

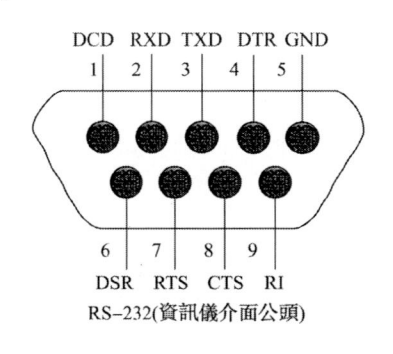

```
DCD RXD TXD DTR GND
 1   2   3   4   5
     DSR RTS CTS RI
      6   7   8  9
RS-232(資訊儀介面公頭)
```

1	DCD	資料載波檢測
2	RXD	接收資料
3	TXD	發送資料
4	DTR	資料終端準備好
5	GND	信號地線
6	DSR	資料準備好
7	RTS	請求發送
8	CTS	清除發送
9	RI	響鈴指示

RS-232引腳定義

圖 3－11　9 針 RS－232 序列埠接線圖

3.2.3.4　RS－422

　　RS－422 標準全稱是「平衡電壓數位介面電路的電氣特性」，它定義了介面電路的特性。由於接收器採用高輸入阻抗和發送驅動器比 RS－232 有更強的驅動能力，故允許在相同傳輸線上連接多個接收節點，最多可接 10 個節點。即一個主設備（Master），其餘為從設備（Salve），從設備之間不能通訊，所以 RS－422 支持點對多的雙向通訊。RS－422 四線介面由於採用單獨的發送和接收通道，因此不必控制資料方向，各裝置之間任何必需的訊號交換均可以按軟體方式或硬體方式實現。RS－422 的最大傳輸距離為 4000ft（約 1219m），最大傳輸速率為 10Mb/s。其平衡雙絞線的長度與傳輸速率成反比，在 100kb/s 速率以下，才可能達到最大傳輸距離。只有在很短的距離下才能獲得最高傳輸速率。一般 100m 長的雙絞線上所能獲得的最大傳輸速率僅為 1Mb/s。

　　RS－422 需要終接電阻，要求其阻值約等於傳輸電纜的特性阻抗。在短距離傳輸時可不需終接電阻，即一般在 300m 以下不需終接電阻。終接電阻接在傳輸電纜的最遠端。

3.2.3.5 RS－485

RS－422 推出後不久就發展出了更高級的 RS－485。它們相對於 RS－232 最大的優點有：首先是多機通訊，一主多從的通訊方式，允許一條總線上連接多達 32 個設備。其次是大大延伸了通訊距離，通訊距離從十幾公尺延伸至上千公尺。再次是通訊速率大大提高，最高傳輸速率達 10Mb/s。另外，由於其驅動電壓也從 25V 降到 6V，這樣也就延長了介面電路的晶片的壽命。最後是連線方式也大大簡化，從原來的 9 線，變為兩線制(不含訊號地，以前 RS－485 也有四線制接法，該接法為全雙工，但是只能實現點對點的通訊方式，現很少採用)。由於 PC 機多數沒有 RS－485 介面，在實際中 RS－485 很少獨立使用，而是通過轉換器將 DB－9 介面的 RS－232 轉換成 RS－485 介面轉換器，採用封鎖雙絞線傳輸。RS－485 其典型的連接方式如圖 3－12 所示。

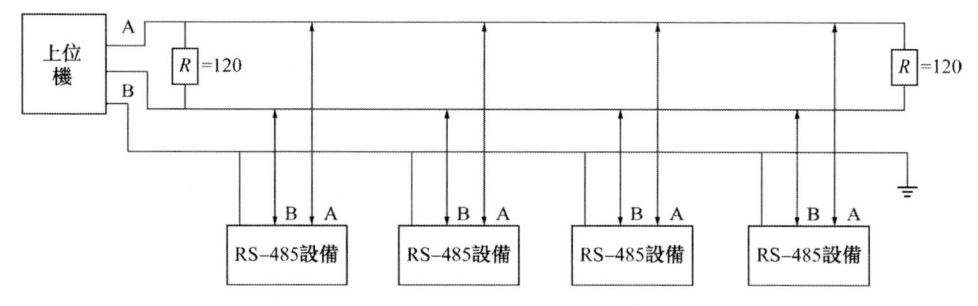

圖 3－12　RS－485 連接方式

RS－485 支持 32 個節點，因此多節點構成網路。網路拓撲一般採用終端匹配的總線型結構，不支持環形或星形網路。在構建網路時，應注意採用一條雙絞線電纜作總線，將各個節點串接起來，從總線到每個節點的引出線長度應盡量短，以便使引出線中的反射訊號對總線訊號的影響最低。注意總線特性阻抗的連續性，在阻抗不連續點就會發生訊號的反射。下列幾種情況易產生這種不連續性：總線的不同區段採用了不同電纜，或某一段總線上有過多接收器緊靠在一起安裝，抑或過長的分支線引出到總線。總之，應該提供一條單一、連續的訊號通道作為總線。

3.2.3.6 CAN 總線

CAN 總線是 Controller Area Network(控制器區域網)的簡稱，是 1980 年代由德國 Bosch 公司開發的有效支持分散式即時控制的總線式串行通訊網路。它已得到 ISO(國際標準化組織)、IEC(國際電工委員會)等眾多標準組織的認可，成為一個開放、免費、標準化、規範化的協定，因而在汽車電子、工業控制、電力系統、醫療儀器、工程車輛、船舶設備、樓宇自動化等領域得到了非常廣泛的應用。CAN 總線通訊協定是建立在 ISO 組織的開放系統互聯(OSI)模型基礎上的，

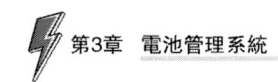

圖 3－13 描述了 CAN 總線通訊模型及它與 OSI 網路互連模型的對應關係，CAN 總線協定只定義 OSI 中的第 1、2、7 層，即物理層、資料鏈路層和應用層。

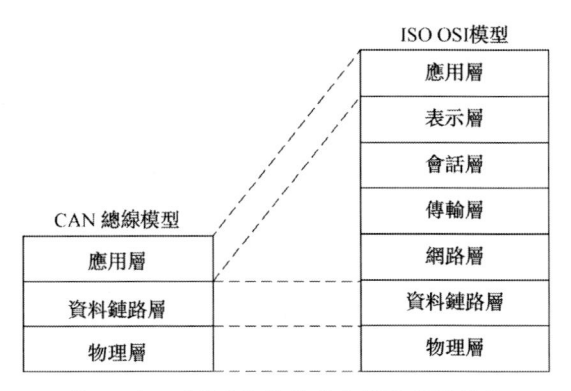

圖 3－13　CAN 總線模型與 ISO OSI 模型

3.2.3.7　CAN 總線物理層

物理層採用非歸零(NRZ)曼徹斯特碼，有效降低了對網路頻寬的要求，異步通訊，只有 CAN_High 和 CAN_Low 兩條訊號線，共同構成一組差分訊號線，以差分訊號的形式進行通訊。閉環總線網路：速度快，距離短，它的總線最大長度為 40m，通訊速度最高為 1Mb/s，總線兩端各有一個 120Ω 的電阻，如圖 3－14 所示。

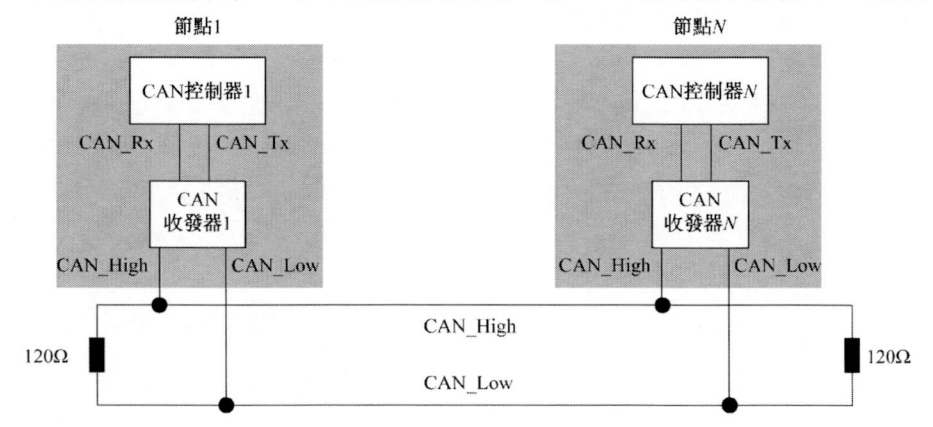

圖 3－14　閉環總線網路

開環總線網路：低速，遠距離，它的最大傳輸距離為 1km，最高的通訊速率為 125Kbps，兩根總線獨立的，兩根總線各串聯一個 2.2kΩ 的電阻，如圖 3－15 所示。

CAN 總線上可以掛載多個通訊節點，節點之間的訊號經過總線傳輸，實現節點間通訊。由於 CAN 通訊協定不對節點進行地址編碼，而是對資料內容進行編碼的，所以網路中的節點個數理論上不受限制，只要總線的負載足夠即可，可以通過中繼器增強負載。

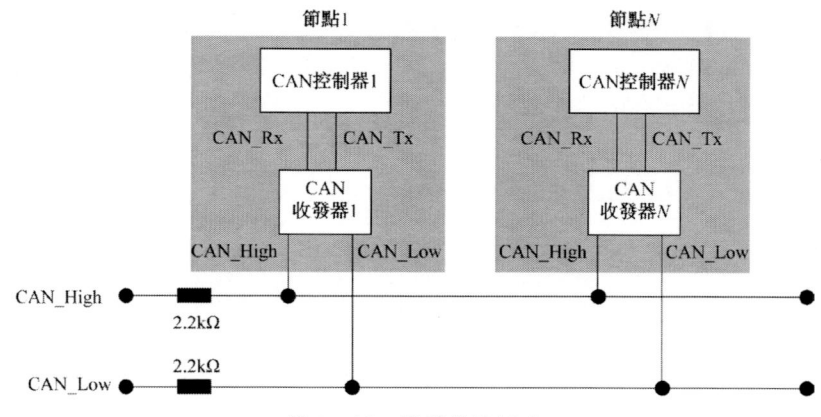

图 3—15　開環總線網路

當 CAN 節點需要發送資料時，控制器把要發送的二進制編碼通過 CAN_Tx 線發送到接收器，然後由接收器把這個普通的邏輯電平訊號轉化成差分訊號，通過差分線 CAN_High 和 CAN_Low 輸出到 CAN 總線網路。而通過接收器接收總線上的資料到控制器時，則是相反的過程，接收器把總線上收到的 CAN_High 及 CAN_Low 訊號轉化成普通的邏輯電平訊號，通過 CAN_Rx 輸出到控制器中。

3.2.3.8　CAN 總線資料鏈路層

資料鏈路層（Data Link Layer）的作用主要是將物理層的資料比特流封裝成幀，並控制幀在物理信道上的傳輸，還包含檢錯、調節傳送速率等功能。資料鏈路層分為兩個子層，邏輯鏈路控制（Logical Link Control，LLC）和媒體訪問控制（Medium Access Control，MAC），如圖 3—16 所示。LLC：資料鏈路層的上層部分，DLL 服務通過 LLC 為網路層提供統一介面。MAC：定義了資料幀如何在介質上進行傳輸。

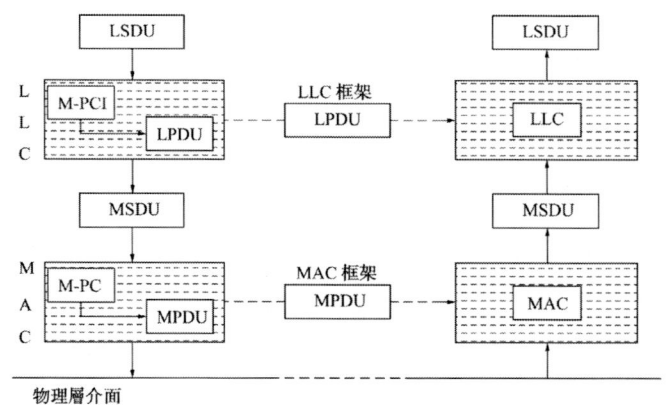

图 3—16　資料鏈路層結構

3.2.3.9　CAN 總線應用層

針對 CAN 總線不同的應用場合，人們制定了相關的國際或行 CAN 總線應用層標準，主要包括 CAN Kongdom、Smart Distributed System、Device Net（IEC 62026－3）、Truck and Bus(SAE J1939)、CANOpen(Ci A 301，EN 50325)、OSEK－COM/NM(ISO 17356 標準系列)、Truck/tailer(ISO 11992－1/－2/－3)、ISO Transport Protocol(ISO 15765)、ISOBus(ISO 11783 標準系列)、Re－Creation Vehicle CAN(CiA 501/2)、NMEA2000、CANaerospace 等，上述標準在卡車、農用車輛、樓宇自動化、火車、電梯、海船、航空航太等領域中得到了廣泛應用。

3.2.3.10　4G 傳輸

無線傳輸一般指 4G、藍牙、WI－FI，存在組網靈活方便、開通迅速、維護費用低的優點，因而其應用存在著巨大的市場。但是隨著無線傳輸技術的迅速發展，它的安全性問題越來越受到人們的關注。

4G 網路技術就是第四代行動通訊技術，是集 3G 與 WLAN 於一體並能夠傳輸高質量影片圖像且圖像傳輸質量與高畫質晰度電視不相上下的技術。4G 網路技術可以在多個不同的網路系統、平臺與無線通訊介面之間找到最快速與最有效率的通訊路徑，以進行最即時的傳輸、接收與定位等動作。4G 網路技術現階段主要包括 TD－LTE 和 FDD－LTE 兩種制式[35]。其中 TD－LTE 主要由中國主導制定，下行速率最高可達到 100Mb/s，上行速率最高可達到 50Mb/s，FDD－LTE 的下行速率最高可達到 150Mb/s，上行速率最高為 50Mb/s。

4G 可以在一定程度上實現資料、音訊、影片的快速傳輸，比以往中國 ADSL 家用寬頻快 25 倍，第四代行動通訊技術是在資料通訊、多媒體業務的背景下產生的，中國在 2001 年開始研發 4G 技術，在 2011 年正式投入使用。根據通訊業統計公報，截止到 2020 年底，中國 4G 用戶總數達到 12.89 億戶。發展到現在第四代行動通訊技術包括正交分頻多工、調變與編碼技術、智慧天線技術、MIMO 技術、軟體無線電技術、多用戶檢測技術等核心技術[36]。4G 行動通訊技術具有的優勢有很多，主要體現在以下幾方面：首先，4G 行動通訊技術的資料傳輸速率較快，可以達到 100Mb/s，與 3G 技術相比，是其 20 倍。其次，4G 行動通訊技術具有較強的抗干擾能力，可以利用正交分頻多任務技術，進行多種增值服務，防止訊號對其造成的干擾。最後，4G 行動通訊技術的覆蓋能力較強，在傳輸的過程中智慧性極強[36]。

4G 技術全方位優於上一代技術，優勢特徵體現在以下 4 個方面：①極強的訊號傳播能力。4G 擁有極強的訊號傳播能力，在滿足常規通訊功能要求的同時，也能滿足某些高圖畫質量要求的電視業務及影片會議功能要求。目前，中國的行動通訊營運商所採用的是 3G 與 4G 混合服務的通訊模式，在滿足基本通訊功能的基礎上也為用戶提供高質量資料資訊交換服務，實現多媒體通訊。②極快的傳

輸速度。4G技術擁有較快的通訊傳輸速度，這是因為它的網路頻寬在2G～8GHz。這一資料相當於3G網路通訊通用頻寬的20倍左右。在上行速度方面，4G也能達到3G的20倍以上(20Mb/s)。③極高的智慧化水準。高智慧化主要體現在它的應用功能方面，比如它擁有自主選擇和處理能力。④地理位置定位。雖然該技術在3G網路上就已經有所體現，但4G技術支持下的地理位置定位則更精確、更快速，可為用戶提供導航設備一般的定位系統服務，非常便利。⑤極靈活的通訊方式。4G技術也將手機與多媒體平臺及電腦上的所有功能都串聯起來，讓手機用戶僅僅依靠一支手機就能實現更多種類的通訊方式應用。

3.2.3.11　藍牙

藍牙(Bluetooth)初期是由愛立信、Nokia、IBM、Intel、東芝等五家廠商制定的，為一短距離無線傳輸的通訊介面，基本型通訊距離約10m，傳輸率721kb/s左右，工作在2.4GHz的頻寬上，支持一對多資料傳輸及語音通訊。由於藍牙不是為傳輸大流量負載而設計的，因此並不適於替代LAN或WAN。顧名思義藍牙耳機就是帶有上述藍牙功能的耳機，現在多用於和有藍牙功能的手機通訊。藍牙技術是一種無線資料和語音通訊開放的全球規範，它是基於低成本的近距離無線連接，為固定和行動設備建立通訊環境的一種特殊的近距離無線技術連接。張雪[37]利用藍牙無線技術對停車場出入口硬體系統、停車場內車位檢測硬體系統和車位引導與反向引導系統進行了詳細的設計，提高了停車場管理的效率，節省了用戶停車、找車的時間，具備安全性、可靠性和實用性。林德遠[38]基於藍牙5.0的Mesh組網樓宇遠端測控系統，主要解決樓宇系統中智慧設備在組網形式、功耗、覆蓋範圍、遠端控制方面的核心問題，並實現了節點的中繼功能，使資訊在全網節點進行轉發，直至目標節點收取到資訊，也為物聯網技術在工業控制等其他領域的應用發展提供了一套可借鑑的方案。

3.2.3.12　WI－FI無線網路

無線網路是IEEE定義的無線網技術，在1999年IEEE官方定義802.11標準的時候，IEEE選擇並認定了CSIRO發明的無線網技術是世界上最好的無線網技術，因此CSIRO的無線網技術標準，就成為2010年WI－FI的核心技術標準。WLAN是指通過無線通訊技術將分布在一定範圍內的電腦設備或者其他智慧終端設備相互連接起來，構成可以實現資源共享和互相通訊的網路體系。WLAN最大的特點是不再使用網路電纜將電腦與網路終端連接起來，而是使用無線的連接方式，使得網路的組建和終端的移動更加方便靈活。

WLAN網路主要分為無中心網路和有中心網路兩種，組建這兩種類型的無線區域網路所需的設備不同，而且網路結構也很不一樣。無中心網路又稱Ad－hoc網路，用於多臺無線工作站之間的直接通訊，如圖3－17所示。一個Ad－

hoc 網路由一組具有無線網路設備的電腦組成,這些電腦具有相同的工作組名、密碼和 SSID,只要都在彼此的有效範圍之內,任意兩臺或多臺電腦都可以建立一個獨立的區域網路。該網路不能接入有線網,是最簡單的 WLAN 網路結構。

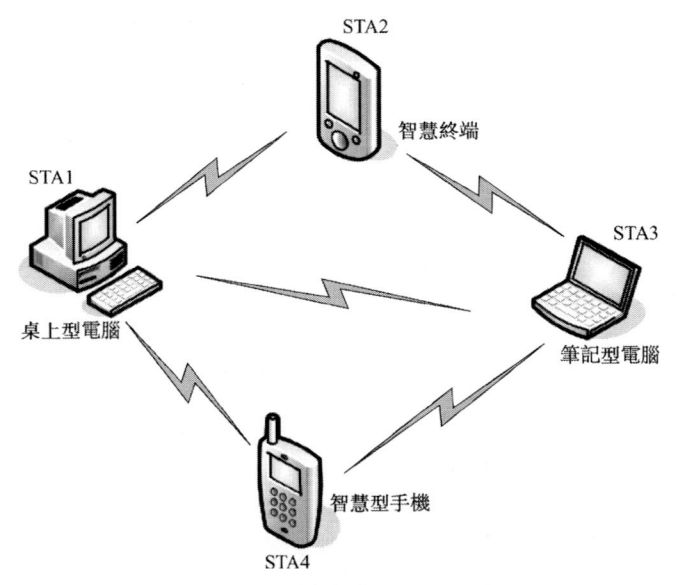

圖 3－17　無中心網路結構

有中心網路又稱結構化網路,它由 STA(站點)、WM(無線介質,通常指無線電波)和 AP(無線接入點)組成,結構如圖 3－18 所示。

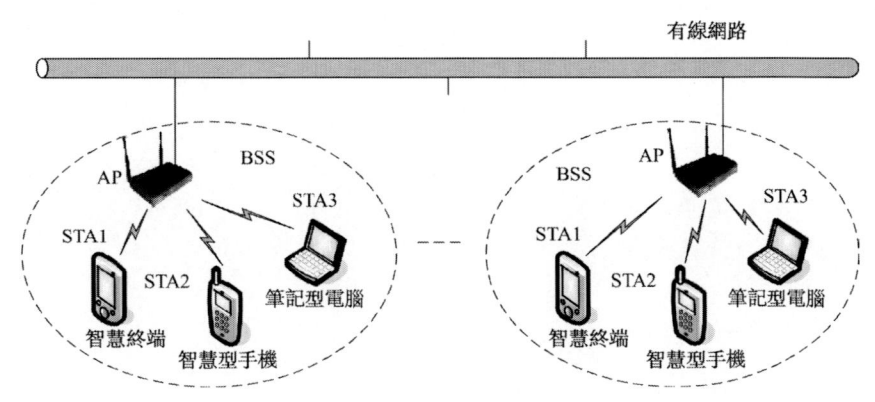

圖 3－18　有中心網路結構

3.2.3.13　系統架構

對於系統架構,一般包含四個層面:資料層、通訊層、模型層、應用層。不同層面對應於不同的功能結構,資料層負責利用感測器對現場資料進行即時採集

等。通訊層負責系統中不同組成模組的資訊互動以及對資料層進行資料收集。模型層是通過建模的方式，對資料進行多個模型的處理。業務模型，主要解決業務方面的分層；完成領域模型，基於業務模型的基礎進行抽象處理；生成邏輯模型，將領域模型的實體與實體的關係進行資料庫層次的邏輯化；生成物理模型，用來完成對不同關係型資料庫的物理化以及性能等具體技術問題。

應用層的分析應用主要分為以下三種形式：①描述性分析應用。主要用來描述所關注的業務的資料表現，主要關注事情表面發生了什麼，在資料分析之後，把資料視覺化展現出來，了解業務的發展狀況。②預測性分析應用。在描述性資料的基礎上，根據歷史資料情況，在一定的演算法和模型的指導下，進一步預測業務的資料趨勢。③指導性分析應用。基於現有的資料和對未來的預測情況，可以用來指導完成一些業務決策和建議，例如為公司制定策略和營運決策，真正通過資料驅動決策，充分發揮大打數據的價值。

目前整個系統可以運行在以 B/S(Browse/Server，瀏覽器/伺服器)或者 C/S(Client/Server，客戶/伺服器)為基礎的伺服器上。C/S 架構全稱為客戶端/伺服器體系結構，它是一種網路體系結構，其中客戶端是用戶運行應用程式的 PC 端或者工作站，客戶端要依靠伺服器來擷取資源。C/S 架構是通過提供查詢響應而不是總檔案傳輸來減少網路流量。它允許多用戶通過 GUI 前端更新到共享資料庫，在客戶端和伺服器之間通訊一般採用遠端調用(RPC)或標準查詢語言(SQL)語句。C/S 架構是 Web 興起後的一種網路結構模式，Web 瀏覽器是客戶端最主要的應用軟體。這種模式統一了客戶端，將系統功能實現的核心部分集中到伺服器上，簡化了系統的開發、維護和使用。客戶機上只要安裝一個瀏覽器，如 Chrome、Safari、Microsoft Edge、Netscape Navigator 或 Internet Explorer，伺服器安裝 SQL Server、Oracle、MYSQL 等資料庫。瀏覽器通過 Web Server 同資料庫進行資料互動。B/S 架構最大的優點是總體擁有成本低、維護方便、分布性強、開發簡單，可以不用安裝專門的軟體就能實現在任何地方進行操作，客戶端零維護，系統的擴展非常容易，只要有一臺能上網的電腦就能使用。系統結構主要對比分析見表 3—3。

表 3—3　系統結構對比

項目	C/S	B/S
硬體環境	專用網路	廣域網
安全要求	面向相對固定的用戶群，資訊安全的控制能力強	面向不可知的用戶群，對安全的控制能力相對較弱
程序架構	更加注重流程系統運行，速度可較少考慮	對安全和訪問速度都要多重考慮，是發展趨勢

續表

項目	C/S	B/S
軟體重用性	差	好
系統維護	升級難	開銷小，方便升級
處理問題	集中	分散
用戶介面	與操作系統關係密切	跨平臺，與瀏覽器相關
資訊流	互動性低	互動密集

3.2.4 管理系統功能

3.2.4.1 液流電池儲能系統功能需要

　　適用於液流電池儲能系統的電池管理系統需要滿足以下要求：具有模組化結構，可以根據容量進行靈活配置，滿足大規模儲能系統對電池管理系統的性能要求[39]；具有安全冗餘功能[40]；軟體、硬體按照功能進行劃分，具備獨立的功能模組[41]；除具備常規的電池狀態監控功能外，還需要參與電池化學反應的控制，對電堆溫度、管道閥門、電解液流量和壓力等進行控制。儲能管理控制系統由中心控制模組、電解液流量及運送控制模組、電池充放電管理模組、系統安全保護監控管理模組等組成。組成液流電池整體需要模組化結構，在儲能系統中，把太陽能和風能等不同的能源，使用充電控制模組將其輸至液流電池中，使之產生電解液的電化學反應，從而實現風能、太陽能向化學能的轉換，這是第一步的能量轉換。然後，在電解液中儲存的化學能在電化學反應的效應下，直接成為直流電能，利用儲能逆變器，將直流電源轉化為交流電源，將這些交流電輸給客戶端和電網用戶等，這是第二步轉換能量的過程。在這個充放電環節中，需要電解液流量、中心控制模組、輸送控制模組、電力轉換調控模組和電池充放電控制管理模組以及安全保護監控管理模組之間進行有效的控制和配合，這樣才能夠促使不同部位發揮其作用，保證高效的系統儲能。

3.2.4.2 液流電池儲能系統中心控制模組

　　系統中心控制模組，是整個儲能系統的核心。儲能系統在運行中，高性能CPU的工作能夠有效地控制不同模組產生的工作狀況的改變，並且能夠有效地實現訊號採集的彙總和展現，監控各個資料變數，因此是系統能夠進行資料控制和交換的中心。

　　電解液流量及運送控制模組系統，控制整個電化學儲能的開關。利用高精密化工泵以及控制閥，可實現有效的控制和測量，並且保證電解液輸送量的準確性。電解液流量常常和其流速、濃度以及溫度和運行電流密度有著很大的相關性，並且大小也能夠直接影響到電池電堆的性能。按照系統帶來的電量情況，能

夠對流量數據和電流密度進行嚴格計算,在完成流量數據設定之後,能保證穩定的輸送量,不會造成電解液儲存量的影響。

3.2.4.3　液流電池儲能系統電池充放電管理控制模組

　　電池充放電管理控制模組,對整個系統現在儲存能量 SOC(State Of Charge) 進行預估。電池組電量的研究,主要是估算電池的 SOC,保證電池組工作時 SOC 維持在合理的範圍內,防止過充電或過放電等情況的發生,以提高電池組的使用年限。同時還要及時發現查找故障電池,防止因某一單體電池性能的下降而影響整個系統的正常工作。利用高速、低功耗、多功能微控制器與電池智慧充放電控制流程相結合,使電堆充放電過程性能穩定可靠,同時,將電池運行狀態資料及時傳送到系統安全監控模組中去,實現電堆充放電過程即時監控,使電堆充放電按照設定的最佳曲線進行。針對太陽能和風能等可再生能源發電的隨機性和間歇性的特點,可通過系統的自動控制與能量調節能力來控制可再生能源發電系統的擾動,維持輸出電壓的平衡與穩定。

3.2.4.4　液流電池儲能系統安全保護監控模組

　　安全保護監控模組,可對整個系統運行狀態進行監控預警,實現「事故有人知」。採用安全資料快速即時巡檢提醒警報控制技術,可對儲能系統的電壓、電流、流量、容量、溫度和內阻等電池正常運行參數進行監測。在系統正常工作狀態下,對電池的過流、過壓、短路、超溫保護、漏液、電解液液面高度等工作性能、安全性能參數進行檢測,並將檢測資料保存。同時,根據資料超標情況進行提示、警告和控制,還可以即時監測電力轉換系統及各控制櫃的工作狀態,提前防止儲能系統損壞,其工作流程如圖 3-19 所示。

3.2.4.5　國內外液流電池儲能管理系統發展

　　目前國內外多個公司已開發出自己的電池儲能管理系統。美國的 Smart Guard 系統,是由 Aerovironment 公司獨立開發的,主要包括電壓電流檢測模組、過充保護模組、上位機軟體等 3 部分,其中上位機軟體可以實現電池過充檢測及過充警報、電池歷史資訊的記錄、最差單體電池資訊記錄等功能。除了以上基本功能外,Smart Guard 系統還具有低功耗模式、反接保護等功能。德國的 BADICHEQ 系統,是相對比較早的一款電池管理系統,由 Mentzar Electronic GmibH 公司和 Werner Retzlaif 公司於 1991 年聯合開發。該系統主要包括上位機軟體、充放電控制模組、檢測模組以及警報模組等 4 部分,可以實現對 20 節單體電池進行電壓和溫度的線上即時監測、系統主迴路電流的監測、安全故障警報以及電池組的充放電控制等功能。德國 Preh 公司研發的電池管理系統配備有獨立的保護晶片,在電池出現故障時能夠最大限度地保護電池包的安全,被廣泛應用在 BMW 混合動力汽車中。美國 Tesla 公司研發的電池管理系統能夠精確監測

7000多節電池的狀態並且具有故障監測以及故障隔離的功能。日本豐田汽車公司開發的電池管理系統主要應用在 Prius 混合動力電動汽車，因其具有非常先進的熱管理能力，很大程度上提高了汽車的性能。

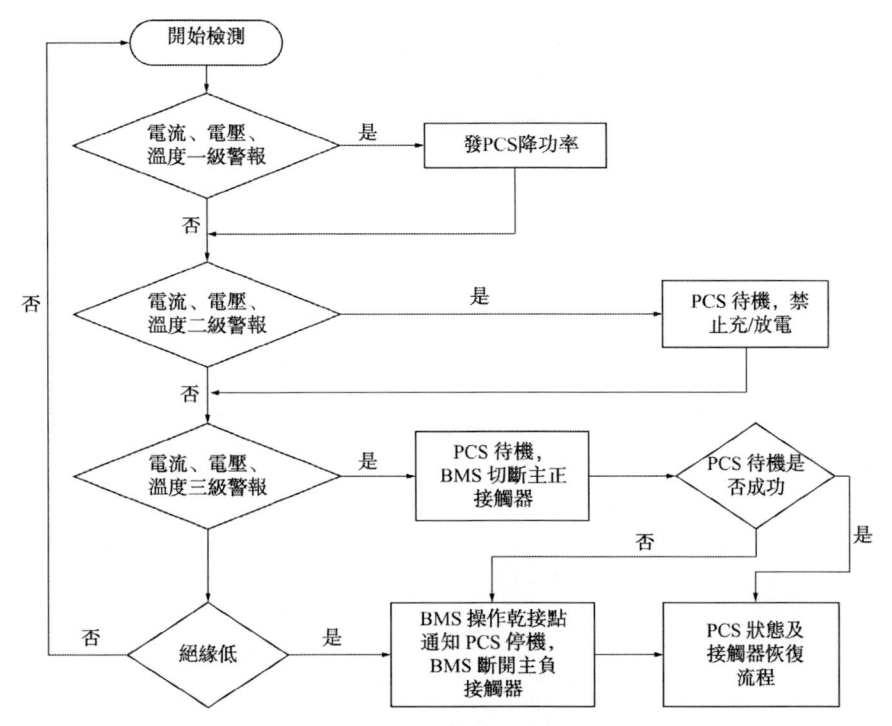

圖 3—19　液流電池儲能系統安全保護監控模組工作流程

3.3　先進技術應用展望

3.3.1　物聯網

3.3.1.1　物聯網的定義及歷史

物聯網（Internet of Things，IoT）是指通過各種資訊感測器、射頻辨識（RFID）技術、全球定位系統、紅外感應器、雷射掃描器等各種裝置與技術，即時採集任何需要監控、連接、互動的物體或過程，採集其聲、光、熱、電、力學、化學、生物、位置等各種需要的資訊，通過各類可能的網路接入，實現物與物、物與人的泛在連接，實現對物品和過程的智慧化感知、辨識和管理。物聯網是一個基於網際網路、傳統電信網等的資訊承載體，它讓所有能夠被獨立尋址的普通物理對象形成互聯互通的網路[42]。物聯網概念最早出現於比爾蓋茲 1995 年

出版的《未來之路》一書中，在《未來之路》中，比爾蓋茲已經提及物聯網概念，只是當時受限於無線網路、硬體及感測設備的發展，並未引起世人的重視[43]。1998 年，美國麻省理工學院創造性地提出了當時被稱作 EPC 系統的「物聯網」的構想[44]。1999 年，美國 Auto－ID 首先提出「物聯網」的概念，主要是建立在物品編碼、RFID 技術和網際網路的基礎上。過去在中國，物聯網被稱為傳感網（感測網）。中國科學院早在 1999 年就啟動了感測網的研究，並取得了一些科學研究成果，建立了一些適用的感測網。同年，在美國召開的行動運算和網路國際會議提出了「感測網是下一個世紀人類面臨的又一個發展機遇」[43]。物聯網需要自動控制、資訊感測、RFID、無線通訊及電腦技術等，物聯網的研究將帶動整個產業鏈或者說推動產業鏈的共同發展，其應用非常廣泛，如圖 3－20 所示。利用手機資料擷取、產品的 QR 碼全程監控等手段已經證實，無線通訊與傳統物聯網結合後的「新物聯網」已產生更廣泛的應用，從而在技術上推動工業走出危機[43]。

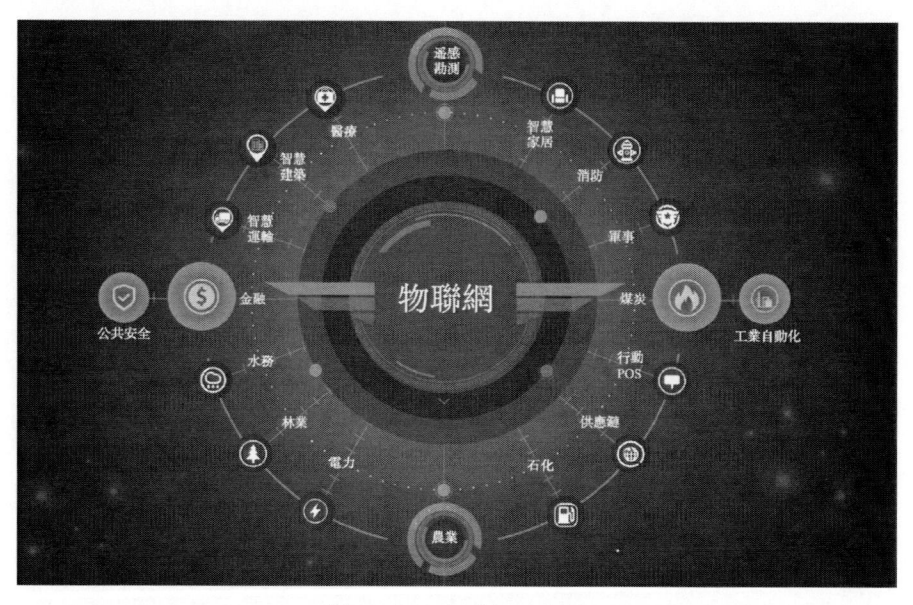

圖 3－20 物聯網的應用

3.3.1.2 物聯網與雲儲存

未來隨著可再生能源的不斷應用發展，儲能管理系統的發展勢必會加強。物聯網作為資料來源手段，利用雲端運算、邊緣運算和人工智慧等技術分析手段，對儲能系統進行管理，進一步完善現有儲能系統。通過無線區域網、工控總線、網際網路實現即時資料的現場收集和傳輸，建立儲能資料儲存中心和綜合控制系統，構建基於工作狀態的預測預警分析模型，為系統營運提供科學管理和智慧化管理。

雲端儲能提供增能資源為用戶提供分散式儲能服務。雲端儲能用戶使用雲端

的虛擬儲能如同使用實體儲能，通過物聯網資料鏈，用戶可以控制其雲端虛擬警報電池充電和放電，但與使用實體儲能不同的是雲端儲能用戶免去了用戶安裝和維護儲能設備所要付出的額外成本。而雲端儲能提供商把原本分散在各個用戶處的儲能裝置集中起來，通過統一建設、統一調度、統一維護，以更低的成本為用戶提供更好的儲能服務。這種方式可以很好地解決間歇性可再生能源的高速成長所帶來的問題，符合未來新能源分散式與集中式相結合的容量成長趨勢，因而受到了廣泛的關注與研究。其優勢如圖3－21所示。

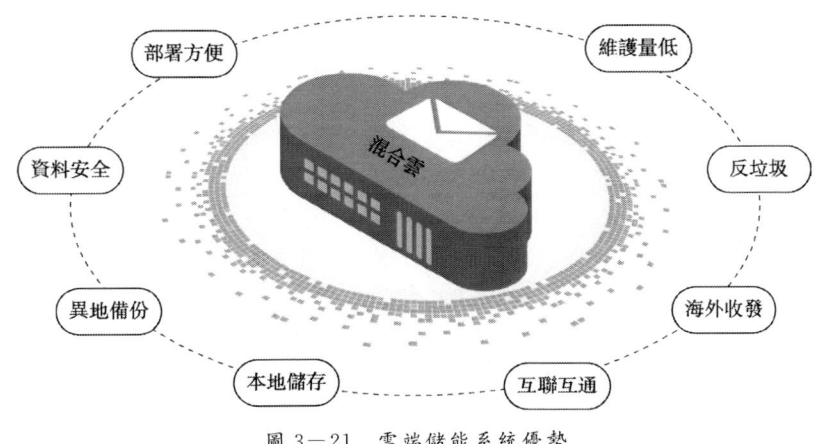

圖3－21　雲端儲能系統優勢

3.3.1.3　物聯網與分散式能源系統結合

分散式能源系統是相對傳統的集中式供能的能源系統而言的，傳統的集中式供能系統採用大容量設備、集中生產，然後通過專門的輸送設施（大電網、大熱網等）將各種能量輸送給較大範圍內的眾多用戶；分散式能源系統則是直接面向用戶，按用戶的需求就地生產並供應能量，具有多種功能，可滿足多重目標的

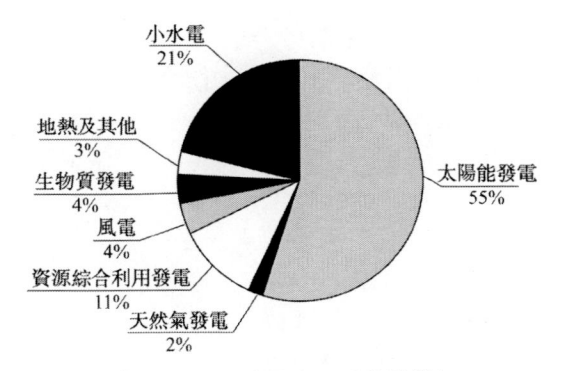

圖3－22　35 kV及以下電壓等級電網中電源裝機容量[45]

中、小型能量轉換利用系統[45]。如圖3－22所示，目前分散式能源發電在儲能系統中最好的是太陽能發電，還有一些生物質能、風能、燃料電池等發電儲能。

利用物聯網技術，通過對分散式能源系統的各單位視覺化集中監控，掌握電能流動情況，應用大打數據分析技術和模型自適應控制方法，分析與預測負荷用電需要，實現設備即時控制或執行預置策略，綜合優化各單位的調動，實現「多類型能源－多元負荷」的互聯互動能源管理，提升系統的靈活性與可控性。結合太陽能、儲能系統以及用電單位的即時資料和歷史資料，對系統整體能效進行診斷，生成以綜合能源消耗最低為目標的能源管理策略。

3.3.2 神經網路

3.3.2.1 神經網路定義與組成結構

人工神經網路由許多的神經元組合而成，神經元組成的資訊處理網路具有並行分布結構，因此有了更複雜的深度神經網路，基本結構如圖3－23所示。

輸入層（Input Layer）：神經網路的第一層，接收外來的輸入資料作為神經網路的輸入，神經元的個數與資料的特徵維度相同。隱藏層（Hidden Layer）：具有多個計算神經元，在深度神經網路中，通常會設置去活化率，以防止網路出現過擬合現象。輸出層（Output Layer）：神經網路的最後一層，用於輸出最後的結果。

神經網路可以分解為單層的輸入層，用於傳入資料；層數可調節的隱藏層，用於計算和傳遞資料；最末尾的輸出層，用於輸出計算資料。每層的神經網路由許多個節點構成，類似於生物的神經元。每一層結構都有相應的輸入和輸出，上一層網路神經元的輸出是作為本層神經元的輸入，該層的輸出是下一層的輸入。輸入的資料在神經元上進行權重的加乘，然後通過活化函數來控制輸出數值的大小。該活化函數是一個非線性函數，目前運用廣泛的活化函數有Sigmoid、Relu、Leaky等。

3.3.2.2 神經網路用於電池SOC估計

儲能系統中最主要的是基於電池SOC進行電池狀態評估，通過電池狀態及新能源運行狀態的評估和調度，解決新能源不穩定等特性導致的電網的調峰、調頻難度增大，電網的安全穩定運行性能下降等問題，同時對微電網儲能裝置的容量即時辨識，對於提升微電網運行效率，優化系統調度運行有著實際的意義。而由於儲能電池的SOC與諸多因素有關，其中涉及的物理、化學機理較為複雜，導致無法形成

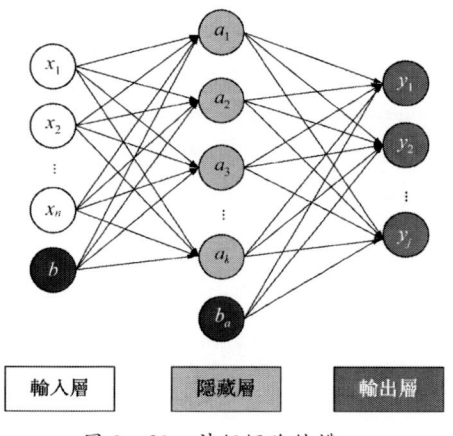

圖3－23 神經網路結構

直觀、線性的數學模型,進一步使得儲能電池 SOC 估計成為實際應用中的難點。

影響儲能電池即時容量的相關因素較多,導致儲能電池的即時容量這一參數無法形成直觀、線性的數學模型。缺乏線性化的數學模型及各物理量之間的影響規律,導致儲能電池即時容量辨識不準成為電網儲能系統的一個普遍問題。SOC 的預測方法主要有電流積分法(安時法)、開路電壓法、電化學阻抗譜法、卡爾曼(Kalman)濾波法等。安時法適用於各種電池的 SOC 檢測,是最常用 SOC 檢測方法之一。該方法通過對電池充放電電流的積分實現對電池充放電電量的累計,從而實現電池 SOC 的間接估算,測量精度受到電流採樣精度影響,電流測量誤差會導致 SOC 估算誤差,且誤差隨著時間不斷累積。此外,電池充放電效率容易受到電池溫度和充放電程度的影響,具有不確定性,所以安時法的檢測精確度不高[46]。開路電壓法在 SOC 估算精度和可靠性方面都比安時法高,但是只有在電池的正負極電解液處於熱力學平衡態時,電池的電動勢才與開路電壓相等[47]。

神經網路具有自學習和非線性等特點,能夠對系統輸入輸出量的樣本值進行分析得到系統輸入輸出之間的關係,不需要建立複雜的電池等效電路模型也能夠很好地模擬電池的外部特性,適用於估算各種電化學電池 SOC。在應用範圍方面,神經網路對電池類型並沒有限制,只要選擇適當的網路模型,訓練樣本精度、數量充分,模型準確度就能夠保證,略掉了內部複雜的推導和計算過程,是一種智慧度較高的方法。

較為典型的優化演算法為粒子群優化-反向傳播演算法、小波-反向傳播演算法、思維演化-反向傳播演算法、遺傳優化-反向傳播演算法等。這些方法在預測精度、訓練速度方面針對傳統的 BP 演算法進行了改進。基於遺傳優化-反向傳播演算法的儲能電池 SOC 估計主要思路為,通過對 BP 神經網路的權重和閾值進行線上優化,從而實現人工神經網路的參數線上優化,如圖 3-24 所示。

遺傳演算法(Genetic Algorithms,GA)是 1962 年由美國人提出的,模擬自然界遺傳和生物演化論而成的一種並行隨機搜尋最佳化方法。與自然界中「優勝劣汰,適者生存」的生物演化原理相似,遺傳演算法就是在引入優化參數形成的編碼串聯群體中,按照所選擇的適應度函數並通過遺傳中的選擇、交叉和變異對個體進行篩選,使適應度好的個體被保留,適應度差的個體被淘汰,新的群體既繼承了上一代的資訊,又優於上一代。這樣反覆循環,直至滿足條件。

3.3.2.3　神經網路用於故障辨識

現階段儲能系統的故障狀態已從硬故障辨識過渡到軟故障辨識。其中,硬故障指的是對影響儲能電池的有效運行的故障進行辨識,此類故障通常為儲能電池出現無法繼續參與系統運行或導致系統失穩等嚴重問題的故障,可通過對系統電

壓、電流進行監製以達到快速、準確辨識。軟故障指的是，儲能電池仍能繼續參與工作，同時不會導致系統出現明顯的運行故障，但電池本身老化、內部故障等因素導致性能下降、內部參數異常、外特性異常等情況，具體可能表現為電池容量下降、內阻異常變小、自放電嚴重等現象。

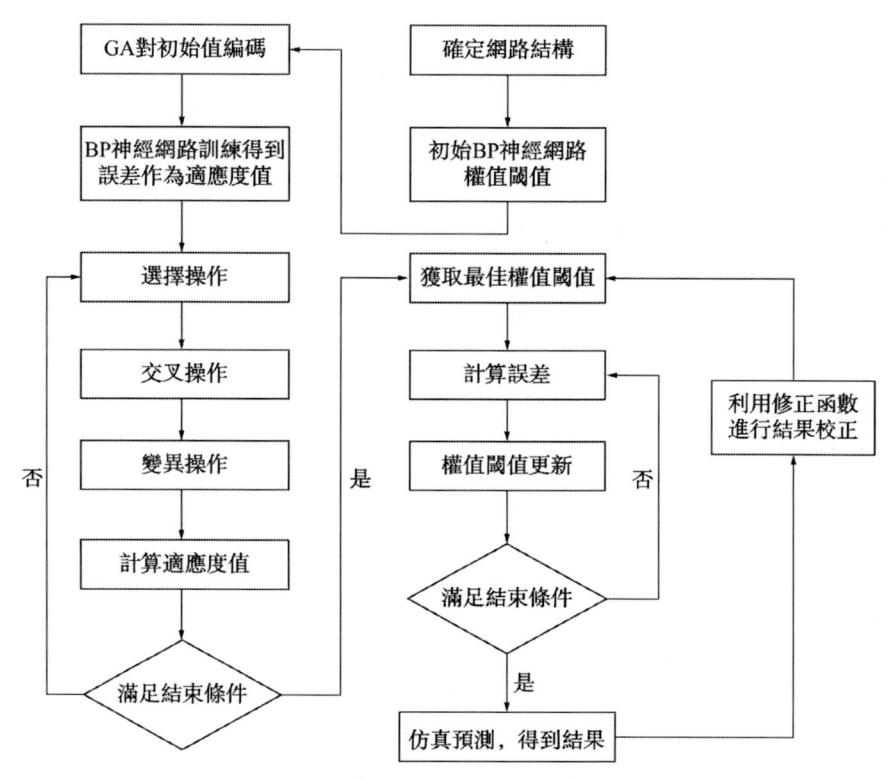

圖3-24 基於遺傳演算法優化神經網路

故障原因具有非常多的不確定性和模糊性，很難確定故障產生的具體原因，這導致對電池軟故障的診斷具有一定難度。當前研究提出可採用神經網路演算法進行軟故障診斷，已解決模糊演算法存在的問題，但是基於 BP 神經網路進行故障診斷存在收斂速度慢且容易陷入局部極小值等問題，因此有相關研究提出在神經網路演算法的基礎上應用模糊演算法、遺傳演算法及機率演算法進行神經網路模型的改進，以實現收斂速度和訓練精度的提升。

3.3.3 區塊鏈

3.3.3.1 區塊鏈的定義及歷史

2008 年，隨著比特幣的發行及其創立者中本聰論文《比特幣：一個 P2P 電子現金系統》[48]的發表，比特幣系統的底層核心技術——區塊鏈，作為一種去中心

化（開放式、扁平化、平等性，不具備強制性的中心控制的系統結構）資料庫技術，開始進入人們的視野。美國學者梅蘭妮·斯萬在其著作《區塊鏈：新經濟藍圖及導讀》給出了區塊鏈的定義[49]，指出區塊鏈技術是一種公開透明的、去中心化的資料庫。公開透明體現在該資料庫是由所有的網路節點共享的，並且由資料庫的營運者進行更新，同時也受到全民的監管；去中心化則體現在該資料庫可以看作一張巨大的可互動電子表格，所有參與者都可以進行訪問和更新，並確認其中的資料是真實可靠的。

3.3.3.2 區塊鏈的應用

區塊鏈最先的應用是實現貨幣和支付手段的去中心化，試圖脫離本質為國家信用擔保的法幣體系，建立新的數位貨幣體系，如比特幣的開發與應用。在比特幣提出後，其他基於區塊鏈的加密數位貨幣，如萊特幣、狗狗幣、瑞波幣等數百種加密數位貨幣也相繼出現。在金融領域，跨國大型金融集團諸如花旗、那斯達克等都在 2015 年以創投的形式進入了區塊鏈領域，如分散式帳本初創公司 R3CEV 的區塊鏈金融專案，目前已吸引了包括摩根大通、滙豐、高盛、摩根士丹利等 25 家跨國銀行集團的加入。

3.3.3.3 區塊鏈的發展

Dennis 等[50]針對目前名譽系統存在的安全漏洞，設計了一種基於區塊鏈技術的能夠用於多重網路的名譽記錄系統。Zyskind 等[51]則針對第三方採集大量用戶資訊而導致的個人隱私泄露等問題，提出了一種基於區塊鏈技術的去中心化個人資料管理系統，使得用戶能夠擁有並控制自己的個人資訊。趙赫等[52]基於區塊鏈技術提出了一種感測資料真實性保障方法，能夠保證採樣機器人在完成任務的同時，不受不當人為介入的影響。

3.3.3.4 區塊鏈與儲能

隨著電力市場化改革與泛在電力物聯網建設的不斷深入，共享儲能交易的覆蓋範圍將進一步擴大，源－網－荷側的儲能電站/分散式儲能設備與新能源電站、電網企業以及終端用戶間將存在大量複雜、緊密的多邊交易連繫。相比之下，現有的儲能交易方式存在資訊不透明、盈利模式單一、清結算規則複雜等問題，難以滿足未來共享儲能的多主體交易需要。在區塊鏈去中心化、去信任等特性後，考慮引入區塊鏈作為底層技術實現去中心化的儲能共享模式的構想成為解決現階段共享儲能多主體交易需要的一種新的方式。

共享儲能交易本質上可以歸屬為分散式交易範疇。鑑於區塊鏈技術與分散式交易從公開、對等、互聯共享等方面存在契合性，兩者結合具有以下幾點優勢：

① 交易成本降低。區塊鏈去中心化的特徵使得各用戶節點無須相互信任即可完成交易。Merkle Tree 等加密演算法進一步保障了雙方在無第三方監管的情

況下參與交易的安全可靠性，降低了信用成本和管理成本。

② 交易形式多樣。區塊鏈為交易提供了一個可信的廣播及儲存平臺，參與到該平臺的用戶可以進行點對點的直接交易，增強了能源供應商與需求側用戶之間的互動，改變了用戶參與交易的形式。

③ 能源選擇多類型。區塊鏈中的資料具有可追溯性，消費者可知道其購買的電力來自共享儲能聯盟鏈中的哪家儲能供應商，從而擁有更多的能源選擇餘地。同時，區塊鏈的工作量證明機制、互聯共識記帳、智慧合約、密碼學等技術，為其應用到分散式交易提供了保障。

區塊鏈技術作為一種分散式記帳系統，所具備的資料透明性和可靠性使其能夠很好地適用於分散化系統結構的資料分析和決策，基於區塊鏈技術的市場經濟生態環境，可極大地減少不同市場主體間重塑或信任維護的成本，可有效地防止市場中的尋租行為。因此，將區塊鏈技術應用於分散化的微電網系統電力市場建設中，可實現物理資訊流的高度融合和快速運轉，有助於市場主體從巨量資料中進行快速分析決策，幫助提高區域電力市場的運行效率，並保證市場能夠健康有序發展。

3.4 電池管理系統

3.4.1 電池管理系統的定義

電池管理系統（Battery Management System，BMS）是一種高度整合的電子系統，通過一系列感測器、控制器和軟體演算法來監控、管理和優化電池組的性能[53]。BMS 的核心任務是確保電池組在安全的工作範圍內運行，同時最大化其能量效率和使用壽命。具體而言，BMS 負責即時監測電池的電壓、電流、溫度和內部阻抗等關鍵參數，評估電池的充電狀態（SOC）、健康狀態（SOH）和功能狀態（SOF），並根據這些資訊執行充放電控制策略，以防止電池過充、過放、過熱或短路。此外，BMS 還具備故障診斷和預警功能，能夠在電池出現異常時及時採取措施，保護電池免受損壞。

3.4.2 BMS 在液流電池中的作用

液流電池是一種獨特的能量儲存技術，它通過電解液中的活性物質在電極之間的流動來實現能量的儲存和釋放。這種電池的特點在於其能量和功率可以獨立設計，且具有較長的循環壽命和良好的可擴展性。然而，液流電池的運行涉及複雜的流體動力學和熱力學過程，因此，BMS 在液流電池中的作用尤為關鍵。

BMS不僅需要監測和控制電池的電化學狀態，還需要精確管理電解液的流動速度、溫度和化學成分，以確保電池的高效和穩定運行。此外，BMS還需要實現電池平衡，即確保電池組中每個單體電池的性能一致，這對於維持整個電池系統的性能至關重要。

3.5 電池管理系統的基本功能

3.5.1 電池狀態監測

3.5.1.1 電壓監測

電壓監測是BMS中最為基礎且關鍵的功能之一。它通過高精度的電壓感測器即時測量電池單體或電池組的電壓。電壓是反映電池充放電狀態和健康狀況的重要指標。BMS需要監測每個電池單體的電壓，以確保它們在安全的工作範圍內，並檢測任何可能導致電池損壞的電壓異常。例如，如果某個電池單體的電壓顯著高於或低於其他單體，這可能表明該單體存在性能問題，需要進行隔離或更換。

在電壓監測中，BMS通常採用差分放大器來提高測量精度，並使用濾波技術來減少噪音干擾。此外，為了確保電壓資料的準確性，BMS還會定期進行校準。在液流電池中，由於電解液的流動可能會影響電池單體的電壓分佈，因此BMS需要特別注意監測電池單體之間的電壓平衡。

電壓監測的實現通常涉及以下幾個關鍵步驟[54]。

感測器選擇：選擇合適的電壓感測器是關鍵，需要考慮感測器的精度、響應時間、線性度和溫度穩定性。

訊號調理：電壓訊號通常需要經過調理，包括放大、濾波和隔離，以確保訊號的質量和安全性。

資料擷取：使用模數轉換器（ADC）將模擬電壓訊號轉換為數位訊號，以便於微處理器處理。

資料處理：微處理器對採集到的電壓資料進行處理，包括平均、濾波和異常檢測。

警報和保護：當檢測到電壓異常時，BMS會觸發警報並採取保護措施，如切斷充電或放電電路。

3.5.1.2 電流監測

電流監測通過電流感測器（如霍爾效應感測器或分流電阻）來測量電池的充放電電流。電流資料不僅用於計算電池的充電狀態（SOC），還用於防止過流情況的發生，過流可能會導致電池內部短路或損壞。BMS會即時監控電流，並在檢測

到異常電流時採取措施，如切斷電路或調整充放電速率。

在電流監測中，選擇合適的電流感測器至關重要。霍爾效應感測器因其非接觸式測量和良好的線性度而被廣泛使用。分流電阻則因其成本低廉和簡單易用而受到青睞。然而，分流電阻會產生額外的功率損耗，因此在設計 BMS 時需要權衡這些因素。

電流監測的實現通常涉及以下幾個關鍵步驟[55]。

感測器選擇：根據應用需要選擇合適的電流感測器，考慮因素包括測量範圍、精度、響應時間和成本。

訊號調理：電流訊號可能需要經過調理，包括放大、濾波和隔離，以提高訊號的質量和安全性。

資料擷取：使用模數轉換器（ADC）將模擬電流訊號轉換為數位訊號，以便於微處理器處理。

資料處理：微處理器對採集到的電流資料進行處理，包括平均、濾波和異常檢測。

警報和保護：當檢測到電流異常時，BMS 會觸發警報並採取保護措施，如限制電流或切斷電路。

3.5.1.3　溫度監測

溫度是影響電池性能和壽命的關鍵因素。BMS 通過溫度感測器監測電池單體和電池組的溫度，確保電池在最佳溫度範圍內工作。過高的溫度可能導致電池熱失控，過低的溫度則會影響電池的充放電效率。BMS 需要即時監控溫度，並在必要時啟動冷卻或加熱系統。

在溫度監測中，BMS 通常使用熱電偶或熱敏電阻（如 NTC 或 PTC）作為溫度感測器。這些感測器需要精確校準，並且布局要合理，以確保能夠準確反映電池的溫度分布。在液流電池中，由於電解液的流動可能會導致溫度分布不均，因此 BMS 需要特別注意監測電池單體和電解液的溫度。

溫度監測的實現通常涉及以下幾個關鍵步驟。

感測器選擇：選擇合適的溫度感測器，考慮因素包括測量範圍、精度、響應時間和成本。

訊號調理：溫度訊號可能需要經過調理，包括放大、濾波和隔離，以提高訊號的質量和安全性。

資料擷取：使用模數轉換器（ADC）將模擬溫度訊號轉換為數位訊號，以便於微處理器處理。

資料處理：微處理器對採集到的溫度資料進行處理，包括平均、濾波和異常檢測。

警報和保護：當檢測到溫度異常時，BMS會觸發警報並採取保護措施，如啟動冷卻或加熱系統。

3.5.2　充放電

3.5.2.1　充電策略

BMS負責制定和執行充電策略，以確保電池安全、高效地充電。這包括恆流充電、恆壓充電和浮充等階段。BMS會根據電池的SOC和SOH調整充電電流和電壓，以避免過充和延長電池壽命。例如，在電池接近滿充時，BMS會切換到恆壓充電模式，以防止電壓過高。

在充電策略中，BMS需要考慮電池的化學特性、充電速率和環境溫度等因素。例如，對於鋰離子電池，BMS通常採用CC－CV（恆流－恆壓）充電模式，以確保電池在充電過程中不會過熱或過充。在液流電池中，由於電解液的流動特性，BMS可能需要採用不同的充電策略，如動態調整電解液流速和充電電流。

充電策略的實現通常涉及以下幾個關鍵步驟[56]。

充電模式選擇：根據電池類型和應用需要選擇合適的充電模式，如恆流充電、恆壓充電或脈衝充電。

充電參數設置：設置充電電流、電壓和時間等參數，以確保電池在安全的工作範圍內充電。

充電過程監控：即時監控充電過程中的電壓、電流和溫度等參數，以確保充電過程的安全和高效。

充電狀態判斷：根據監測到的參數判斷電池的充電狀態，如是否接近滿充或需要調整充電參數。

充電終止控制：當電池達到滿充狀態或出現異常時，BMS會終止充電過程，以防止電池過充或損壞。

3.5.2.2　放電策略

放電控制涉及管理電池的輸出功率，以滿足負載需要同時保護電池不過放。BMS會根據電池的SOC和SOH限制放電電流和電壓，確保電池在安全的工作範圍內運行。例如，當電池SOC較低時，BMS可能會限制放電電流，以防止電池過快耗盡。

在放電策略中，BMS需要考慮電池的剩餘容量、負載需要和電池的健康狀況。例如，對於需要高功率輸出的應用，BMS可能需要允許電池在短時間內以較高的電流放電，但同時要確保電池不會因此而過放。在液流電池中，BMS可能需要動態調整電解液的流速和放電電流，以優化電池的能量輸出。

放電策略的實現通常涉及以下幾個關鍵步驟：

放電模式選擇：根據應用需要選擇合適的放電模式，如恆流放電、恆功率放電或脈衝放電。

放電參數設置：設置放電電流、電壓和時間等參數，以確保電池在安全的工作範圍內放電。

放電過程監控：即時監控放電過程中的電壓、電流和溫度等參數，以確保放電過程的安全和高效。

放電狀態判斷：根據監測到的參數判斷電池的放電狀態，如是否接近過放或需要調整放電參數。

放電終止控制：當電池達到過放狀態或出現異常時，BMS 會終止放電過程，以防止電池過放或損壞。

3.5.3 安全保護機制

3.5.3.1 過充/過放保護

當電池電壓超過/低於設定的安全閾值時，BMS 會自動切斷充電電路，防止電池過充/過放。過充會導致電池內部化學反應失控，增加熱失控的風險；過放會損害電池的化學結構，縮短電池壽命。BMS 通過電壓監控和比較，一旦檢測到過充/過放情況，立即啟動保護措施。

在過充/過放保護中，BMS 需要設置合適的電壓閾值，並確保保護電路能夠快速響應。此外，BMS 還需要考慮電池的自放電特性和充電設備的輸出特性，以確保過充保護的有效性。

過充/過放保護的實現通常涉及以下幾個關鍵步驟[57]。

電壓閾值設置：根據電池類型和應用需要設置合適的過充電壓閾值。

電壓監測：即時監測電池的電壓，並與過充電壓閾值進行比較。

保護電路設計：設計快速響應的保護電路，如 MOSFET 或繼電器，以在檢測到過充時切斷充電電路。

響應時間優化：確保保護電路能夠在檢測到過充後迅速動作，以最小化電池損壞的風險。

系統整合：將過充保護機制整合到 BMS 的整體控制策略中，確保與其他保護功能協同工作。

3.5.3.2 短路保護

在檢測到電池輸出端短路時，BMS 會迅速切斷電路，以防止電池因大電流放電而損壞。短路保護通常通過電流監測和快速斷路器實現，確保在短路發生時能夠迅速響應。

在短路保護中，BMS 需要確保電流監測的即時性和準確性，並配備快速斷

路器或保險絲。此外，BMS還需要考慮電池的內部阻抗和外部電路的特性，以確保短路保護的有效性。在液流電池中，由於電解液的流動可能會導致電池單體之間的電流分佈不均，因此BMS需要特別注意監測電池單體之間的電流平衡。

短路保護的實現通常涉及以下幾個關鍵步驟。

電流監測：即時監測電池的輸出電流，並與預設的短路電流閾值進行比較。

保護電路設計：設計快速響應的保護電路，如快速斷路器或保險絲，以在檢測到短路時迅速切斷電路。

響應時間優化：確保保護電路能夠在檢測到短路後迅速動作，以最小化電池損壞的風險。

系統整合：將短路保護機制整合到BMS的整體控制策略中，確保與其他保護功能協同工作。

3.5.4 資料記錄與分析

3.5.4.1 資料儲存

BMS會記錄電池的關鍵運行資料，如電壓、電流、溫度和SOC等，這些資料對於電池的長期性能評估和故障診斷至關重要。資料儲存通常通過內置的儲存器或連接到外部資料記錄系統來實現。

在資料儲存中，BMS需要考慮資料的儲存容量、儲存速率和資料安全性。例如，BMS可能需要使用非易失性儲存器來確保資料在斷電後不會丟失。此外，BMS還需要考慮資料的壓縮和加密，以減少儲存空間的需求和保護資料的安全。

資料儲存的實現通常涉及以下幾個關鍵步驟。

儲存介質選擇：選擇合適的儲存介質，如EEPROM、Flash或SD卡，以滿足資料儲存的需求。

資料擷取：即時採集電池的運行資料，包括電壓、電流、溫度和SOC等。

資料處理：對採集到的資料進行處理，包括壓縮、加密和格式化，以便於儲存和後續分析。

資料儲存：將處理後的資料儲存到選定的儲存介質中，確保資料的完整性和可訪問性。

資料備份：定期備份儲存的資料，以防止資料丟失或損壞。

3.5.4.2 性能分析

通過對儲存的資料進行分析，BMS可以評估電池的性能趨勢，預測潛在的故障，並優化電池的使用和維護策略。例如，通過分析歷史資料，BMS可以辨識電池性能下降的模式，並提前警告維護人員進行介入。

在性能分析中，BMS需要使用先進的演算法和模型來處理和分析資料。例

如，BMS 可能需要使用機器學習演算法來辨識電池性能的異常模式，並使用預測模型來估計電池的剩餘使用壽命。此外，BMS 還需要考慮資料的即時性和準確性，以確保性能分析的有效性。

性能分析的實現通常涉及以下幾個關鍵步驟。

資料提取：從儲存介質中提取電池的運行資料，包括歷史資料和即時資料。

資料預處理：對提取的資料進行預處理，包括清洗、歸一化和特徵提取，以提高資料分析的準確性。

資料分析：使用統計分析、機器學習或資料探勘技術對預處理後的資料進行分析，以辨識性能趨勢和異常模式。

故障預測：基於資料分析的結果，使用預測模型來預測電池的潛在故障和剩餘使用壽命。

維護建議：根據故障預測的結果，提供維護建議和優化策略，以延長電池的使用壽命和提高系統的可靠性。

3.6　液流電池 BMS 的特殊需要

液流電池作為一種新型儲能技術，以其獨特的結構和工作原理對電池管理系統（BMS）提出了不同於傳統電池的特殊需要。本節將詳細探討液流電池 BMS 在流體管理、溫度控制、電池平衡以及系統整合與優化等方面的特殊需要和應對策略，全面解析 BMS 在液流電池中的關鍵作用和技術挑戰。

3.6.1　流體管理

液流電池的運行依賴於電解液的流動，確保電解液在電池堆內的均勻分布和穩定流動是其 BMS 的核心任務之一[58]。流體管理的有效性直接影響電池的性能、壽命和安全性，因此在液流電池 BMS 設計中佔據重要地位。

3.6.1.1　流速控制

電解液的流速是影響液流電池性能的重要參數。適宜的流速有助於提高電池的電化學反應效率和散熱性能，而過高或過低的流速可能導致能源消耗增加或反應不均勻，進而影響電池性能。BMS 通過流量感測器即時監測電解液的流速，並通過調節泵的運行速度來控制流速，使其保持在最佳範圍內。

實現流速控制需求高精度的流量感測器和高效的泵系統。流量感測器用於檢測電解液的實際流速，並將資料回饋給 BMS 控制器。BMS 控制器根據預設的流速範圍，通過調節泵的運行速度來實現流速控制。在實際應用中，流量感測器的精度和響應速度，以及泵的調節能力，是影響流速控制效果的關鍵因素。此外，

為了確保流速控制的穩定性，還需要進行流體力學的仿真和實驗，以優化流體流動路徑和泵的運行參數。

3.6.1.2 流體溫度監測

電解液的溫度對液流電池的性能有著顯著影響。適宜的溫度可以提高電池的電化學反應效率和能量密度，而過高或過低的溫度會導致電池性能下降，甚至引發安全問題。因此，流體溫度監測是液流電池 BMS 的一項重要功能。

BMS 通過溫度感測器即時監測電解液的溫度，並確保其保持在設定的安全範圍內。當檢測到溫度異常時，BMS 可以採取相應的調節措施，例如調節流速、啟動冷卻或加熱系統等，以維持電解液的溫度穩定。溫度感測器的布置和精度，以及冷卻或加熱系統的響應速度和調節能力，是影響溫度監測和調節效果的關鍵因素。此外，為了實現更加精確的溫度控制，BMS 還可以結合溫度場的數值模擬和實驗資料，優化溫度感測器的布置和熱管理系統的設計。

3.6.2 溫度控制

液流電池的電化學反應過程中會產生熱量，若不及時散熱，電池內部溫度過高可能會導致性能下降甚至損壞。因此，溫度控制是液流電池 BMS 的另一項重要功能，其目標是通過有效的散熱措施，確保電池內部溫度維持在安全範圍內。

3.6.2.1 熱管理系統

熱管理系統是實現溫度控制的主要手段。液流電池的熱管理系統通常包括散熱器、冷卻液、熱交換器等部件。BMS 通過溫度感測器即時監測電池內部和外部的溫度，並根據溫度資料控制熱管理系統的運行。在設計熱管理系統時，需要考慮散熱器的散熱能力、冷卻液的流動速度和溫度調節範圍等因素，同時還需要確保熱管理系統與電池的電化學反應過程相協調，以提高溫度控制的效率和穩定性。

3.6.2.2 溫度分布優化

液流電池內部溫度的均勻分布對於提高電池性能和延長壽命至關重要。BMS 需要通過優化流體流動路徑和熱管理系統的設計，確保電池內部溫度分布均勻。溫度分布優化的實現通常依賴於數值模擬和實驗測試。通過建立電池內部溫度場的數學模型，BMS 可以模擬不同運行條件下的溫度分布情況，並通過實驗測試驗證模型的準確性。

溫度分布優化涉及多個方面，包括電解液流動路徑的設計、感測器的布置以及熱管理系統的調節。首先，電解液流動路徑的設計需要考慮液體流動的均勻性和效率，通過優化流動路徑，可以確保電解液在電池內部均勻分布，從而實現溫

度的均勻分布。其次，感測器的布置需要覆蓋電池的關鍵部位，以實現對溫度的全面監測，並為溫度分布的優化提供準確的資料支持。最後，熱管理系統的調節需要結合即時的溫度資料和仿真結果，通過動態調整散熱器和冷卻液的運行參數，實現對溫度分布的精確控制。

3.6.3 電池平衡技術

液流電池由多個電池單位組成，由於電池單位之間的差異，可能會導致電池組的電壓和容量不一致，從而影響電池的整體性能和壽命。電池平衡技術的目標是通過調節電池單位之間的電荷分配，確保電池組的電壓和容量保持一致。

3.6.3.1 電荷平衡

電荷平衡是實現電池平衡的主要手段。BMS通過即時監測各電池單位的電壓和容量，根據電池單位之間的差異，採取相應的調節措施。例如，通過旁路電阻對電壓較高的電池單位進行放電，或通過均衡充電對電壓較低的電池單位進行充電。

實現電荷平衡需要高精度的電壓和容量檢測技術，以及高效的旁路電阻和均衡充電裝置。在實際應用中，BMS需要根據電池組的具體情況，設計和調整電荷平衡策略，確保電池組的電壓和容量保持一致。例如，當某個電池單位的電壓明顯高於其他單位時，BMS可以通過旁路電阻將該單位的電荷轉移到其他單位，從而實現電壓的平衡；當某個電池單位的電壓明顯低於其他單位時，BMS可以通過均衡充電將電荷轉移到該單位，從而實現容量的平衡。

3.6.3.2 能量分配

能量分配是實現電池平衡的另一種手段。液流電池的電解液具有儲能和傳輸能量的功能，通過調節電解液的流動路徑和流速，可以實現電池單位之間的能量分配。

BMS通過即時監測各電池單位的能量狀態，根據電池單位之間的能量差異，調節電解液的流動路徑和流速，實現能量的均衡分配。這一過程中，電解液的流動控制技術和能量監測技術是實現能量分配的關鍵。例如，當某個電池單位的能量儲備較高時，BMS可以通過調節電解液的流動路徑，將該單位的部分能量傳輸到其他單位，從而實現能量的均衡分配；當某個電池單位的能量儲備較低時，BMS可以通過加快電解液的流速，將其他單位的能量快速傳輸到該單位，從而實現能量的快速平衡。

3.6.4 系統整合與優化

系統整合與優化是液流電池BMS的關鍵環節。液流電池BMS需要將流體管

理、溫度控制、電池平衡等功能有機地整合在一起，通過優化硬體和軟體的協同工作，提高系統的整體性能。

3.6.4.1 硬體與軟體的協同

液流電池 BMS 的硬體包括感測器、控制器、泵、熱管理系統等部件，軟體包括狀態監測、充放電控制、安全保護、資料記錄與分析等功能模組。硬體與軟體的協同工作是實現 BMS 各項功能的基礎。

在設計硬體時，需要考慮各部件的性能和兼容性，確保其能夠穩定、可靠地運行。在開發軟體時，需要考慮各功能模組的互動和整合，確保其能夠高效、準確地執行任務。硬體與軟體的協同工作，可以通過模組化設計和系統整合測試來實現。例如，在硬體設計中，可以採用模組化設計方法，將感測器、控制器、泵等部件分別設計成獨立的模組，以便於系統整合和維護；在軟體開發中，可以採用面向對象的設計方法，將各功能模組設計成獨立的對象，通過介面實現模組之間的互動和整合。

系統整合測試是確保硬體和軟體協同工作的關鍵環節。在系統整合測試中，需要對 BMS 的各項功能進行全面測試，確保其在不同運行條件下能夠穩定、可靠地工作。系統整合測試通常包括功能測試、性能測試、可靠性測試等多個環節，通過測試資料的分析，可以發現和解決系統整合中的問題，不斷優化硬體和軟體的設計。

3.6.4.2 系統性能提升

系統性能提升是液流電池 BMS 的最終目標。通過優化硬體和軟體的設計，BMS 可以提高系統的可靠性、穩定性和效率，從而提升液流電池的整體性能。

系統性能提升的實現，通常依賴於持續的技術創新和實踐經驗的積累。通過對系統運行資料的分析，BMS 可以發現和解決潛在的問題，不斷優化系統的設計和運行策略。與此同時，BMS 還可以通過引入新技術、新材料和新工藝，提高系統的性能和競爭力。例如，在硬體設計中，可以採用高性能的感測器和控制器，提高系統的精度和響應速度；在軟體開發中，可以採用先進的演算法和優化技術，提高系統的運行效率和可靠性。

為了實現系統性能的持續提升，BMS 還需要進行持續的技術研發和實驗驗證。通過對新技術和新方法的研究和實驗，可以不斷拓展 BMS 的功能和應用場景，提升其在不同應用環境中的適應能力和性能。例如，通過對新型感測器和控制器的研究，可以提高 BMS 的檢測精度和控制能力；通過對新型材料和工藝的研究，可以提高系統的可靠性和耐用性。

液流電池作為一種新型儲能技術，具有廣闊的應用前景和發展潛力。液流電池 BMS 作為其核心技術之一，對於提高電池性能和延長電池壽命具有重要作用。

通過流體管理、溫度控制、電池平衡和系統整合與優化，液流電池 BMS 可以確保電池的安全、穩定和高效運行，為液流電池的廣泛應用提供有力支持。

3.7 液流電池 BMS 的設計與實現

液流電池 BMS 的設計與實現是保障液流電池高效、安全、穩定運行的核心。

3.7.1 軟體演算法

液流電池 BMS 的軟體演算法包括狀態估計、故障診斷和控制策略等。軟體演算法的設計目標是確保系統的精確性、即時性和魯棒性。

3.7.1.1 狀態估計方法

狀態估計是液流電池 BMS 的基礎，包括電池狀態的監測和預測。常用的狀態估計方法包括開路電壓法、卡爾曼濾波法和神經網路法等[59]。

開路電壓法：通過測量電池在開路狀態下的電壓，估計電池的荷電狀態（SOC）。這種方法簡單直觀，但對電池的靜置時間要求較高，適用於靜態狀態下的 SOC 估計。

卡爾曼濾波演算法：利用卡爾曼濾波演算法，對電池的電壓、電流和溫度資料進行融合，即時估計電池的 SOC。卡爾曼濾波法具有較高的估計精度和即時性，適用於動態工作狀態下的 SOC 估計[60]。

神經網路演算法：利用神經網路演算法，結合大量實驗資料，對電池的 SOC 進行建模和預測。神經網路法具有較強的非線性處理能力和自學習能力，適用於複雜工況下的 SOC 估計。

其他方法：如粒子濾波法、無跡卡爾曼濾波法等，這些方法通過對電池的電化學模型進行優化，進一步提高 SOC 估計的精度和魯棒性。

3.7.1.2 故障診斷技術

故障診斷是確保液流電池安全運行的關鍵。常用的故障診斷技術包括模型基方法、訊號處理方法和資料驅動方法等[61]。

模型基方法：通過建立電池的電化學模型，對比實際測量值與模型預測值，辨識電池的故障狀態。模型基方法具有較高的故障診斷精度，但對模型的精度要求較高。

訊號處理方法：通過對電池的電壓、電流、溫度等訊號進行分析，提取故障特徵，辨識電池的故障狀態。常用的訊號處理方法包括傅立葉變換、小波變換和希爾伯特變換等。這些方法具有較強的故障特徵提取能力，適用於即時故障診斷。

資料驅動方法：利用機器學習和資料探勘技術，對大量歷史資料進行分析，建立故障診斷模型，辨識電池的故障狀態。常用的資料驅動方法包括支持向量機、決策樹和深度學習等。這些方法具有較強的故障模式辨識能力和自適應能力，適用於複雜工況下的故障診斷。

綜合診斷方法：結合多種故障診斷方法，利用各方法的優勢，提高故障診斷的精度和魯棒性。例如，結合模型基方法和資料驅動方法，可以在建立精確電化學模型的基礎上，利用機器學習技術進行故障模式辨識，進一步提高故障診斷的精度。

3.7.1.3 控制策略

控制策略是液流電池 BMS 的核心，用於實現對電池系統的優化控制。常用的控制策略包括 PID 控制（比例－積分－微分控制）、模糊控制和預測控制等。

PID 控制：PID 控制是一種經典的控制方法，通過調節比例、積分和微分參數，實現對系統的精確控制。PID 控制具有結構簡單、易於實現的特點，適用於液流電池 BMS 的基本控制任務。

模糊控制：模糊控制是一種基於模糊邏輯的控制方法，通過定義模糊規則，實現對系統的非線性控制。模糊控制具有處理複雜非線性系統的能力，適用於液流電池 BMS 的複雜控制任務。

預測控制：預測控制是一種基於模型預測的控制方法，通過建立系統的預測模型，即時優化控制策略，實現對系統的動態優化控制。預測控制具有較高的控制精度和響應速度，適用於液流電池 BMS 的高精度控制任務。

自適應控制：自適應控制是一種基於系統動態特性即時調整控制參數的控制方法，能夠在系統參數發生變化時，自動調整控制策略，以保持最佳控制效果。自適應控制適用於液流電池 BMS 的複雜和多變工況下的控制任務。

混合控制：結合多種控制策略的優點，採用混合控制方法，可以在不同工況下靈活調整控制策略，提高系統的控制性能。例如，結合 PID 控制和模糊控制，可以在簡單工況下採用 PID 控制，在複雜工況下採用模糊控制，從而實現系統的優化控制。

3.7.2 系統測試與驗證

系統測試與驗證是確保液流電池 BMS 設計合理性和可靠性的關鍵步驟。測試與驗證包括實驗室測試和現場應用驗證兩個環節。

3.7.2.1 實驗室測試

實驗室測試是 BMS 設計過程中必不可少的一環，通過實驗室條件下的模擬測試，可以驗證 BMS 的各項功能和性能指標。

功能測試：驗證 BMS 的基本功能，包括電壓、電流、溫度、流速等參數的監測精度和響應速度，以及充放電控制、安全保護、資料記錄與分析等功能的實現情況。功能測試通常通過搭建模擬電池系統，進行一系列預設工況的測試，以確保 BMS 各項功能的正確性和穩定性。

性能測試：評估 BMS 的性能指標，包括系統的響應速度、控制精度、可靠性和穩定性等。性能測試通常通過對 BMS 的關鍵參數進行精確測量和分析，評估其在不同工作條件下的性能表現。例如，通過對 BMS 的即時資料處理能力進行測試，可以評估其響應速度和資料處理精度；通過對 BMS 的長時間穩定性測試，可以評估其可靠性和抗干擾能力。

環境適應性測試：驗證 BMS 在不同環境條件下的工作穩定性，包括高溫、低溫、高濕度等極端環境條件下的測試。環境適應性測試通常通過模擬不同環境條件，對 BMS 進行長時間運行測試，評估其在極端條件下的工作穩定性和可靠性。例如，通過高溫和低溫測試，可以評估 BMS 在高溫和低溫環境下的工作性能；通過高濕度測試，可以評估 BMS 在高濕度環境下的抗濕性能。

安全性測試：驗證 BMS 的安全保護功能，包括過充、過放、短路等保護功能的有效性。安全性測試通常通過模擬各種電氣故障，對 BMS 的保護功能進行測試，評估其在故障情況下的響應速度和保護效果。例如，通過過充測試，可以評估 BMS 在過充情況下的保護功能；通過短路測試，可以評估 BMS 在短路情況下的保護功能。

耐久性測試：驗證 BMS 在長期運行中的穩定性和耐久性。耐久性測試通常通過長時間連續運行測試，評估 BMS 在長期使用中的性能變化和可靠性。例如，通過數千小時的連續運行測試，可以評估 BMS 的耐久性和穩定性，確保其在實際應用中的長期可靠性。

3.7.2.2 現場應用驗證

現場應用驗證是 BMS 設計的重要環節，通過實際應用環境下的運行測試，驗證 BMS 的實際工作性能和可靠性。

現場安裝除錯：將 BMS 安裝到實際應用環境中，對系統進行除錯和優化，確保其在實際應用中的正常工作。現場安裝除錯通常包括硬體安裝、軟體配置、系統聯調等環節，通過對各部件的除錯和優化，確保 BMS 與電池系統的良好兼容性和穩定性。

實際工況測試：在實際應用環境中，對 BMS 進行長時間的運行測試，評估其在不同工況下的工作性能和穩定性。實際工況測試通常通過對 BMS 的關鍵參數進行即時監測和記錄，評估其在不同工況下的響應速度、控制精度和可靠性。例如，通過對 BMS 在不同負載條件下運行測試，可以評估其在不同負載條件下

的性能表現；通過對 BMS 在不同環境條件下運行測試，可以評估其在不同環境條件下的工作穩定性。

資料分析與優化：資料分析與優化通常通過對測試資料的詳細分析，辨識系統中的問題和不足，並根據分析結果，提出相應的優化措施。例如，通過對 BMS 的運行資料進行分析，可以發現系統中的潛在故障和問題，並通過優化硬體和軟體設計，提高系統的可靠性和穩定性。

用戶回饋與改進：用戶回饋與改進通常通過定期收集用戶的使用回饋，了解用戶在實際使用中的需求和問題，並根據用戶回饋，進行相應的設計改進和功能優化。例如，通過收集用戶對 BMS 操作介面和功能的回饋，可以優化系統的用戶介面設計和功能設置，提高用戶的操作體驗和滿意度。

長期監測與維護：對現場運行的 BMS 進行長期監測和定期維護，確保其在長期使用中的穩定性和可靠性。長期監測與維護通常包括對 BMS 運行狀態的定期檢查和維護，對系統的關鍵部件進行更換和升級，以及對系統的運行資料進行持續監測和分析。例如，通過對 BMS 運行狀態的定期檢查，可以發現和解決系統中的潛在問題，確保其在長期使用中的穩定性和可靠性。

系統升級與擴展：根據實際應用需要，對 BMS 進行系統升級和功能擴展，提高系統的適應性和靈活性。系統升級與擴展通常包括硬體升級、軟體升級和功能擴展等，通過引入新技術和新功能，提高系統的性能和適應能力。例如，通過硬體升級，可以提高系統的處理能力和響應速度；通過軟體升級，可以優化系統的控制策略和演算法，提高系統的運行效率和精度；通過功能擴展，可以增加系統的監測和控制功能，提高系統的綜合性能。

3.8　BMS 案例研究

3.8.1　實際應用中的液流電池 BMS 案例

3.8.1.1　案例一：工業儲能系統

（1）專案背景

某工業儲能系統專案位於中國東部沿海地區，主要用於工業園區的電力儲能和平衡負荷需要。該系統採用液流電池技術，旨在通過削峰填谷、提高電力利用效率，減少電網負荷波動，提高工業園區的電力供應穩定性。該專案總裝機容量為 10MW，配備了先進的液流電池 BMS，以確保系統的高效、安全和穩定運行。

（2）硬體設計

感測器選擇與布局：系統中使用了高精度電壓感測器、電流感測器、溫度感

液流電池與儲能

測器和流量感測器，分別布置在電池單位、電解液流動管道和散熱系統中，確保對電池狀態的全面監測。電壓感測器選擇了高精度的霍爾效應感測器，電流感測器採用了高靈敏度的分流電阻，溫度感測器選用了快速響應的熱電偶，流量感測器則使用了低壓損的渦輪流量計。

控制器設計：採用了高性能微處理器，具備多通道 ADC（模數轉換器）、PWM（脈寬調變）輸出和多種通訊介面，確保即時資料處理和精準控制。控制器整合了高效能的 DSP（數位訊號處理器）和 FPGA（現場可編程門陣列），能夠高速處理大量資料，執行複雜的控制演算法。

（3）軟體演算法

狀態估計方法：採用卡爾曼濾波演算法對電池的 SOC 進行即時估計，並結合開路電壓法和神經網路法，提高估計精度和魯棒性。卡爾曼濾波演算法通過不斷更新電池模型的狀態和測量噪音，動態調整估計參數，確保 SOC 估計的準確性和穩定性。

故障診斷技術：結合模型基方法和資料驅動方法，即時監測電池狀態並辨識潛在故障，通過機器學習演算法優化故障診斷模型。模型基方法通過電化學模型預測電池行為，資料驅動方法利用歷史資料和模式辨識演算法檢測異常情況。

（4）控制策略

充放電控制：採用自適應控制策略，根據即時電力需求和電池狀態動態調整充放電功率，確保系統高效運行。自適應控制策略利用即時資料和預測模型，動態調整充放電參數，優化能量利用效率和系統響應速度。

溫度控制：通過模糊控制演算法對熱管理系統進行優化控制，確保電池內部溫度分布均勻，防止過熱和局部過冷。模糊控制演算法通過定義模糊規則和隸屬函數，靈活處理複雜的溫度控制任務，提高系統的魯棒性和適應性。

實際運行情況：自系統投入運行以來，液流電池 BMS 表現出良好的性能和穩定性。在削峰填谷、平衡負荷需要方面，系統實現了預期目標，有效減少了電網負荷波動，提高了電力利用效率。通過即時監測和動態調整，系統在不同工況下均表現出優異的適應性和響應速度。

削峰填谷：系統在電力需求高峰時段，通過釋放儲存的電能，減少電網的負荷壓力；在電力需求低谷時段，通過儲存多餘的電能，提高電力利用效率。液流電池 BMS 能夠即時監測電力需求和電池狀態，動態調整充放電策略，確保系統的高效運行。

平衡負荷需要：系統通過即時調整電力輸出，平衡工業園區的電力需求，減少負荷波動，提高電力供應的穩定性。液流電池 BMS 能夠快速響應負荷變化，動態調整電力輸出，確保系統的穩定運行。

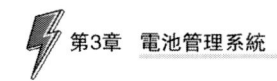

(5) 性能評估

系統可靠性：在長時間運行中，系統的各項關鍵參數穩定，電池組未出現任何嚴重故障，表明 BMS 具備良好的可靠性和穩定性。液流電池 BMS 在極端環境條件下（如高溫、低溫、高濕度等）的性能穩定，未出現任何性能下降和故障。

控制精度：通過資料分析，系統的 SOC 估計誤差控制在 2% 以內，溫度控制誤差控制在 1℃ 以內，充放電控制響應時間小於 1 秒，滿足高精度控制需求。液流電池 BMS 能夠快速、準確地調整系統參數，確保系統的穩定運行。

能量效率：系統的能量轉換效率達到了 85% 以上，表明 BMS 在優化能量管理方面表現出色。液流電池 BMS 能夠高效地管理電能轉換過程，減少能量損失，提高系統的整體效率。

(6) 改進措施

感測器優化：進一步提高感測器的精度和響應速度，尤其是在高負荷工況下，確保監測資料的即時性和準確性。可以引入更高性能的感測器技術，如光纖感測器、MEMS 感測器等，提高系統的監測能力。

演算法優化：結合更多的歷史運行資料，優化 SOC 估計和故障診斷演算法，提高估計精度和故障診斷的準確性。通過引入先進的機器學習演算法，如深度學習、強化學習等，進一步提升演算法的自適應能力和魯棒性。

系統整合：進一步優化硬體和軟體的整合，減少系統延遲，提高整體運行效率。採用模組化設計和標準化介面，提高系統的可擴展性和兼容性，滿足不同應用場景的需求。

3.8.1.2　案例二：可再生能源併網儲能系統

(1) 專案背景

某可再生能源併網儲能系統專案位於中國西北部，主要用於風電和太陽能發電的儲能和平滑輸出。該系統採用液流電池技術，通過儲存多餘的可再生能源，平滑輸出波動，提高可再生能源的併網質量。該專案總裝機容量為 5MW，配備了液流電池 BMS，以確保系統的高效、穩定運行。

(2) 硬體設計

感測器選擇與布局：系統中使用了高精度電壓感測器、電流感測器、溫度感測器和流量感測器，布置在電池單位、流體管道和散熱系統中，確保全面監測電池狀態。電壓感測器選擇高精度的霍爾效應感測器，電流感測器採用高靈敏度的分流電阻，溫度感測器選用快速響應的熱電偶，流量感測器使用低壓損的渦輪流量計。

控制器設計：採用高性能微處理器，具備多通道 ADC、PWM 輸出和多種通

訊介面，確保即時資料處理和精準控制。控制器整合了高效能的 DSP 和 FPGA，能夠高速處理大量資料，執行複雜的控制演算法。

（3）軟體演算法

狀態估計方法：採用卡爾曼濾波演算法結合神經網路演算法，對電池的 SOC 進行即時估計，提高估計精度和魯棒性。卡爾曼濾波演算法通過不斷更新電池模型的狀態和測量噪音，動態調整估計參數，確保 SOC 估計的準確性和穩定性。

故障診斷技術：結合模型基方法和資料驅動方法，即時監測電池狀態並辨識潛在故障，通過機器學習演算法優化故障診斷模型。模型基方法通過電化學模型預測電池行為，資料驅動方法利用歷史資料和模式辨識演算法檢測異常情況。

（4）控制策略

充放電控制：採用自適應控制策略，根據即時電力需求和電池狀態動態調整充放電功率，確保系統高效運行。自適應控制策略利用即時資料和預測模型，動態調整充放電參數，優化能量利用效率和系統響應速度。

溫度控制：通過模糊控制演算法對熱管理系統進行優化控制，確保電池內部溫度分布均勻，防止過熱和局部過冷。模糊控制演算法通過定義模糊規則和隸屬函數，靈活處理複雜的溫度控制任務，提高系統的魯棒性和適應性。

實際運行情況：自系統投入運行以來，液流電池 BMS 表現出良好的性能和穩定性。在平滑輸出波動、提高併網質量方面，系統實現了預期目標，有效儲存多餘的可再生能源並穩定輸出。通過即時監測和動態調整，系統在不同工況下均表現出優異的適應性和響應速度。

平滑輸出波動：系統在風電和太陽能發電波動較大時，通過儲存多餘的電能並平滑輸出，減少併網波動，提高併網質量。液流電池 BMS 能夠即時監測可再生能源發電情況，動態調整充放電策略，確保系統的穩定運行。

提高併網質量：系統通過優化電能輸出，提高併網電力的穩定性和質量，減少電網波動對用戶的影響。液流電池 BMS 能夠快速響應電網需要，動態調整電能輸出，確保系統的高效運行。

（5）性能評估

系統可靠性：在長時間運行中，系統的各項關鍵參數穩定，電池組未出現任何嚴重故障，表明 BMS 具備良好的可靠性和穩定性。液流電池 BMS 在極端環境條件下（如高溫、低溫、高濕度等）的性能穩定，未出現任何性能下降和故障。

控制精度：通過資料分析，系統的 SOC 估計誤差控制在 2% 以內，溫度控制誤差控制在 1℃ 以內，充放電控制響應時間小於 1s，滿足高精度控制需求。液流電池 BMS 能夠快速、準確地調整系統參數，確保系統的穩定運行。

能量效率：系統的能量轉換效率達到了 85％ 以上，表明 BMS 在優化能量管理方面表現出色。液流電池 BMS 能夠高效地管理電能轉換過程，減少能量損失，提高系統的整體效率。

（6）改進措施

感測器優化：進一步提高感測器的精度和響應速度，尤其是在高負荷工況下，確保監測資料的即時性和準確性。可以引入更高性能的感測器技術，如光纖感測器、MEMS 感測器等，提高系統的監測能力。

演算法優化：結合更多的歷史運行資料，優化 SOC 估計和故障診斷演算法，提高估計精度和故障診斷的準確性。通過引入先進的機器學習演算法，如深度學習、強化學習等，進一步提升演算法的自適應能力和魯棒性。

系統整合：進一步優化硬體和軟體的整合，減少系統延遲，提高整體運行效率。採用模組化設計和標準化介面，提高系統的可擴展性和兼容性，滿足不同應用場景的需求。

3.9 BMS 未來發展趨勢與挑戰

液流電池 BMS 作為液流電池系統的核心控制單位，其技術發展和應用前景直接影響液流電池的市場競爭力和應用範圍。

3.9.1 市場應用前景

3.9.1.1 可再生能源儲能

隨著可再生能源的發展，液流電池 BMS 在可再生能源儲能領域具有重要應用前景。液流電池 BMS 能夠有效平滑可再生能源發電的波動，提高併網電力的穩定性和質量。在風電、太陽能等可再生能源發電專案中，液流電池 BMS 通過儲存多餘的電能，在電力需求高峰時釋放，提高可再生能源的利用率和經濟效益[62]。

風電儲能應用：風能作為一種重要的可再生能源，具有間歇性和不穩定性的特點。液流電池 BMS 能夠通過儲存風能發電的多餘電能，在風速低時釋放，平滑風電輸出，提高風電併網質量和穩定性。例如，在風電應用中，液流電池 BMS 可以根據風速預測和電力需求動態調整充放電策略，優化能量儲存和釋放，提高風電利用率和經濟效益。

太陽能儲能應用：太陽能發電具有日照週期性和不穩定性的特點，液流電池 BMS 能夠通過儲存太陽能發電的多餘電能，在日照不足時釋放，提高太陽能併網質量和穩定性。例如，在太陽能電站應用中，液流電池 BMS 可以根據日照預

測和電力需求動態調整充放電策略，優化能量儲存和釋放，提高太陽能利用率和經濟效益。

混合儲能系統應用：在風電和太陽能等多種可再生能源混合發電系統中，液流電池 BMS 能夠通過優化能量管理策略，協調不同能源之間的儲存和釋放，提高系統的整體性能和經濟效益。例如，在風光互補發電系統中，液流電池 BMS 可以根據風速、日照和電力需求預測，動態調整充放電策略，優化能量儲存和釋放，提高系統的整體效率和穩定性。

3.9.1.2　工業儲能

在工業儲能領域，液流電池 BMS 能夠幫助企業實現削峰填谷、提高電力利用效率，減少電網負荷波動，提高工業生產的穩定性和效率。液流電池 BMS 通過即時監測和動態調整充放電策略，確保系統的高效運行，幫助企業降低電力成本，提高經濟效益。

負荷平衡與電費優化：液流電池 BMS 可以通過在電力需求高峰時段釋放電能，在電力需求低谷時段儲存電能，平衡工業園區的電力負荷，減少電網波動，提高電力供應穩定性。例如，在工業園區應用中，液流電池 BMS 可以根據電力需求預測和電價資訊，動態調整充放電策略，優化能量利用，提高經濟效益和電力利用效率。

備用電源與應急響應：液流電池 BMS 可以作為工業企業的備用電源，在電網故障或電力中斷時，提供可靠的電力支持，確保關鍵設備和生產線的正常運行，提高生產的穩定性和安全性。例如，在高耗能企業應用中，液流電池 BMS 可以根據電力需求和故障預測，提前儲備電能，在電力中斷時快速響應，提供電力支持，保障生產的連續性和穩定性。

能源管理與環境友好：液流電池 BMS 可以通過優化能量管理策略，減少工業企業的碳排放和環境汙染，提高企業的環境友好性和可持續發展能力。例如，在製造業企業應用中，液流電池 BMS 可以根據生產計劃和環境指標，優化充放電策略，減少化石能源的消耗，降低碳排放和環境汙染，提高企業的環境友好性和可持續發展能力。

3.9.1.3　電網調峰調頻

液流電池 BMS 在電網調峰調頻領域也具有重要應用前景。通過快速響應電網需要，液流電池 BMS 能夠在電力需求高峰時提供電力支持，在電力需求低谷時儲存電能，平衡電網負荷，減少電網波動，提升電網的穩定性和可靠性[63]。

調峰應用：液流電池 BMS 可以通過在電力需求高峰時段釋放電能，在電力需求低谷時段儲存電能，平衡電網負荷，減少電網波動，提高電網穩定性。例

如，在電網調峰應用中，液流電池 BMS 可以根據電力需求預測和電網負荷資訊，動態調整充放電策略，優化能量儲存和釋放，提高電網的穩定性和運行效率。

調頻應用：液流電池 BMS 可以通過快速調整電力輸出，維持電網頻率的穩定，提高電網的運行效率和安全性。例如，在電網調頻應用中，液流電池 BMS 可以根據電網頻率波動和電力需求，動態調整充放電策略，快速響應電網需要，維持電網頻率的穩定，提高電網的安全性和運行效率。

備用電源與應急響應：液流電池 BMS 可以作為電網的備用電源和應急響應系統，在電網故障或電力中斷時，提供可靠的電力支持，確保電網的穩定運行。例如，在電網應急響應應用中，液流電池 BMS 可以根據電力需求和故障預測，提前儲備電能，在電力中斷時快速響應，提供電力支持，保障電網的穩定性和安全性。

3.9.1.4　備用電源

液流電池 BMS 在備用電源領域也具有廣闊的應用前景。通過提供高效、穩定的電力儲備，液流電池 BMS 能夠在電力中斷時快速提供電力支持，確保關鍵設備和系統的正常運行。在資料中心、醫院、交通樞紐等對電力供應要求高的場所，液流電池 BMS 通過提供可靠的電力儲備，保障系統的穩定運行，提高系統的安全性和可靠性。

資料中心應用：在資料中心應用中，液流電池 BMS 可以作為備用電源，確保資料中心在電力中斷時能夠快速提供電力支持，保障伺服器和關鍵設備的正常運行，避免資料丟失和系統宕機。例如，在資料中心應用中，液流電池 BMS 可以根據伺服器負載和電力需求預測，動態調整充放電策略，優化能量儲存和釋放，提高資料中心的運行穩定性和安全性。

醫院應用：在醫院應用中，液流電池 BMS 可以作為備用電源，確保醫院在電力中斷時能夠快速提供電力支持，保障關鍵醫療設備和手術室的正常運行，避免醫療事故和患者風險。例如，在醫院應用中，液流電池 BMS 可以根據醫療設備負載和電力需求預測，動態調整充放電策略，優化能量儲存和釋放，提高醫院的運行穩定性和安全性。

交通樞紐應用：在交通樞紐應用中，液流電池 BMS 可以作為備用電源，確保交通樞紐在電力中斷時能夠快速提供電力支持，保障交通訊號、通訊系統和關鍵設備的正常運行，避免交通事故和安全風險。例如，在機場、火車站和地鐵站應用中，液流電池 BMS 可以根據交通負載和電力需求預測，動態調整充放電策略，優化能量儲存和釋放，提高交通樞紐的運行穩定性和安全性。

3.10 能量管理系統

3.10.1 能量管理系統的概念與結構

能量管理系統（Energy Management System，EMS）是用於優化和控制能量流動的技術，旨在提高系統的能量利用效率和經濟效益。EMS 在液流電池系統中扮演著關鍵角色，通過智慧控制策略，實現能量的高效管理和分配[64]。

3.10.1.1 EMS 的基本功能

EMS 的基本功能包括以下幾個方面。

即時監測：EMS 即時監測電池狀態、電力需求、環境條件等關鍵參數，確保系統在最佳狀態下運行。即時監測功能包括對電池電壓、電流、溫度和流量等參數的持續監測，確保資料的準確性和即時性。這種即時監測有助於及時發現並糾正任何異常情況，防止潛在問題的發生，保障系統的穩定運行。

能量調度：根據即時資料和預測模型，動態調度能量流動，優化充放電過程，平衡能量供需。能量調度功能能夠根據系統負荷的變化，動態調整能量的分配，確保能量供需的平衡和系統的穩定運行。它還可以根據預測的電力需求調整策略，提前應對未來的負荷變化。

資料分析：資料分析功能包括對歷史資料的探勘和分析，通過大打數據技術，評估系統的運行狀態和性能變化，提供優化建議和決策支持。分析結果可以用於優化控制策略，提高系統的能量利用效率和經濟效益。

安全保護：實施多層次的安全保護措施，防止過充、過放、短路等風險，確保系統安全穩定運行。安全保護功能包括設計過壓、過流、短路等保護電路，編寫故障檢測和保護程式，形成多層次的故障保護體系，確保系統的安全性和可靠性。通過這些措施，可以有效避免由電池故障導致的安全事故。

3.10.1.2 EMS 的系統結構

EMS 系統結構通常包括以下幾個主要模組。

資料擷取模組：通過感測器和通訊介面，即時採集電池狀態、電力需求、環境條件等資料。資料擷取模組包括高精度的感測器和通訊介面，確保資料的準確性和即時性。這些感測器能夠在各種環境條件下穩定工作，提供精確的資料支持。

控制模組：基於先進的控制演算法和策略，動態調整充放電參數和能量流動，實現能量的高效管理。控制模組包括模型預測控制、即時調度和優化演算法，確保系統的高效運行和能量的最佳利用。該模組通過即時分析資料，調整系統的工作狀態，以適應不同的操作環境和需要。

資料處理模組：資料處理模組包括大打數據分析和機器學習演算法，通過對資料的探勘和分析，評估系統的運行狀態和性能變化，提供優化建議和決策支持。處理後的資料可以用於改進未來的能量管理策略，提高系統效率。

通訊模組：實現 EMS 與 BMS、電網、用戶等的通訊和資料交換，確保資訊的即時傳遞和系統的協調運行。通訊模組包括無線通訊、網際網路和物聯網技術，實現系統的即時監測和分散式控制，提高系統的響應速度和適應能力。通過穩定和高效的通訊網路，確保各個部分的無縫合作。

3.10.2 動態能量管理策略

動態能量管理策略是 EMS 的核心，通過即時監測和控制，實現能量的高效利用和優化分配。

3.10.2.1 模型預測控制

模型預測控制（Model Predictive Control，MPC）是一種基於模型預測的先進控制策略，通過預測未來系統狀態，優化當前的控制決策[65]。

預測模型：基於電池特性和運行資料，構建預測模型，預測未來的電池狀態和能量需要。預測模型包括電池的電化學模型、熱力學模型和電力需求模型，通過對未來狀態的預測，優化當前的控制策略。通過這些模型，可以提前調整系統參數，避免突發事件的影響。

優化演算法：利用優化演算法，確定當前的最佳控制策略，最大化能量利用效率和經濟效益。優化演算法包括線性規劃、非線性規劃和遺傳演算法，通過對控制變數的優化，提高系統的能量利用效率和經濟效益。優化演算法可以處理複雜的系統約束和多目標優化問題。

即時調整：根據即時資料和預測結果，動態調整充放電參數和能量分配，確保系統在最佳狀態下運行。即時調整包括對控制參數的動態調整，通過對資料的即時監測和分析，確保系統的高效運行和能量的最佳利用。該策略能夠在短時間內做出反應，適應快速變化的操作環境。

3.10.2.2 即時調度與優化

負荷預測：基於歷史資料和外部資訊（如天氣預報、電力需求預測等），預測未來的負荷變化，提前調整充放電策略。負荷預測包括對歷史資料的分析和外部資訊的綜合利用，通過對未來負荷的預測，優化能量的儲存和釋放。預測的準確性對系統的平穩運行至關重要。

能量平衡：通過即時監測電池狀態和負荷變化，動態調整能量流動，平衡能量供需，提高系統的穩定性和可靠性。能量平衡包括對電池狀態和負荷變化的即時監測和分析，通過對能量流動的動態調整，確保系統的穩定運行和能量的最佳

利用。這一過程可以有效避免電網的不平衡問題，提高電力系統的整體穩定性。

響應需要：響應需要包括對即時需要的快速響應和調整，通過對充放電策略的動態調整，確保系統的高效運行和靈活應對。快速響應能夠在需要激增或減少時提供及時的電力支持。

3.10.3 智慧充放電策略

智慧充放電策略是 EMS 的重要組成部分，通過優化充放電過程，提高電池的能量利用效率和使用壽命。

3.10.3.1 基於 SOC/SOH 的充放電控制

基於 SOC（荷電狀態）和 SOH（健康狀態）的充放電控制策略，通過精確估計電池的狀態，優化充放電過程[66]。

SOC 估計：利用先進的狀態估計演算法（如卡爾曼濾波演算法、神經網路演算法等），精確估計電池的 SOC，動態調整充放電參數，避免過充和過放。SOC 估計包括對電池電壓、電流和溫度等參數的即時監測和分析，通過對 SOC 的精確估計，優化充放電策略，提高電池的能量利用效率和使用壽命。

SOH 評估：通過監測電池的老化狀態和健康狀況，優化充放電策略，延長電池的使用壽命，降低維護成本。SOH 評估包括對電池健康狀態的即時監測和分析，通過對電池老化狀態的評估，優化充放電策略，提高電池的使用壽命和經濟效益。

自適應控制：自適應控制包括對電池狀態和歷史資料的綜合分析，通過對充放電策略的自適應調整，提高系統的運行效率和穩定性。

3.10.3.2 預測性充放電管理

預測性充放電管理策略結合預測模型和即時資料，提前優化充放電過程，提升系統的響應速度和適應能力。

需要預測：基於電力需求和環境條件，預測未來的能量需要，提前調整充放電策略，優化能量儲存和釋放。需要預測包括對電力需求和環境條件的綜合分析，通過對未來能量需要的預測，提前調整充放電策略，提高系統的響應速度和適應能力。

健康管理：健康管理包括對電池健康狀態和使用壽命的即時監測和分析，通過對充放電過程的優化，減少電池老化和損耗，提高系統的經濟效益。

動態調整：根據即時資料和預測結果，動態調整充放電參數，實現能量的高效管理和優化分配。動態調整包括對即時資料和預測結果的綜合分析，通過對充放電參數的動態調整，實現能量的高效管理和優化分配，提高系統的運行效率和經濟效益。這一過程需要高效的資料處理和快速的響應能力，以確保在負荷變化

時能夠及時調整策略。

3.10.4 分散式能量管理系統

分散式能量管理系統通過分散式控制和協同優化，提升多模組、多節點系統的整體性能和協調能力[67]。

3.10.4.1 多代理系統架構

多代理系統（$Multi-Agent\ System$，MAS）架構通過分散式控制和協同優化，實現多模組、多節點系統的靈活管理和優化。

代理模型：代理模型包括對系統模組的分散式控制和管理，通過對代理模型的構建，實現系統的靈活管理和優化。每個代理可以獨立運行，同時與其他代理協同工作，提高系統的整體性能。構建多個代理模型，每個代理負責一個或多個系統模組，實現分散式控制和管理。

協同優化：協同優化包括對代理之間的協同和合作，通過對系統整體性能的優化和提升，提高系統的靈活性和魯棒性。代理之間的協同工作可以有效處理複雜的系統任務，優化資源利用。

分散式控制：分散式控制包括對代理的獨立決策和控制，通過對系統的分散式管理和優化，提高系統的響應速度和適應能力。分散式控制系統可以快速響應局部變化，確保整體系統的平穩運行。

3.10.4.2 基於區塊鏈的分散式能量管理

基於區塊鏈的分散式能量管理平臺，通過去中心化、透明和可信的能量交易和管理，實現多節點系統的高效協同和管理。

區塊鏈技術：區塊鏈技術包括對能量交易和管理的去中心化和透明化，通過對區塊鏈技術的應用，實現能量交易和管理的透明化和可信性。區塊鏈的特性可以確保資料的安全性和可信度，防止資料篡改。

智慧合約：智慧合約包括對能量交易和管理規則的自動執行，通過對智慧合約的應用，實現系統的自動化和智慧化管理。智慧合約可以根據預定規則自動執行交易，減少人為介入，提高系統效率。

去中心化管理：去中心化管理包括對多節點系統的去中心化管理和優化，通過對去中心化管理的應用，提高系統的安全性和經濟效益。去中心化管理可以減少單點故障，提高系統的可靠性和彈性。

3.10.5 能量管理系統的性能評估

能量管理系統的性能評估是確保系統高效運行和持續改進的重要環節。

3.10.5.1 性能指標

定義和監測關鍵性能指標（KPI），評估能量管理系統的運行效果和效率。

能量利用效率：能量利用效率包括對能量轉換和利用過程的監測和分析，通過對能量利用效率的評估，優化能量管理策略，提高系統的能量利用效率。

響應時間：響應時間包括對系統響應速度和調整時間的監測和分析，通過對響應時間的評估，提高系統的響應能力和靈活性，提高系統的運行效率。

經濟效益：經濟效益包括對能量管理策略的經濟效益的分析，通過對經濟效益的評估，提高系統的經濟性和投資報酬率，優化系統的運行和管理。

3.10.5.2 評估方法

採用先進的資料分析和評估方法，對能量管理系統的性能進行全面評估和優化。

資料分析：資料分析包括對系統運行狀態和性能變化的監測和分析，通過對資料的探勘和統計分析，發現潛在問題和改進空間，優化系統的性能和運行效率。

仿真模擬：仿真模擬包括對不同工況和策略下的系統運行的模擬和分析，通過對仿真技術的應用，評估和優化能量管理策略，提高系統的性能和穩定性。

實驗驗證：實驗驗證包括對系統性能和效果的實驗室測試和現場驗證，通過對實驗驗證的應用，確保系統的可靠性和實際應用效果。

3.10.6 未來發展方向

能量管理系統在未來的發展中，將繼續面臨技術創新和應用挑戰。以下是一些未來的發展方向和研究建議。

機器學習與人工智慧：機器學習與人工智慧技術包括對電池狀態和能量需要的預測和分析，通過對機器學習和人工智慧技術的應用，提高系統的智慧化和自適應能力，實現能量的高效管理和優化分配。

大打數據分析與處理：大打數據分析與處理技術包括對系統運行資料的探勘和分析，通過對大打數據技術的應用，優化能量管理策略，提高系統的運行效率和穩定性。

<h2 style="text-align:center">參 考 文 獻</h2>

[1] ZHENG Q，XING F，LI X，et al. Flow field design and optimization based on the mass transport polarization regulation in a flow－through type vanadium flow battery［J］. Journal of Power Sources，2016，324：402－411.

[2] ISHITOBI H，SAITO J，SUGAWARA S，et al. Visualized cell characteristics by a two－dimensional model of vanadium redox flow battery with interdigitated channel and thin active electrode［J］. Electrochimica Acta，2019，313：513－522.

[3] LEE J，KIM J，PARK H. Numerical simulation of the power－based efficiency in va-

nadium redox flow battery with different serpentine channel size[J]. International Journal of Hydrogen Energy，2019，44(56)：29483-29492.

[4] LI F，WEI Y，TAN P，et al. Numerical investigations of effects of the interdigitated channel spacing on overall performance of vanadium redox flow batteries[J]. Journal of Energy Storage，2020，32：101781.

[5] KE X，PRAHL J M，ALEXANDER J I D，et al. Mathematical modeling of electrolyte flow in a segment of flow channel over porous electrode layered system in vanadium flow battery with flow field design[J]. Electrochimica Acta，2017，223：124-134.

[6] AL-YASIRI M，PARK J. Study on channel geometry of all-vanadium redox flow batteries[J]. Journal of The Electrochemical Society，2017，164(9)：A1970.

[7] MAYRHUBER I，DENNISON C，KALRA V，et al. Laser-perforated carbon paper electrodes for improved mass-transport in high power density vanadium redox flow batteries[J]. Journal of Power Sources，2014，260：251-258.

[8] BHATTARAI A，WAI N，SCHWEISS R，et al. Advanced porous electrodes with flow channels for vanadium redox flow battery[J]. Journal of Power Sources，2017，341：83-90.

[9] 張杰. 儲能逆變器的控制策略研究[D]. 合肥：安徽大學，2017.

[10] 劉超. 配電櫃結構性能分析及輕量化設計[D]. 成都：西南交通大學，2018.

[11] 侯太頂，李銀龍，李文庭. 配電箱的應用發展研究[J]. 中小企業管理與科技(上旬刊)，2016(5)：186-187.

[12] 欒春沂. 低壓配電櫃的技術提升及智慧化發展[J]. 資訊化建設，2015(11)：321.

[13] 曹金剛. 智能配網的智能化配電櫃的設計方式研究[J]. 智能建築與智能城市，2018(10)：42-43.

[14] 李奕豐. 低壓配電櫃技術創新及發展[J]. 無線互聯科技，2018，15(14)：143-144.

[15] 王雲霞. 論低壓智能配電櫃的技術創新及發展[J]. 電器工業，2012(5)：67-68.

[16] 李峰. 適用於液流電池儲能系統的電池管理系統[J]. 上海電氣技術，2021，14(2)：54-56.

[17] 吳中建. 基於釩電池的儲能系統的運行與控制研究[D]. 武漢：武漢科技大學，2018.

[18] ZENG Q，YU A，LU G. Multiscale modeling and simulation of polymer nanocomposites[J]. Progress in Polymer Science，2008，33(2)：191-269.

[19] BHATTACHARYA J，VAN DER VEN A. Phase stability and nondilute Li diffusion in spinel $Li_{1+x}Ti_2O_4$[J]. Physical Review B，2010，81(10)：104304.

[20] BORTZ A B，KALOS M H，LEBOWITZ J L. A new algorithm for Monte Carlo simulation of Ising spin systems[J]. Journal of Computational Physics，1975，17(1)：10-18.

[21] VAN DER VEN A，THOMAS J C，XU Q，et al. Nondilute diffusion from first principles：Li diffusion in Li_xTiS_2[J]. Physical Review B，2008，78(10)：104306.

[22] SEAMAN A，DAO T-S，MCPHEE J. A survey of mathematics-based equivalent-

circuit and electrochemical battery models for hybrid and electric vehicle simulation[J]. Journal of Power Sources, 2014, 256: 410-423.

[23] TANG A, BAO J, SKYLLAS-KAZACOS M. Thermal modelling of battery configuration and self-discharge reactions in vanadium redox flow battery[J]. Journal of Power Sources, 2012, 216: 489-501.

[24] TANG A, MCCANN J, BAO J, et al. Investigation of the effect of shunt current on battery efficiency and stack temperature in vanadium redox flow battery[J]. Journal of Power Sources, 2013, 242: 349-356.

[25] XIONG B, ZHAO J, TSENG K J, et al. Thermal hydraulic behavior and efficiency analysis of an all-vanadium redox flow battery[J]. Journal of Power Sources, 2013, 242: 314-324.

[26] QIU G, JOSHI A S, DENNISON C R, et al. 3-D pore-scale resolved model for coupled species/charge/fluid transport in a vanadium redox flow battery[J]. Electrochimica Acta, 2012, 64: 46-64.

[27] ALLEN M P, TILDESLEY D J. Computer simulation of liquids[M]. Oxford: Oxford university press, 2017.

[28] FRENKEL D, SMIT B. Understanding molecular simulation: from algorithms to applications[M]. Elsevier, 2001.

[29] ZENG Q H, YU A B, LU G Q. Multiscale modeling and simulation of polymer nanocomposites[J]. Progress in Polymer Science, 2008, 33(2): 191-269.

[30] LI G, JIA Y, ZHANG S, et al. The crossover behavior of bromine species in the metal-free flow battery[J]. Journal of Applied Electrochemistry, 2017, 47(2): 261-72.

[31] VIJAYAKUMAR M, WANG W, NIE Z, et al. Elucidating the higher stability of vanadium(V) cations in mixed acid based redox flow battery electrolytes[J]. Journal of Power Sources, 2013, 241: 173-177.

[32] GUPTA S, WAI N, LIM T M, et al. Force-field parameters for vanadium ions(+2, +3, +4, +5) to investigate their interactions within the vanadium redox flow battery electrolyte solution[J]. Journal of Molecular Liquids, 2016, 215: 596-602.

[33] AHN Y, MOON J, PARK S E, et al. High-performance bifunctional electrocatalyst for iron-chromium redox flow batteries[J]. Chemical Engineering Journal, 2021, 421: 127855.

[34] 吳雨森. 全釩液流電池 SOC 及能量管理系統研究[D]. 合肥：合肥工業大學，2019.

[35] 黃永忠. 基於 4G 網絡的無線視頻監控系統的設計與實現[D]. 桂林：廣西師範大學，2016.

[36] 張嶺. 淺析 4G-5G 移動通信技術的發展前景[J]. 數字技術與應用，2018, 36(12): 15-16.

[37] 張雪. 基於藍牙的室內智能停車場管理系統設計[D]. 南昌：江西理工大學，2013.

[38] 林德遠. 基於藍牙 5.0 的樓宇遠程測控系統[D]. 北京：北京交通大學, 2019.

[39] 郭杭, 江子燁. MW 級電池儲能系統在電網中的應用[J]. 電源技術, 2019, 43(6): 1077−1079.

[40] 袁宏亮, 司修利, 馬慧嬌. 功能安全引入儲能領域的應用探討[J]. 電器與能效管理技術, 2019(20): 83−88.

[41] 劉冰心. 模塊化電池管理系統的研究與設計[D]. 北京：北方工業大學, 2015.

[42] 劉陳, 景興紅, 董鋼. 淺談物聯網的技術特點及其廣泛應用[J]. 科學諮詢, 2011(9): 86.

[43] 王保雲. 物聯網技術研究綜述木[J]. 電子測量與儀器學報, 2009, 23(12): 1−7.

[44] 甘志祥. 物聯網的起源和發展背景的研究[J]. 現代經濟資訊, 2010(1): 157−158.

[45] 李瓊慧, 胡靜, 黃碧斌, 等. 分散式能源規模化發展前景及關鍵問題[J]. 分散式能源, 2020, 5(2): 1−7.

[46] 于海芳, 逯仁貴, 朱春波, 等. 基於安時法的鎳氫電池 SOC 估計誤差校正[J]. 電工技術學報, 2014, 27(6): 12−18.

[47] 趙園婷, 滑清曉, 朱舸順. 全釩液流電池荷電狀態監測方法概述[J]. 電池工業, 2013, 18(5): 271−273.

[48] NAKAMOTO S. Bitcoin: A peer−to−peer electronic cash system[J]. Decentralized Business Review, 2008: 21260.

[49] SWAN M. Blockchain: Blueprint for a new economy[M]. O'Reilly Media, Inc., 2015.

[50] DENNIS R, OWEN G. Rep on the block: A next generation reputation system based on the blockchain[C]//proceedings of the 2015 10th International Conference for Internet Technology and Secured Transactions(ICITST), IEEE, 2015.

[51] ZYSKIND G, NATHAN O. Decentralizing privacy: Using blockchain to protect personal data[C]//IEEE Security and Privacy Workshops, IEEE, 2015.

[52] 趙赫, 李曉風, 占禮葵, 等. 基於區塊鏈技術的採樣機器人數據保護方法[J]. 華中科技大學學報：自然科學版, 2015, 43(S1): 216−269.

[53] 譚澤富, 孫榮利, 楊芮, 等. 電池管理系統發展綜述[J]. 重慶理工大學學報：自然科學, 2019, 33(9): 40−45.

[54] PRARTHANA P, SNEHA S, PRADEEP K, et al. Open−Circuit Voltage Models for Battery Management Systems: A Review[J]. Energies, 2022, 15(18): 6803.

[55] LELIE M, BRAUN T, KNIPS M, et al. Battery Management System Hardware Concepts: An Overview[J]. Applied Sciences, 2018, 8(4).

[56] LIN Q, WANG J, XIONG R, et al. Towards a smarter battery management system: A critical review on optimal charging methods of lithium ion batteries[J]. Energy, 2019, 183220−183234.

[57] CHEN H C, LI S S, WU S L, et al. Design of a modular battery management system for electric motorcycle[J]. Energies, 2021, 14(12): 3532.

[58] TROVÒ A. Battery management system for industrial－scale vanadium redox flow batteries： Features and operation［J］. Journal of Power Sources，2020，465（Jul. 31）：228229.1－228229.12.

[59] WANG Y，TIAN J，SUN Z，et al. A comprehensive review of battery modeling and state estimation approaches for advanced battery management systems［J］. Renewable and Sustainable Energy Reviews，2020，131(Oct.)：110015.1－110015.18.

[60] XIANGYONG L，WANLI L，AIGUO Z. PNGV Equivalent Circuit Model and SOC Estimation Algorithm for Lithium Battery Pack Adopted in AGV Vehicle［J］. IEEE Access，2018，623639－23647.

[61] AKASH S，SUMANA C，S S W. Machine Learning－Based Data－Driven Fault Detection/Diagnosis of Lithium－Ion Battery：A Critical Review［J］. Electronics，2021，10(11)：1309－1309.

[62] FATHIMA A H，PALANISAMY K，PADMANABAN S，et al. Intelligence－Based Battery Management and Economic Analysis of an Optimized Dual－Vanadium Redox Battery（VRB）for a Wind－PV Hybrid System［J］. Energies 2018，11，2785.

[63] LAWDER T M，SUTHAR B，NORTHROP C W P，et al. Battery Energy Storage System（BESS）and Battery Management System（BMS）for Grid－Scale Applications［J］. Proceedings of the IEEE，2014，102(6)：1014－1030.

[64] LEE D，CHENG C C. Energy savings by energy management systems：A review ［J］. Renewable & Sustainable Energy Reviews，2016，56：760－777.

[65] 穆寶茂，葉欣. 基於動態規劃的模型預測控制策略研究［J］. 重型汽車，2023(6)：6－8.

[66] 舒成才. 車載鉛酸電池SOC與SOH協同估計及充放電策略研究［D］. 合肥：合肥工業大學，2019.

[67] 王勝堯. 分散式能量管理系統整合平臺研究與實現［D］. 北京：華北電力大學（北京），2017.

第 4 章　儲能材料表徵與分析

儲能材料製備以後，需要分別對這些儲能材料進行原子吸收光譜、傅立葉紅外光譜、拉曼光譜、掃描電子顯微鏡和透射電子顯微鏡以及熱重、粒徑方面的表徵測試，用來對儲能材料表面粒徑大小、元素價態和元素摻雜形式以及電化學性能等方面進行表徵測試和分析。對此，下面我們分別對不同儀器的性能和作用進行一個詳細的介紹和說明。

4.1　成分分析

對儲能材料進行性能方面的鑑定，通常通過以下幾個方面來進行：一是化學分析法，二是儀器分析法。前者主要是通過化學滴定等方法對材料中的元素價態和含量進行測定和分析，後者主要是採用原子吸收(AAS)、電感耦合等離子體原子發射光譜的方法對元素的含量進行定量分析或者採用 X 射線光電子能譜、X 射線螢光光譜、X 射線能譜等方面的分析，從而對元素的種類進行定量分析和半定量分析。

4.1.1　化學分析

為了準確測定儲能材料中元素的含量和成分，在化學滴定分析時，需要對材料進行簡單的酸或者鹼處理，使材料中的元素溶解在溶液中，然後通過已知的標準溶液對處理好的待測液進行鹼式或者酸式滴定。在滴定分析中，根據溶液中指示劑顏色的變化來判斷是否達到滴定終點。通過消耗標準溶液的含量和相關的計算公式對溶液的元素含量進行確定。

滴定分析一般以化學反應為基礎進行，目前根據滴定反應的類型，滴定分析主要包括酸鹼滴定、配位滴定、氧化還原滴定和沉澱滴定等幾種方法。

在滴定前，需要精確地配製標準溶液。目前標準溶液的配製方法主要包括直接法和間接法兩種。採用直接法配製標準溶液時，主要是根據所需要的濃度，準確秤量一定量準確濃度的溶液，然後將溶液轉移到容量瓶中，並進行稀釋定容。通過秤量的質量和溶液的體積，計算出該標準溶液的準確濃度。這種溶液也可以稱為基準溶液，能用來配製這種溶液的物質稱為基準物或者基準試劑。目前，常

用的基準試劑有無水碳酸鈉、鄰苯二甲酸氫鉀和氯化鈉等。

滴定分析是定量分析中一種非常重要的方法,其有如下特點:適用於含量大於1%的物質的定量;準確性相對較高,相對誤差一般較小;儀器簡單,操作起來相對比較方便、快速。目前被廣泛應用。

4.1.2 原子吸收光譜分析

4.1.2.1 原子吸收光譜的基本原理

原子吸收光譜法,又稱原子吸收分光光度法,該方法是基於光源發出被測元素的特徵輻射,在通過元素的原子蒸氣時會被其基態原子吸收一部分,導致輻射在一定程度上減弱,達到測試元素含量的一種現代儀器分析的方法。按照熱力學的原理,在熱平衡狀態下,基態原子和激發態原子的分布將符合波茲曼公式:

$$N_i/N_o = g_i/g_0 exp(-R_i/kT)$$

式中　N_i、N_0——激發態和基態的原子個數;
　　　k——波茲曼常數;
　　　g_i、g_0——激發態和基態的統計權重;
　　　E_i——激發能;
　　　T——熱力學溫度。

4.1.2.2 原子吸收光譜的產生

任何元素的原子都是由原子核和核外電子構成。原子核是原子的中心體,原子核帶正電,核外電子帶負電。原子核外的圓形或橢圓形軌道圍繞著原子核運動,同時又有自旋運動,導致原子不顯電性,電子的運動狀態由波函數 y 描述。求解描述電子運動狀態的薛丁格方程式,可以得到表徵原子內電子運動狀態的量子數 n、l、m,這些量子數分別稱為主量子數、角量子數和磁量子數。該基態原子,外層電子將由基態躍遷到相應的激發態,從而產生原子吸收光譜。圖4-1所示是鈉原子處於高於基態 3.2eV 和 3.6eV 的兩個激發態。處於基態的鈉原子受到 3.2eV 和 3.6eV 能量的激發就會從基態躍遷到較高的激發態Ⅰ和激發態Ⅱ能階,而躍遷

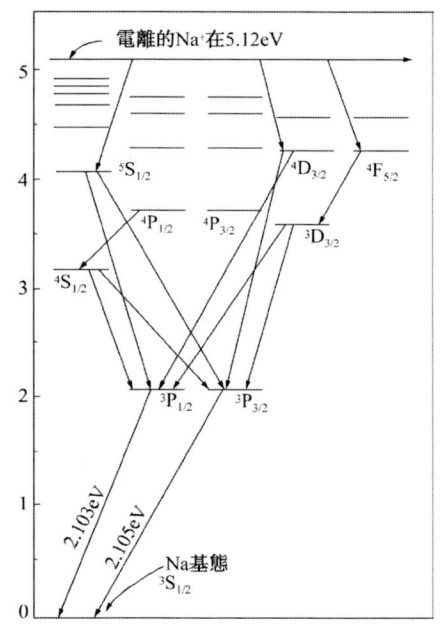

圖4-1　鈉原子的能階示意圖

所需要的能量來自外界能量。$2.2eV$ 和 $3.6eV$ 的能量分別相當於波長 $589.0nm$ 與 $330.3nm$ 光線的能量，而其他波長的光不會被吸收。原子核外的電子一般按照能量的高低分布在原子核外，形成不同的能階。

因此，一個原子核可以有多個能階的狀態。其中，能量最低的能階狀態一般稱為基態能階(E_0)，其他的能階稱為激發態能階。而能量最低的基態能階稱為第一激發態。一般情況下，原子是處於基態的，核外電子是在各個能階最低的軌道上運動的。當電子躍遷到較高能階後，其將處於激發態，但激發態電子是極其不穩定的，大約需要經過 $8\sim10s$ 以後，激發態的電子將從高能階返回到基態或者其他相對較低的能階，並將電子躍遷時吸收的外界能量釋放出來，這個過程我們稱之為原子發射光譜。可見原子吸收光譜過程是吸收輻射的能量，而原子發射光譜過程是釋放輻射的能量。核外電子在得到能量，從第一激發態返回到基態時所發射的譜線稱為第一共振線。由於基態和第一激發態之間的能量差相對較少，電子躍遷機率相對比較大，故共振吸收線是最容易產生的。對於大多數的元素，它是所有吸收線中最靈敏的、最具有優勢的。在原子吸收光譜分析中，常常以共振線作為吸收線。

4.1.2.3 原子吸收光譜儀結構

原子吸收光譜儀主要由光源、原子化器、光學系統、檢測系統和資料工作站等幾部分組成。如圖 4－2 所示，光源提供待測元素的特徵輻射光譜；原子化器將樣品中的待測元素轉化為自由原子；光學系統將待測元素的共振線分出；檢測系統將光訊號轉換成電訊號進而讀出吸光度；資料工作站通過應用軟體對光譜儀各系統進行控制並處理資料結果。

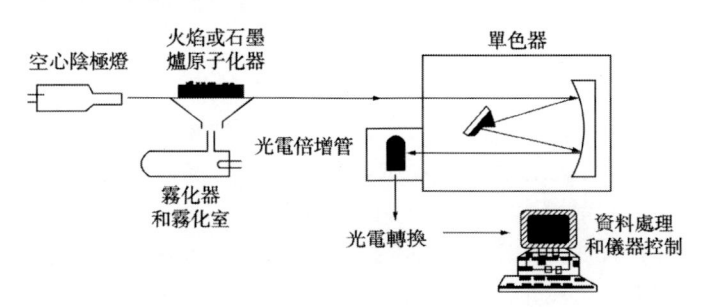

圖 4－2 原子吸收光譜儀結構示意圖

原子吸收光譜儀對輻射光源的基本要求是：

① 輻射譜線寬度要窄，一般要求譜線寬度明顯小於吸收線寬度，這樣有利於提高分析的靈敏度和改善校正曲線的線性關係；

② 輻射強度大、背景小，並且在光譜通帶內無其他干擾譜線，這樣可以提高訊噪比，改善儀器的檢出限；

③ 輻射強度穩定，以保證測定過程中具有足夠的高精密度；
④ 結構牢固，操作方便，經久耐用。

空心陰極燈能夠滿足上述要求，它是由一個被測元素純金屬或簡單合金製成的圓柱形空心陰極和一個用鎢或其他高熔點金屬製成的陽極組成。燈內抽成真空，然後充入氖氣，氖氣在放電過程中起傳遞電流、濺射陰極和傳遞能量的作用。空心陰極燈腔的對面是能夠透射所需要的輻射的光學窗口，如圖4－3所示。

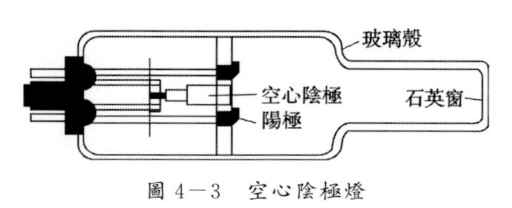

圖 4－3 空心陰極燈

4.1.3 X射線光電子能譜分析

4.1.3.1 X射線光電子能譜分析

X射線光電子能譜法（XPS）在表面分析領域中還是一種比較新的方法。雖然，使用X射線照射測量儲能固體材料在20世紀初就有報導，主要用於引起電子動能分布的檢測。但當時由於條件限制，可達到的解析度還不能達到觀測到光電子能譜的實際需要和標準，所以嚴重受影響和限制。直到1958年初，Siegbahn等在進行X射線光電子能譜檢測時，發現了一種光峰現象，並發現可以利用這種現象來研究元素的種類和化學狀態等，所以將其取名為「化學分析光電子能譜（ESCA）」。目前XPS和ESCA已被公認為是一樣的測試，沒有再加以區分。

XPS的主要特點是可以在不太高的真空度下進行表面分析方面的研究，這是其他儀器測試做不到的。如果用電子束激發時，則必須使用高真空方法進行表面方面的分析研究，以防止樣品上形成碳的沉積物，從而掩蓋被測物的表面，影響實驗測試效果。X射線由於具有相對比較柔和的特性，可以使我們在中等真空程度下對材料的表面進行若干小時的觀察，且不影響材料的測試結果。此外，化學位移效應也是XPS不同於其他方法的另一個特點，即採用直觀的化學認識可以直接用來解釋XPS中的化學位移。對比之下，在俄歇電子能譜（AES）中的解釋化學位移就相對困難得多了。

4.1.3.2 基本原理

由於光電效應，當用X射線照射固體時，元素中原子的某一能階電子將被擊出物體之外，這樣的電子被稱為光電子。

如圖4－4所示，假如X射線光電子的能量為hv，電子在該能階上的結合能

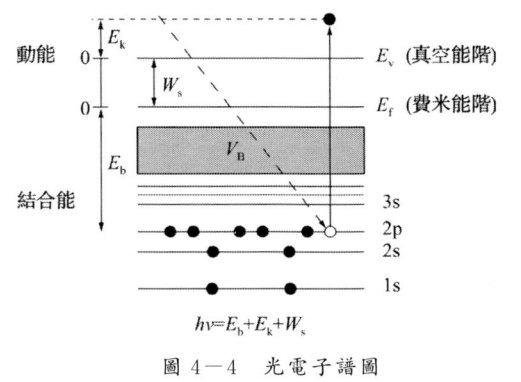

為 E_b，射出固體的動能為 E_k，則它們之間有如下關係：$hv = E_b + E_k + W_s$。式中的 W_s 為功函數，它的含義是固體中的束縛電子除了需要克服個別原子核對它的吸引力以外，還需要克服整個晶體對它的吸引力。只有克服這兩種力以後，電子才能逃出樣品的表面，即電子逸出表面所需要做的功。這樣上面的公式就可以表示為：$E_b = hv - E_k - W_s$。由此可見，當入射 X 射線能量一定後，若測出功函數和電子的動能，就可以求出電子的結合能。然後，由於材料只有表面處的光電子才能從固體中逃出，因而測得的電子結合能必然反映了表面化學成分的主要情況，這正是光電子能譜儀的基本測試原理。

圖 4－4　光電子譜圖

4.1.3.3　儀器的組成

XPS 是精確測定物質受 X 射線激發下產生光電子能量分布的儀器，其基本的組成結構如圖 4－5 所示。

與 AES 類似，XPS 同樣具有抽真空系統、進樣系統、能量分析器、電子倍增器和離子槍等部件。此外，XPS 中的射線源一般採用 $AlKa$（$1486.6eV$）和 $MgKa$（$1253.8eV$），因為它們具有強度高、自然寬度小的特點。相比之下，$CrKa$ 和 $CuKa$ 輻射雖然具有很高的能量，但是其自然寬度大於 $2eV$，不利於高解析度的觀測和測試。此外，還使用了晶體單色器，從而提高了固定波長的色散效果，進而提高了觀測的精度和準確度。但是，其也存在缺點，即會降低 X 射線的強度。

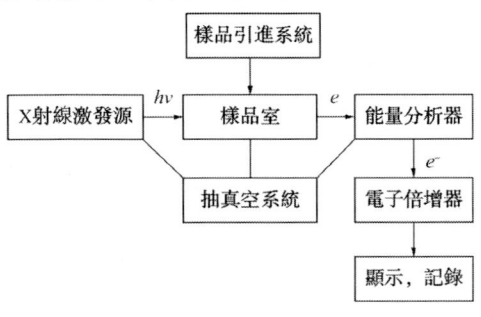

圖 4－5　XPS 儀器的組成結構示意圖

由於 X 射線從樣品中激發出光電子，經過電子能量分析器時，按照電子能量的不同進行展譜，再進入電子探測器，最後用記錄儀記錄光電子的能譜，在光電子能譜儀上測得的一般是電子的動能，為了得到電子在原子內的結合能，還必須知道功函數 W_s。然而，功函數除了與物質的性質有關外，還和儀器有關。因此，需要用標準樣品對儀器進行標定，從而求出功函數。

4.1.3.4　元素的定性分析

元素定量分析的基礎在於，需要用儀器測定待測元素在不同軌道上電子的結合能 E。然而，不同元素在原子各層能階上的電子結合能差別很大，這給測定過程帶來了很大的不便。從表 4－1 中的短週期元素 k 層電子結合能的資料來看，

第二週期和第三週期相鄰元素的原子 k 層電子結合能相差一般大於 $100eV$，而它們本身的線寬則很小，所以相互間的干擾相對比較小，具有很高的分辨力。

表 4－1　第 2、第 3 週期元素的 k 層電子結合能　　　　　　　　　eV

元素	Li	Be	B	C	N	O	F	Ne
電子結合能	55	111	188	285	399	532	686	867
元素	Na	Mg	Al	Si	P	S	Cl	Ar
電子結合能	1072	1305	1560	1839	2149	2472	2823	3203

　　元素的定性分析需要以實際測定的光電子譜圖和標準譜圖進行對照。然後根據元素特徵峰的位置，確定樣品中存在哪些元素，並且以何種價態的形式存在。XPS 中的標準譜圖一般採用 Perkin－Elmer 公司的《X 射線光電子譜手冊》進行對比分析。

　　除了氫和氦元素以外，定性分析原則上可以借鑑週期表中的任何元素。並且，其對物質的狀態是沒有要求的，測試只需要少量的樣品，還具有較高的靈敏度，相對精度可以達到 1％左右。因此，很適合進行微量材料的元素分析。在分析的過程中，需要對樣品進行全方位的掃描，從而來確定樣品中存在的元素。再對所選擇的譜峰進行窄掃描，從而進一步確定其化學狀態。

4.1.3.5　元素的定量分析

　　光電子能譜測量的訊號是儲能材料物質的含量或者相應濃度的函數，物質含量或者相應濃度的函數在譜圖上表示為光電子峰的面積大小。對於峰面積的測定目前已經發展了幾種 X 射線光電子能譜，但是在進行能量分析的過程中比較困難。主要是因為樣品表面分布不均勻或者被汙染、記錄的光電子動能差別太大等，這些存在的因素都能影響定量分析的準確性。因此，在實際分析中，需要對照標準樣品進行校正，從而提高儀器的準確性。

　　在對無機奈米材料進行定量分析時，除了進行上述測試以外，還可以測定元素的不同價態所占的含量。以 Mo^{4+} 為例，它的表面常被氧化成 Mo^{6+}。為了詳細地了解其被氧化的程度，常常選用 C1g 電子譜作參考譜，進行測量 Mo $3d_{3/2}$ 和 $3d_{5/2}$ 的譜線，兩譜線的能量間距為 3.0eV。表 4－2 為 MoO_3 中雙線譜中不同價態 Mo 的電子結合能。

表 4－2　MoO_3 及 MoO_2 中 Mo 的 $3d_{3/2}$ 和 $3d_{5/2}$ 的電子結合能　　　　　　eV

項目	Mo $3d_{3/2}$	Mo $3ds_{5/2}$
MoO_3	235.6	232.5
MoO_2	233.9	230.9

從表 4－2 中能明顯地看出 Mo 3d 的電子結合能有大概 1.7eV 的化學位移。因此，我們可以通過這種化學位移來判定氧化鉬中不同鉬存在的價態和相對含量。

4.1.3.6　應用實例分析

以 Ta_4C_3 為前驅體，乙二胺為氮源，採用水熱法合成光致發光的 MXene 量子點（MQDs）。採用 XPS 對其表面元素的官能團和結構進行測試，並使用 XPS 分峰擬合軟體對測得的資料進行擬合分析。從圖 4－6 中可以看出，樣品中存在 Ta、C 和 N 以及 O 四種元素。XPS 總譜在 280～292 的 C1s 訊號有兩方面作用：一是作為校正；二是證明樣品中有相對應的 C—C、C—O 和 Ta—C 等結構存在，這些結構的存在有利於改善電極材料的性質，從而增加其導電性。同時，O1s 分別在 530.9eV、531.8eV、533.0eV 和 535.4eV 四個位置存在峰，其分別對應於 TaC_x（—O 端）、$Ta_4C_3(OH)_x$（—OH 端）、$Ta_4C_3(OH)_x$—H_2Oads（—OH 端）和 C—OH 鍵。這與 Ta_4C_3 MXenes 的典型表面末端—O、—OH 和/或—F 相對應，—OH 鍵表明 MQDs 通過表面上的氫鍵連接，導致 C═O 和 C—O 鍵被固定，從而大大增強了整個體系的穩定性。而使用高解析度的 N1s 光譜對這種材料進行表徵，在 400.8eV 和 399.1eV 形成的兩個峰對應胺基中的氮（—NH_2）和類吡咯氮（C—N），說明功能化後的氮以—NH_2 和 C—N 鍵的形式摻雜入 N—MQDs 中。在類吡咯氮存在的情況下，N 摻雜往往發生在缺陷鍵收縮的位置，在缺陷鍵收縮較多的位置也會出現五角環。使用高解析度的 Ta 4f 光譜對 N—MQDs 中的氮原子的鍵合構型進行了表徵，Ta 4f 光譜包含 23.4eV、25.1eV、26.1eV 和 28.1eV 的四個峰。位於 23.1eV 的峰與 $4f_{7/2}TaC_x$ 相對應，位於 25.1eV 的峰與 $4f_{5/2}TaC_x$

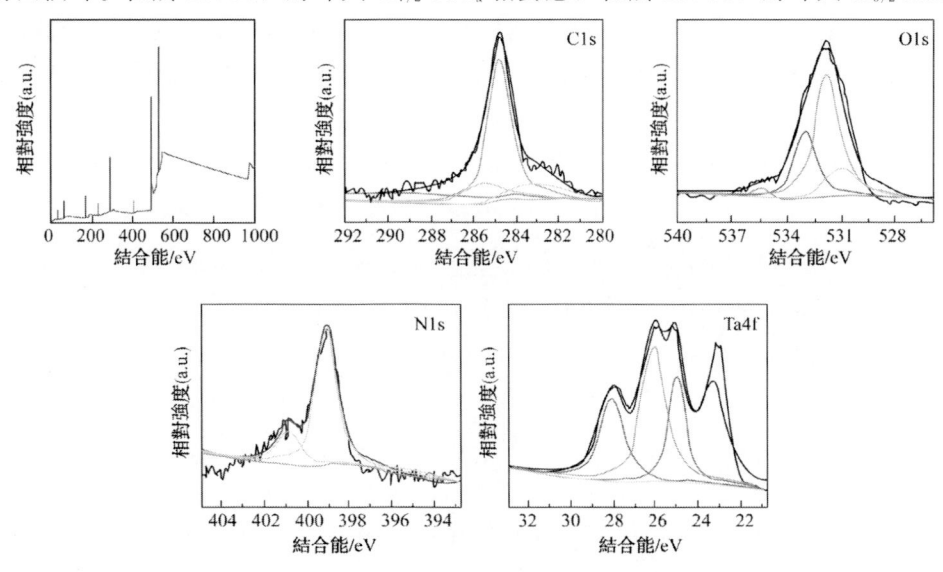

圖 4－6　N—MQDs 的 XPS 光譜

相對應，位於 26.1eV 的峰與 $N(C_2H_2[Ta_6Cl_{12}Cl_6])$ 相對應，位於 28.1eV 的峰與 $4f_{5/2}Ta_2O_5$ 相對應。結果表明，合成的 N－MQDs 不僅具有原始的 Ta_4C_3 MXenes 二維結構，N 元素也成功地摻雜進 MQDs 中，有利於提高材料的穩定性和導電性。

4.1.4　X 射線螢光光譜分析

4.1.4.1　X 射線螢光光譜分析

X 射線是一種介於紫外線和 g 射線之間的電磁輻射，X 射線的波長沒有一個準確的範圍，一般來說，它的波長在 0.001～50nm。然而，對於研究者來說，0.01nm 左右是超鈾元素譜線所處的位置，而 24nm 則是 Li 元素的 K 系譜線。因此，早在 1923 年研究者就提出了使用 X 射線螢光光譜對材料進行定量分析，但受當時科學研究水準的限制和約束，提出來的這種方法並沒有得到驗證。隨著 X 射線管和半導體技術的發展和改造，直到 1940 年代，X 射線螢光光譜才得到了快速的發展，並成功地作為一種分析方法用於材料的測試和表徵。

4.1.4.2　X 射線螢光光譜分析的基本原理

X 射線螢光光譜儀是由激發源和探測系統構成的。在進行測試時，X 射線管將會產生一次 X 射線，這種射線會激發待測樣品，使待測樣品中的元素發射出二次 X 射線。並且，由於不同的元素發射出的 X 射線的能量和波長是不同的，探測系統會根據這些放射出來的二次 X 射線能量和波長數，經過儀器相關的軟體將收集得到的資訊轉換成樣品中各種元素的種類和含量。

用 X 射線照射樣品時，樣品可以被激發出各種各樣不同螢光 X 射線的波長，儀器需要將這些 X 螢光射線通過波長或者能量的不同區分開來，進而以定性或者定量分析的方法進行測試，我們稱這種儀器為 X 射線螢光光譜儀。目前，X 射線螢光光譜儀主要分為波長色散型和能量色散型兩類（見圖 4－7、圖 4－8）。

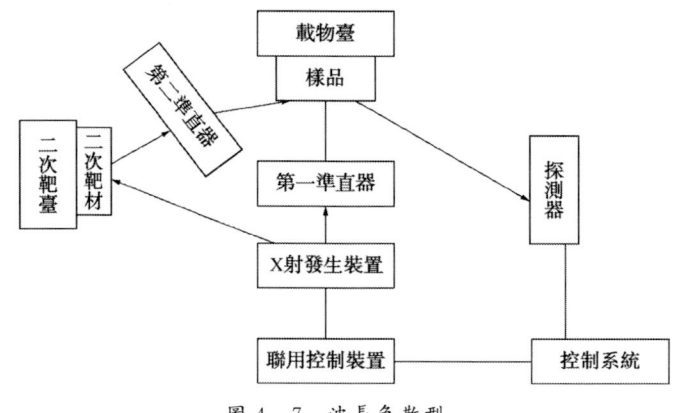

圖 4－7　波長色散型

圖 4-8　能量色散型

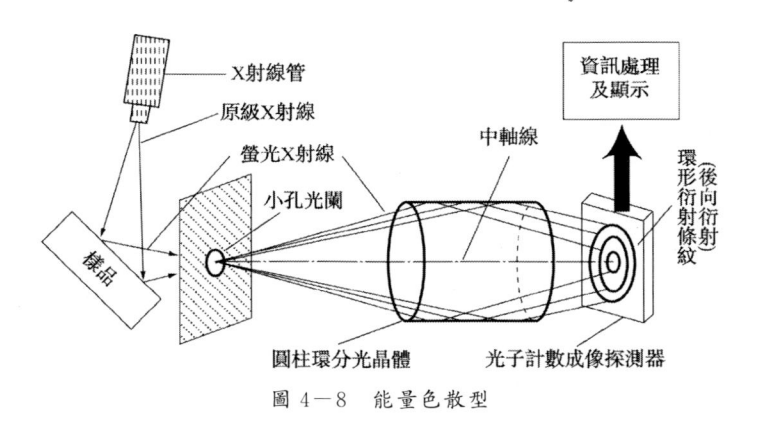

4.2　結構分析

4.2.1　X射線衍射儀的基本構造

XRD 全稱 X 射線衍射，主要是利用 X 射線在晶體中的衍射現象獲得的訊號特徵，經過處理以後得到衍射圖譜。衍射得到的圖譜資訊不僅可以實現常規顯微鏡的物相確定，還能看出晶體內部的缺陷和晶格缺陷等。

在 X 射線衍射儀的世界裡面，X 射線發生系統相當於「太陽」，測角及探測系統是其「眼睛」，記錄和資料處理系統是其「大腦」，三者協同工作，輸出衍射圖譜（見圖 4-9）。在三者中測角儀是核心部件，其製作較為複雜，直接影響實驗資料的精度。

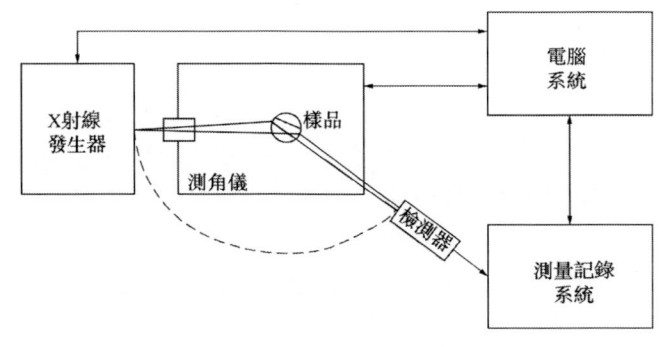

圖 4-9　XRD 的結構簡圖

4.2.2　X射線產生原理

X 射線是由高速運動的電子流或其他高能輻射流與其他物質發生碰撞時，該

物質中的內層原子相互作用驟然減速，產生的一種頻率很高的電磁波，其波長在 $10^{-8} \sim 10^{-12}$ m 的範圍，遠比可見光短得多（見圖 4-10）。由於其具有很強的穿透力，在磁場中的傳播方向不受影響。

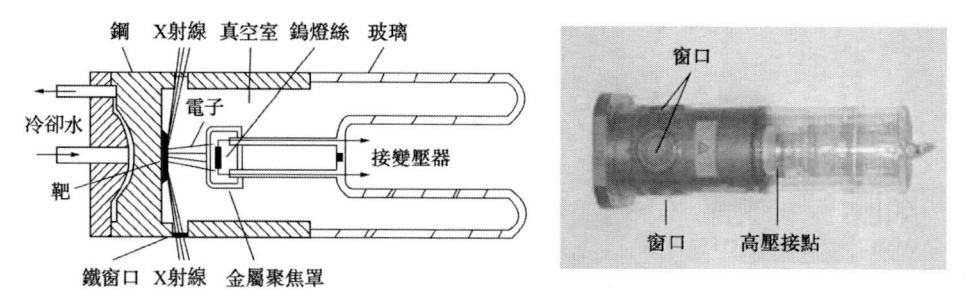

圖 4-10　X 射線管的結構

然而，由於靶材料原子序數不同，靶材料的外層電子排布是不一樣的，所以其在碰撞時產生的特徵 X 射線波長是不同的。使用長波長靶材料的 XRD 得到的衍射圖峰位沿 2q 軸有規律地拉伸；而使用短波長靶材料的 XRD 譜沿 2q 軸有規律地被壓縮。但是，在使用不同靶材料作為 X 射線時都需要注意的是，進行測試時所得到的衍射譜中獲得的樣品面間距 d 值是一致的，與靶材料是沒有關係的。

輻射波長與衍射峰的強度存在如下關係，即衍射峰強主要取決於晶體的結構，但是樣品的質量吸收係數與入射線的波長有關，因此同一個樣品用不同靶材料獲得的圖譜上的衍射峰強度也會有稍微不同。特別是混合物，各相之間的質量吸收係數都隨選擇的波長變化而變化，如果波長的選擇不準確時，可能會造成 XRD 定量結果不準確。因為不同元素質量吸收係數突變擁有不同的波長，該波長稱為材料的吸收限，若超過這個範圍就會出現強的螢光散射。所以選擇靶材料分析樣品中的元素時，一般需要選擇靶元素的原子序數比所測原子序數小 1~4 的。因為只有這樣，才會出現強的螢光散射。例如，使用 Fe 靶材料分析的元素只有含 Fe、Co 和 Ni 元素的樣品是適合的，而不適合分析含有 Mn、Cr、V 和 Ti 等元素的樣品。目前，陽極靶材料有 Cr、Fe、Co、Ni、Cu、Mo、Ag 和 W 等材料，其中最常用的是 Cu 靶材料（見表 4-3）。

表 4-3　常見靶材料的種類和用途

靶材料	主要特點	用途
Cu	適用於晶面間距 0.1~1nm 的測定	幾乎全部標定，採用單色濾波，測試含 Cu 試樣時，有高的螢光背底
Co	Fe 試樣的衍射線強，如採用 Kβ 濾波，背底高	最適宜於單色器方法測定 Fe 系試樣

續表

靶材料	主要特點	用　　途
Fe	Fe 試樣背底小	最適宜於用濾波片方法測定 Fe 系試樣
Cr	波長長	包括 Fe 試樣的應用測定，利用 PSPC－MDG 的微區測定
Mo	波長短	沃斯田體相的定量分析，金屬箔的透射方法測量
W	連續 X 射線	單晶的勞厄照相測定

4.2.3　傅立葉紅外光譜分析

傅立葉紅外光譜儀是基於對干涉後的紅外光進行傅立葉變換的原理而開發的紅外光譜儀。可以對樣品進行定性和定量分析，廣泛地應用於醫藥化工、地礦、石油、煤炭和海關等方面的鑑定和檢測。

4.2.3.1　紅外光譜介紹

紅外線和可見光都是電磁波的形式，而紅外線的波長是介於可見光和微波之間的一種電磁波。紅外光又可依據波長範圍的不同分為近紅外、中紅外和遠紅外等三個波段區域，其中中紅外區能夠很好地用來反映分子內部所進行的各種物理過程以及分子結構方面的特徵，是對解決分子結構和化學組成中各種問題的最有效的方法，因而中紅外區是紅外光譜中應用最廣的區域，一般說的紅外光譜波段屬於這一範圍。

從光譜分析的角度來說，紅外光譜主要是利用特徵吸收譜帶的頻率來推斷分子中存在的基團或者鍵型，由特徵吸收譜帶頻率的變化來推測材料表面的基團或鍵，從而確定分子的化學結構。同樣，也可以通過吸收譜強度的不同來對化合物或者混合物進行定量分析。目前，由於紅外光譜獨特的性能，其已經成為科學研究工作者的主要研究對象。

4.2.3.2　傅立葉紅外光譜儀的工作原理

傅立葉紅外光譜儀是根據光的相干性原理設計出來的，所以它是一種干涉型的光譜儀，它主要由光源、干涉儀、檢測器、電腦和記錄系統等組成（見圖 4－11）。

目前，大多數的傅立葉紅外光譜儀還是使用麥可干涉儀的類型，因此實驗測量的原始光譜圖是光源的干涉圖，然後通過電腦對干涉的資料進行快速傅立葉紅外光譜的計算，從而得到以波長或者波數為基礎的光譜圖，這種得到的光譜圖稱為傅立葉紅外光譜。

4.2.3.3　傅立葉紅外光譜的重要性

傅立葉紅外光譜儀與其他儀器的聯用技術是近代研究和發展的重要方向。在現代分析測試技術中，常常用於複雜試樣的微量或者少量組分的分離分析和多功能紅外聯機檢測，代表了新的發展研究方向。

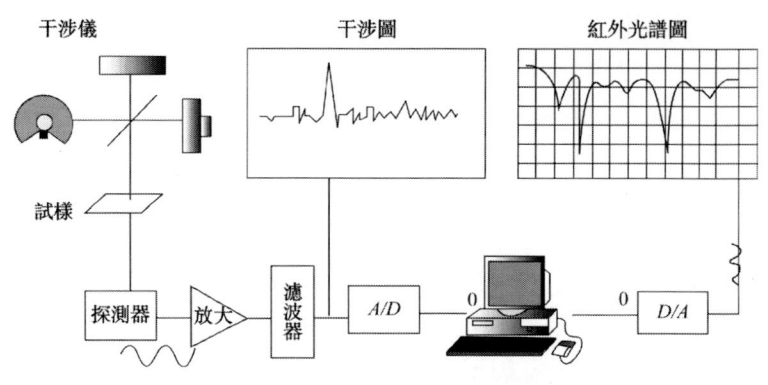

圖 4—11　紅外光譜儀的結構

傅立葉紅外光譜與色譜的聯用可以進行許多不同組分樣品的分離和定量。並且，其與顯微鏡聯用還可以用來鑑定微量樣品的含量，與熱重分析聯用可以進行材料方面的熱穩定性能方面的研究，與拉曼光譜聯用則可以得到紅外光譜較弱的吸收資訊。目前，由於傅立葉紅外光譜優良的性能，其廣泛地被應用於染織工業、環境科學、生物學、材料科學、高分子科學和催化、煤結構研究等多個領域。主要是因為紅外光譜可以研究分子的結構和化學鍵，例如用於研究力常數的測定和分子對稱性等方面的參數。同時，也可以利用紅外光譜檢測待測分子的立體構型。除了上述檢測應用以外，它還可以根據所得的力常數推測出化學鍵的強弱。分子中的某些官能團或者化學鍵在不同的化合物中都有特定的吸收峰，例如甲基、亞甲基、羰基、羥基等官能團，通過紅外光譜測試時，就能對上述官能團進行檢測斷定，最終為未知物化學結構的確定奠定基礎。然而，由於分子內和分子間的相互作用力不同，有機官能團在紅外光譜中的特徵頻率會因為官能團的化學環境不同，發生相對較小的變化，這種較小的變化也為研究分子內和分子間的相互作用提供了條件。

4.2.3.4　傅立葉紅外光譜的應用

基於水熱法合成穩定性良好的 S、N—MQDs 材料，利用傅立葉變換紅外光譜(FTIR)對合成的 MQDs 中包含的化學鍵進行表徵和研究。從圖 4—12 可以看出，MQDs、N—MQDs、S、N—MQDs 具有相同的振動峰，只是峰的振動強度不同。在 $3450cm^{-1}$ 處的峰強屬於—OH 和—NH 基團，這些官能團有助於提高 MQDs 的親水性。$1650cm^{-1}$ 處的峰值是由 C=O 鍵的伸縮振動引起的。$1105cm^{-1}$ 處的峰位於 C—S 和 C—O—C 鍵上。在 $997cm^{-1}$ 處的峰值屬於 C—F 鍵。$829cm^{-1}$ 處產生峰值的原因可能是 Nb—O 鍵的振動。位於 $3450cm^{-1}$ 和 $1105cm^{-1}$ 處的振動峰分別與 NH 鍵和 C—S 鍵相對應，這為 N 和 S 成功結合到 S、N—MQDs 提供了直接證據[1]。

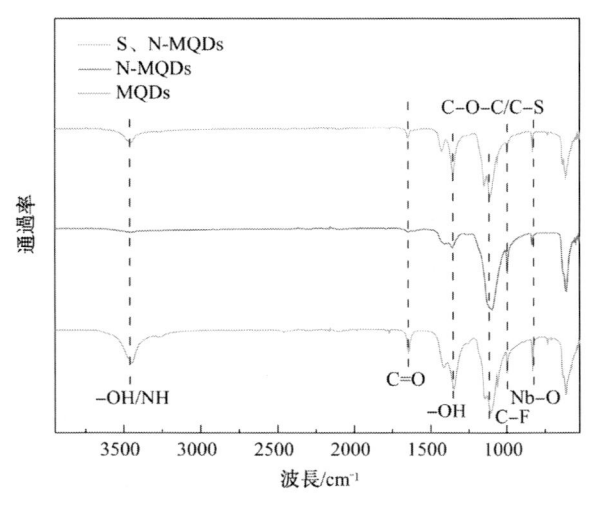

圖 4－12　不同 MQDs 材料進行紅外光譜的譜圖分析

4.2.4　拉曼光譜分析

電磁波或光子和分子發生碰撞時都會產生光散射現象，如果所使用光的頻率是 V_0，那麼就會得到 V_0+V 激發頻率的拉曼散射光。若以 V_0 為原點測量斯托克斯線 V_0-V_i 中 V_i 的譜圖，那麼測得的拉曼光譜和紅外光譜也是分子的振動光譜。在各種分子的振動光譜中，有些振動可以吸收紅外光譜，從而出現強的紅外光譜帶，但是會產生相對較弱的拉曼譜帶。相反，振動相對強烈的拉曼光譜譜帶，會出現相對較弱的紅外譜帶。因此，這兩種光譜是相互補充的，只有採用這兩種測試方法才能得到完全的振動光譜。

4.2.4.1　拉曼光譜的基本原理

根據電磁理論的經典理論，這裡我們賦予光散射現象經典的解釋。當入射光子與分子發生非彈性散射時，分子吸收頻率為 V_0 的光子，發射頻率為 $V-V_0$ 的光子，同時分子將會發生從低能態躍遷到高能態的斯托克斯線的現象。如果發射頻率為 $V+V_0$ 的光子，那麼，此時的分子將會發生從高能態躍遷到低能態的反斯托克斯線的現象。這種現象導致在強端利峰附近出現了微弱的拉曼譜線（見圖 4－13）。然而，由於常溫下，處於基態的分子常常佔據大多數，因而往往斯托克斯線比反斯托克斯線要強得多。

4.2.4.2　拉曼光譜在催化研究中的獨特優勢

拉曼光譜同紅外光譜一樣，都能得到分子振動和轉動的光譜。然而，拉曼光譜只有在分子極化率發生變化時，才能產生拉曼活性；相比之下，紅外光譜只有分子的偶極矩發生變化時，才會有紅外活性。因此，兩者之間有一定程度的互補

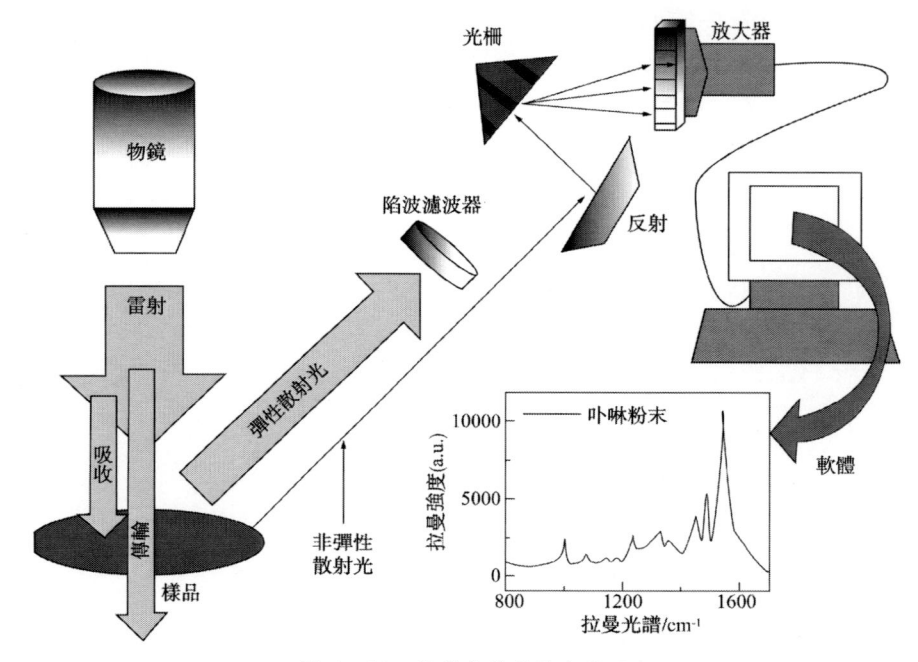

圖 4-13　拉曼光譜的基本原理

性，但不可以互相代替。此外，拉曼光譜在某些實驗條件下，還具有優於紅外光譜的特點。因此，拉曼光譜可以充分發揮它在材料催化研究中的應用優勢。

4.2.4.3　兩種主要拉曼技術
4.2.4.3.1　紫外拉曼技術

與常規拉曼技術相比，紫外拉曼技術採用紫外區的光源，可以有效地避免螢光波長的干擾，具有較好的效果。

4.2.4.3.2　表面增強拉曼技術

表面增強拉曼（SERS）技術是一種常用於測定吸附在膠紙顆粒上的金、銀和銅等元素表面特性的方法。人們在測試的過程中，發現用表面增強拉曼光譜對吸附的樣品進行測試，其拉曼光譜的強度可以提高到 $10^3 \sim 10^6$ 倍，對於這種現象尚不清楚具體的原因。目前，其主要用於吸附物種的狀態解析等方面的應用和研究，近來在研究催化劑表面物種吸附行為中有較多的應用。

4.2.4.4　拉曼技術在催化中的應用實例

近期新加坡南洋理工大學劉彬教授團隊提出通過金屬有機框架材料（MOF）對傳統尖晶石四氧化三鈷進行表面改性從而提升產氧反應的效能。在該研究中利用拉曼光譜與同步輻射 X 光吸收光譜分析，以確定催化劑的活化方式是改變三價鈷離子的電子組態，三價鈷的電子組態在一般的情形下為 t2g6，研究顯示並沒有

任何的電子在 Eg 能階上，Eg 能階上的電子與吸附物的密切關係影響了催化反應的效能，這為從催化劑表面性質推測催化機理帶來啟示（見圖 4－14）[2]。

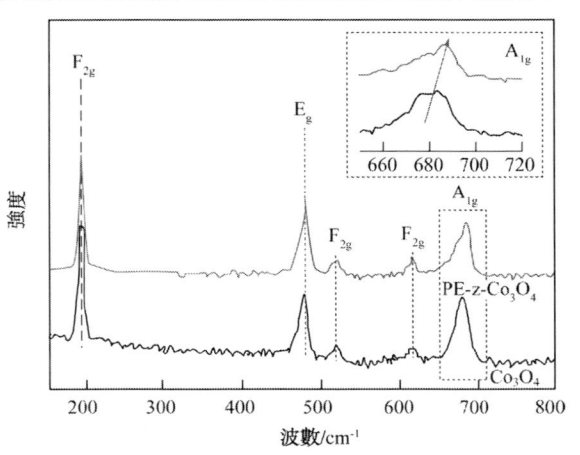

圖 4－14　Co₃O₄ 和 PE－z－Co₃O₄ 的拉曼光譜

4.3　形貌分析

4.3.1　掃描電子顯微鏡的結構

掃描電子顯微鏡由電子光學系統、真空系統、調校系統三部分組成。如圖 4－15 所示為掃描電子顯微鏡實物圖及組成結構。

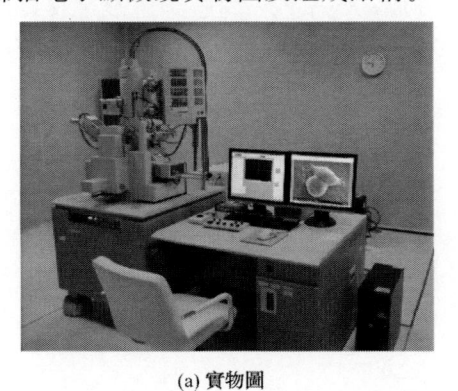

(a) 實物圖　　(b) 組成結構

圖 4－15　掃描電子顯微鏡實物圖及組成結構

4.3.2　掃描電鏡的特點

① 由於樣品製備技術的限制，對大多數生物樣品來說，一般觀察直徑在

10～20mm 的物體。

② 掃描電鏡圖像的製樣方法比較簡單。對表面清潔的導電樣品來說，它不需要製備樣品，可以直接用來觀察樣品；而對表面清潔的非導電樣品則需要在其表面鍍一層導電材料，進而進行樣品的觀察和測試。

③ 掃描電鏡的場深相對較大。掃描電鏡比較適合樣品相對粗糙的表面或者樣品斷口的分析觀察，因為這樣得到的樣品圖片相對比較有立體感、真實感，容易對樣品進行解釋和辨識，也可以應用於樣品的三維成像方面。

④ 放大倍數變化範圍比較廣。一般掃描電鏡的放大倍數在 15～200000，對於多倍或者多組成分的非均相材料來說，它是需要在低倍鏡下的普查或者高倍鏡下來進行觀察和分析的，掃描電鏡具有一定的解析度，一般能達到 3～6nm 的最高範圍。相比之下，透射電鏡的解析度要高很多，但是它對樣品的要求相對來說就比較苛刻了，並且觀察的範圍相對來說還比較小，在一定程度上會限制投射電鏡的使用範圍和力度。

4.3.3 掃描電鏡的工作原理

如圖 4-16 所示，二次電子成像的過程可以很好地用來說明掃描電鏡的工作原理。由電子槍發射出來的電子束，在真空通道中沿著鏡體光軸穿越聚光鏡，通過聚光鏡之後會聚成一束尖細、明亮而又均勻的光斑，照射在樣品室內的樣品上。在掃描線圈的驅動下，樣品的表面將會按照一定的時間、空間順序進行柵網式掃描。聚焦電子和二次電子發射量隨著試樣表面的形貌變化而發生變化。二次電子訊號被檢測器收集以後，將會轉變成電子訊號，然後經過影片放大後將輸入顯像管柵極，調變與入射電子束同步掃描的顯像管亮度，從而得到反應試樣表面形貌的二次電子像。

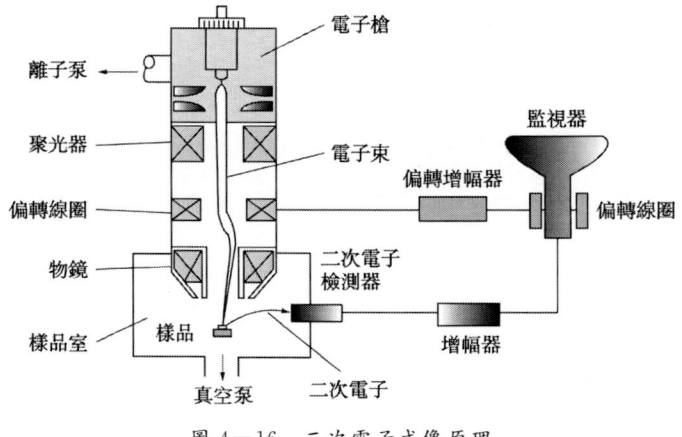

圖 4-16 二次電子成像原理

4.3.4 掃描電鏡試樣製備

4.3.4.1 試樣的要求

① 電子束要透明(電子束穿透固體樣品的厚度主要取決於加速電壓和樣品原子序數)。

② 固體、乾燥、無油、無磁性。

4.3.4.2 粉末樣品基本要求

單顆粉末尺寸最好小於 $1\mu m$；無磁性；以無機成分為主，否則會造成電鏡嚴重的汙染，高壓跳掉，甚至擊壞高壓槍。製備過程需選擇高質量的微柵網(直徑3mm)，這是關係到能否拍攝出高質量高解析度電鏡照片的第一步。用鑷子小心取出微柵網，將膜面朝上(在燈光下觀察顯示有光澤的面，即膜面)，輕輕平放在白色濾紙上；取適量的粉末和乙醇分別加入小燒杯，進行超音振盪 10～30min，過 3～5min 後，用玻璃毛細管吸取粉末和乙醇的均勻混合液，然後滴 2～3 滴該混合液體到微柵網上(如粉末是黑色，將會導致微柵網周圍的白色濾紙表面變得微黑，此時便適中。滴得太多，粉末就會分散不開，不利於觀察，同時粉末掉入電鏡的機率大增，嚴重影響電鏡的使用壽命；滴得太少，則對電鏡觀察不利，難以找到實驗所要求的粉末顆粒。等 15min 以上，以便乙醇盡量揮發完畢；否則將樣品裝上樣品臺插入電鏡，將影響電鏡的真空[3]。

4.3.4.3 塊狀樣品基本要求

需要電解減薄或離子減薄，獲得幾十奈米的薄區才能觀察；如晶粒尺寸小於 $1\mu m$，也可用破碎等機械方法製成粉末來觀察；無磁性；塊狀樣品製備複雜、耗時長、工序多，需要由有經驗的老師指導或製備；樣品的製備好壞直接影響到後面電鏡的觀察和分析。

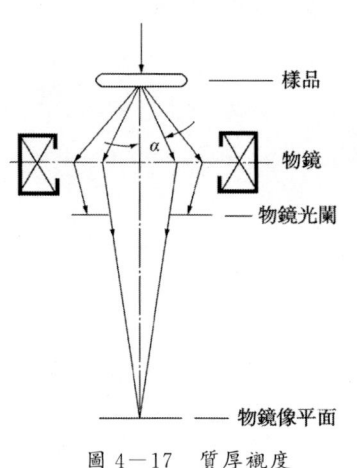

4.3.4.4 掃描電鏡的圖像襯度及顯微圖像

掃描電鏡的圖像襯度是指螢光幕或照相底板上圖像的明暗程度，又叫黑白反差或對比度。由於圖像上不同區域襯度的差別，才使得材料微觀組織分析成為可能。只有了解圖像襯度的形成機制，才能對各種圖像給予正確解釋。掃描電子顯微鏡有三種襯度類型，分別為質厚襯度、衍射襯度和相位襯度。

4.3.4.5 質厚襯度原理

試樣各部分質量與厚度不同造成的顯微鏡上的明暗差別叫質厚襯度。複型和非晶態物質試樣的襯度是質厚襯度，參見圖 4-17。質厚襯度的基礎：

圖 4-17 質厚襯度

① 試樣原子對發射電子的散射。

② 小孔徑角成像。把散射角大於 α 的電子擋掉，只允許散射角小於 α 的電子通過物鏡光闌參與成像。

4.3.4.6 明場像

讓透射束通過物鏡光闌所成的像就是明場像。成明場像時，我們可以只讓透射束通過物鏡光闌，而使其他衍射束都被物鏡光闌擋住，這樣的明場像一般比較暗，但往往會有比較好的衍射襯度；也可以使在成明場像時，除了使透射束通過以外，也可以讓部分靠近中間的衍射束也通過光闌，這樣得到的明場像背景比較明亮。

衍射襯度樣品微區晶體取向或者晶體結構不同，滿足布拉格衍射條件的程度不同，使得在樣品下表面形成一個隨位置不同而變化的衍射振幅分布，所以像的強度隨衍射條件的不同發生相應的變化，稱為衍射襯度。衍射襯度對晶體結構和取向十分敏感，當樣品中存在晶體缺陷時，該處相對於周圍完整晶體發生了微小的取向變化，導致缺陷處和周圍完整晶體有不同的衍射條件，形成不同的襯度，將缺陷顯示出來。這個特點在研究晶體內部缺陷時很有用，所以廣泛地用於晶體結構研究。

4.3.5 透射電鏡的結構和原理

透射電鏡，即透射電子顯微鏡，是電子顯微鏡的一種。其具有較高解析度和放大倍數，是觀察和研究物質微觀結構的重要工具[4]。如圖 4-18 所示，透射電鏡主要由電子光學顯微鏡、真空系統和電氣控制系統三部分組成。

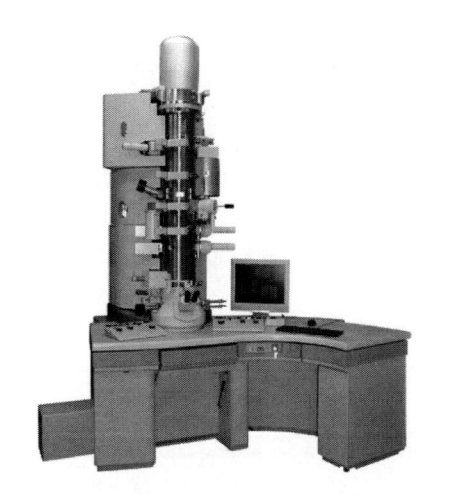

4.3.5.1 透射電鏡的主要部件及用途

在透射電鏡電子光學系統中除物鏡、中間鏡和投影鏡外，還有樣品臺、消像散器、光柵等主要部分。

4.3.5.2 透射電鏡的主要性能指標

透射電鏡的主要性能指標是解析度、放大倍數和加速電壓。

圖 4-18 透射電鏡實物圖

4.3.5.2.1 解析度

解析度是透射電鏡的最主要性能指標，它表徵了電鏡顯示亞顯微組織、結構細節的能力。透射電鏡的解析度以兩種指標表示：一種是點解析度，它表示電鏡所能分辨的兩個點之間的最小距離；另一種是線解析度，它表示電鏡所能分辨的兩條線之間的最小距離。透射電鏡的解析度指標與選用何種樣品臺有關。目前，

選用頂插式樣品臺的超高解析度透射電鏡的點解析度為0.23～0.25nm，線解析度0.104～0.14nm(見圖4－19)。

4.3.5.2.2 放大倍數

透射電鏡的放大倍數是指電子圖像對於所觀察試樣區的線性放大率。對放大倍數指標，不僅要考慮其最高和最低放大倍數，還要注意放大倍數調節是否覆蓋從低倍到高倍的整個範圍。最高放大倍數僅僅表示電鏡所能達到的最高放大率，也就是其放大極限。實際工作中，一般都是在低於最高放大倍數下觀察，以便獲得清晰的高質量電子圖像。目前

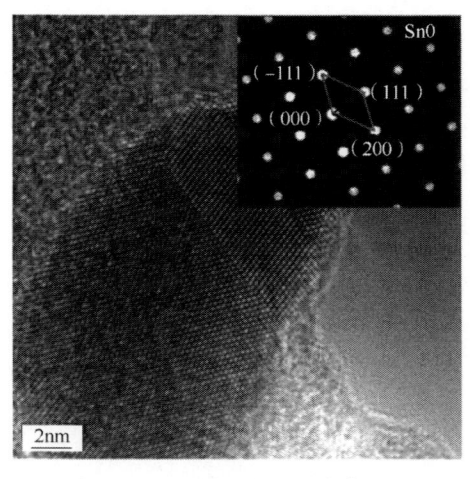

圖4－19 測量透射電鏡解析度的照片

高性能透射電鏡的放大倍數變化範圍為$100～80×10^4$倍，即使在$80×10^4$倍的最高放大倍數下仍不足以將電鏡所能分辨的細節放大到人眼可以辨認的程度。例如，人眼能分辨的最大解析度為0.2mm，若要將0.1nm的細節放大到0.2mm，則需要放大$200×10^4$倍。因此，對於很小細節的觀察都是用電鏡放大幾十萬倍在螢光幕上成像，通過電鏡附帶的長工作距離立體顯微鏡進行聚焦和觀察，或用照相底版記錄下來，經光學放大成人眼可以分辨的照片。上述的測量點解析度和線解析度照片都是這樣獲得的。一般將儀器的最小可分辨距離放大到人眼可分辨距離所需的放大倍數稱為有效放大倍數。一般儀器的最大倍數稍大於有效放大倍數。透射電鏡的放大倍數可用下面的公式來表示：

$$M_{總}=M_{物}×M_{中}×M_{投}=AI_{中}^2-B$$

式中 M——放大倍數；

A、B——常數；

$I_{中}$——中間鏡激磁電流，mA。

以下是對透射電鏡放大倍率的幾點說明：

① 人眼解析度約0.2mm，光學顯微鏡約$0.2\mu m$。

② 把$0.2\mu m$放大到0.2mm的M是1000倍，是有效放大倍數。

③ 光學顯微鏡解析度在$0.2\mu m$時，有效M是1000倍。

④ 光學顯微鏡的M可以做得更高，但高出部分對提高解析度沒有貢獻，僅是讓人眼觀察舒服。

4.3.5.2.3 加速電壓

電鏡的加速電壓是指電子槍的陽極相對於陰極的電壓，它決定了電子槍發射

的電子的波長和能量。加速電壓高，電子束對樣品的穿透能力強，可以觀察較厚的試樣，同時有利於電鏡的解析度和減小電子束對試樣的輻射損傷。透射電鏡的加速電壓在一定範圍內分成多擋，以便使用者根據需要選用不同加速電壓進行操作，通常所說的加速電壓是指可達到的最高加速電壓。目前普通透射電鏡的最高加速電壓一般為 100kV 和 200kV，對材料研究工作，選擇 200kV 加速電壓的電鏡更為適宜[4]。

4.3.5.3　電子衍射

電子衍射是目前材料顯微結構研究的重要手段之一。電子衍射可以分為低能電子衍射（電子加速電壓為 10～500V）和高能電子衍射（電子加速電壓大於 100kV）。電子衍射可以是獨立的儀器，也可以配合透射電鏡使用，透射電鏡中的電子衍射為高能電子衍射。其中投射電鏡可以採用兩種衍射方法：一種是選區電子衍射，在實驗過程中選擇特定的區域進行電子衍射；另一種為選擇衍射，即選擇一定的衍射束成像，選擇單光束用於晶體的衍襯像，選擇多光束用於晶體的晶格像。

電子衍射幾何學與 X 射線衍射完全一樣，都遵循勞厄方程式和布拉格方程式所規定的衍射條件及幾何關係。

電子衍射與 X 射線衍射的主要區別在於電子波的波長短，受物質的散射強（原子對電子的散射能力比 X 射線高 1 萬倍）。電子波的波長決定了電子衍射的幾何特點，它使單晶的電子衍射譜和晶體倒易點陣的二維截面完全相同。

電子衍射的光學特點如下：第一，衍射束強度有時幾乎與透射束相當，因此有必要考慮它們之間的相互作用，使電子衍射分析，特別是強度分析變得複雜，不能像 X 射線那樣從測量強度來廣泛地測定晶體結構；第二，由於散射強度高，導致電子穿透能力有限，因而比較適用於研究微晶、表面和薄膜晶體。

電子衍射同樣可以用於物相分析，電子衍射物圖像具有下列優點：

① 分析靈敏度非常高，小到幾十甚至幾奈米的微晶也能給出清晰的電子圖像。適用於試樣總量很少（如微量粉料、表面薄層）、待定物在試樣中含量很低（如晶界的微量沉澱，第二相在晶體內的早期預沉澱過程等）和待定物顆粒非常小（如結晶開始時生成的微晶、黏土礦物等）的情況下的物相分析。

② 可以得到有關晶體取向關係的資料，如晶體生長的擇優取向，析出相與基體的取向關係等。當出現未知的新結構時，其單晶電子衍射譜可能比 X 射線多晶衍射譜易於分析。

③ 電子衍射物相分析可與形貌觀察結合進行，得到有關物相的大小、形態和分布等資料。在強調電子衍射物相分析的優點時，也應充分注意其弱點。由於分析靈敏度高，分析中可能會引起一些假象，如製樣過程中由水或其他途徑引入

的各種微量雜質，試樣在大氣中放置時落下的塵粒等，都會給出這些雜質的電子衍射譜。所以除非一種物相的電子衍射譜經常出現，否則不能輕易斷定這種物相的存在。同時，對電子衍射物相分析結果要持分析態度，並盡可能與 X 射線物相分析結合進行。

4.3.5.4　電子衍射基本公式和有效相機常數

4.3.5.4.1　電子衍射基本公式

電子衍射操作是把倒易點陣的圖像進行空間轉換並在正空間中記錄下來。用底片記錄下來的圖像稱為衍射花樣。如圖 4－20 所示為電子衍射花樣的形成，由圖 4－20 可以看到，待測樣品安放在厄瓦爾德球的球心 O 處，當入射電子束 I_0，照射到試樣晶體面間距為 d 的晶面組（hkl）滿足布拉格條件時，與入射束交成 θ 角度方向上得到該晶面組的衍射束。透射束和衍射束分別與距離試樣為 L 的照相底板 MN 相交，得到透射斑點 Q 和衍射斑點 P，它們間的距離為 R。

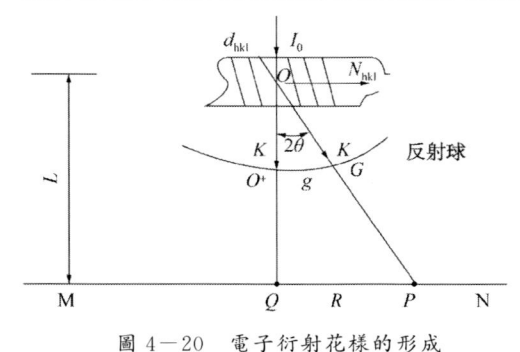

圖 4－20　電子衍射花樣的形成

由圖 4－20 中幾何關係得：

$$R = L\tan 2\theta$$

由於電子波的波長很短，電子衍射的 2θ 很小，一般僅為 $1°\sim 2°$，所以有 $\tan 2\theta \approx \sin 2\theta \approx 2\sin\theta$。

代入布拉格公式為：

$$2d\sin\theta = \lambda$$

得電子衍射基本公式為：

$$Rd = L\lambda$$

L 稱為衍射長度或電子衍射相機長度，在一定加速電壓下，λ 值確定，則有：

$$K = L\lambda$$

K 稱為電子衍射的相機常數，它是電子衍射裝置的重要參數。如果 K 值已知，則晶面組（hkl）的晶面面間距為：

$$d_{hkl} = L\lambda / R = K / R$$

由上式可知，R 與 $1/d_{hkl}$ 互為正比關係，該式在分析電子衍射過程中具有重要的意義。

4.3.5.4.2　有效相機常數

物鏡是透射電鏡的第一級成像透鏡。由晶體試樣產生的各級衍射束首先經物

鏡會聚後於物鏡後焦面成第一級衍射譜，再經中間鏡及投影鏡放大後在螢光幕或照相底板上得到放大了的電子衍射譜。

圖4-21為衍射束通過物鏡折射在背焦面上會聚成衍射花樣以及底片直接記錄衍射花樣的示意圖。

根據三角形相似原理，△OAB ≅ △O′A′B′。一般衍射操作時的相機長度 L 和 R 在電鏡中與物鏡的焦距 f_0 和 r（副焦點 A' 到主焦點 B' 的距離）相當。電鏡中進行電子衍射操作時，焦距起到了相

圖4-21　衍射花樣形成示意圖

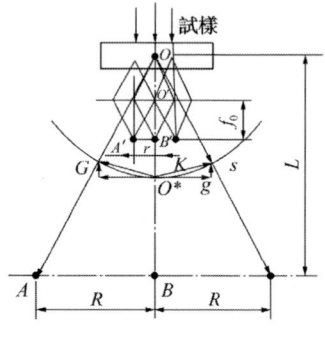

機長度的作用。由於 f_0 將進一步被中間鏡和投影鏡放大，故最終的相機長度應是 $f_0 \cdot M_1 \cdot M_p$（M_1 和 M_p 分別為中間和投影鏡的放大倍數），於是有：

$$L' = f_0 M_1 \cdot M_p$$
$$R' = R M_1 M_p$$

根據 $Rd = L\lambda$，有：

$$(R/M_1 M_p) = \lambda f_0 g$$

我們定義 L' 為有效相機長度，則有：

$$R = \lambda L' g = K' g$$

其中，$K' = \lambda L'$ 叫做有效相機常數。由此可見，透射電子顯微鏡中得到的電子衍射花樣仍滿足電子衍射相似的基本公式，但是式中 L' 並不直接對應於樣品至照相底版的實際距離。只要記住這一點，我們在習慣上可以不加區別地使用 L 和 L' 這兩個符號，並用 K 代替 K'。

因為 f_0、M_1 和 M_p 分別取決於物鏡、中間鏡和投影鏡的激磁電流，因而有效相機常數 $K' = \lambda L'$ 也將隨之而變化。為此，我們必須在三個透鏡的電流都固定的條件下，標定它的相機常數，使 R 和 g 之間保持確定的比例關係。目前的電子顯微鏡，由於電子電腦引入了控制系統，因此相機常數及放大倍數都隨透鏡激磁電流的變化而自動顯示出來，並直接曝光在底片邊緣[3,5,6]。

4.3.5.5　透射電鏡中的電子衍射方法

透射電鏡中通常採用選區電子衍射，就是選擇特定區域的各級衍射束成譜。選區是通過置於物鏡像平面的專用選區光柵（或稱現場光柵）進行的。

圖4-22為選區電子衍射的原理圖。入射電子束通過樣品後，透射束和衍射束將會集中到物鏡的背焦面上形成衍射花樣，然後各斑點經干涉後重新在像平面上成像。圖4-22中 A 和 B 上方水平方向的箭頭表示樣品，物鏡像平面處的是樣品的一次像。如果在物鏡的像平面處加入一個選區光闌，那只有 $A'B'$ 範圍的

成像電子能夠通過選區光闌，並最終在螢光幕上形成衍射花樣。這一部分的衍射花樣實際上是由樣品的 AB 範圍提供的，其餘的各級衍射束均被選區光闌擋住而不能參與成譜。選區光闌的直徑約為 $20\sim300\mu m$，若物鏡放大倍數為 50 倍，則選用直徑為 $50\mu m$ 的選區光闌就可以套取樣品上任何直徑 $d=1\mu m$ 的結構細節。

選區光闌在電鏡中的位置是固定不變的，物鏡的像平面和中間鏡的物平面都必須和光柵的水平位置平齊。邊都聚焦清晰，說明它們在同一平面上。若物鏡的像平面和中間鏡的物平面重合於光闌上方或下方，在螢光幕上仍然能得到清晰的圖像，因所選的區域發生偏差而使衍射斑點不能和像一一對應。由於所選區域很小，故能在晶體十分細小的多晶體樣品內選取單個晶體進行分析，為研究單晶體材料結構提供有利條件。

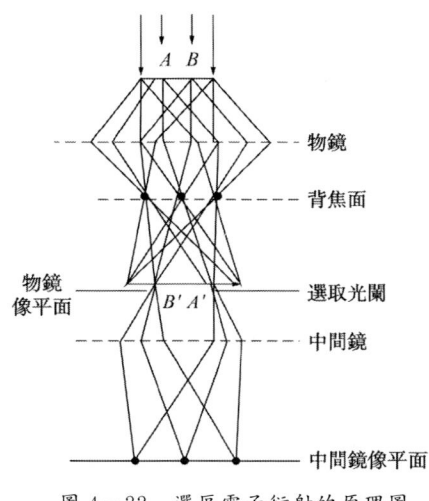

圖 4—22 選區電子衍射的原理圖

4.3.5.6 透射電子顯微像

透射電子顯微鏡的工作原理是電子槍產生的電子束經 1～2 級聚焦光鏡會聚後均勻照射到試樣上的某一待觀察微小區域上，入射電子與試樣物質相互作用，由於試樣很薄，絕大部分電子穿透試樣，其強度分布與所觀察試樣區的形貌、組織、結構一一對應。透射出試樣的電子經物鏡、中間鏡、投影鏡的三級磁透鏡放大在觀察圖形的螢光幕上，螢光幕把電子強度分布轉變為人眼可見的光強分布。於是在螢光幕上顯示與試樣形貌、組織、結構相對應的圖像。

一般把圖像的光強度差別稱為襯度，電子圖像的襯度按其形成機制有質厚襯度、衍射襯度和相對襯度，它們分別適用於不同類型的試樣、成像方法和研究內容。

測試透射電鏡需具備兩個方面的前提：一是製備出適合透射電鏡觀察用的試樣，也就是要能製備出厚度僅為 100～200mm 甚至幾十奈米的對電子束「透明」的試樣；二是建立闡明各種電子圖像的襯度理論。

4.3.5.7 透射電鏡製樣方法

用於透射電鏡觀察用的試樣，根據材料而言大致可以分為三類：經懸浮分散的超細粉末顆粒；用一定方法減薄的材料薄膜；用複型方法將材料表面或斷口形貌（浮雕）複製下來的複型膜。粉末顆粒試樣和薄膜試樣因其是所研究材料的一部分，屬於直接試樣；複型膜試樣僅是所研究形貌的複製品，屬於間接試樣。

4.3.5.7.1　粉末樣品製備

為避免粉末脫落，粒徑需小於 1μm，應先在顯微鏡下觀察確認。大顆粒粉末樣品需研磨或包埋切片處理後再觀察。主要操作方法可分為膠粉混合法和支持膜分散粉末法兩種。膠粉混合法是在乾淨玻璃片上滴火棉膠溶液，然後在一片玻璃膠液上放少許粉末並攪勻，再將另一玻璃片壓上，兩玻璃片對研並突然抽開，稍候，膜乾。用刀片割成小方格，將玻璃片斜插入水杯中，在水面上下空插，膜片逐漸脫落，用銅網將方形膜撈出，待觀察。支持膜分散粉末法是用來處理比銅網孔徑還小的粉末的，其需要先製備對電子束透明的支持膜。常用的支持膜有火棉膠膜和碳膜，將支持膜放在銅網上，再把粉末放在膜上送入電鏡分析。支持膜的作用是支撐粉末試樣，銅網的作用是加強支持膜。將支持膜放在銅網上，再把粉末均勻分散地撈在膜上製成待觀察的樣品。

4.3.5.7.2　塊狀樣品製備

塊狀材料是通過減薄的方法（需要先進行機械或化學方法的預減薄）製備成對電子束透明的薄膜樣品。減薄的方法有超薄切片、電解拋光、化學拋光和離子轟擊等。超薄切片減薄方法適用於生物試樣。電解拋光減薄方法適用於金屬材料。化學拋光減薄方法適用於在化學試劑中能均勻減薄的材料，如半導體、單晶體、氧化物等。對於無機非金屬材料，由於無機非金屬材料大多數為多相、多組分的非導電材料，所以上述方法均不適用，隨著對無機非金屬材料研究的不斷深入，離子轟擊減薄裝置問世後，才使無機非金屬材料的薄膜製備成為可能。

離子轟擊減薄是將待觀察的試樣按預定取向切割成薄片，再使用砂紙打磨樣品，在打磨樣品表面的時候，需要從粗到細地對砂紙進行選擇。再在氬離子的持續轟擊下，使樣品慢慢減薄，一直到能使透射電鏡滿足觀察要求，此即為離子減薄儀的工作原理。

透射電鏡樣品具有非常小的尺寸，需要在載片中間的小孔上黏樣品。掃描電鏡觀察的樣品尺寸要遠遠大於透射樣品。為了使效率提高，樣品一次能夠多放幾個，在樣品臺上用熱熔膠固定，之後所要做的工作就是對包括電壓、氬離子流、樣品傾角、拋光時間等工作參數進行調整。工作電壓和氬離子流的增加能夠使拋光效率有所提高，然而若這兩個參數過高，容易損傷樣品，所以使用時要嚴格控制參數值[3-6]。

4.4　熱分析

4.4.1　熱分析概述

熱分析（Thermal Analysis）是在程序控制溫度下，測量物質的物理性質與溫

度之間關係的一類技術[7]。最常用的熱分析方法有差熱分析（Differential Thermal Analysis，DTA）、熱重法（Thermogravimetry，TG）、示差掃描量熱法（Differential Scanning Calorimeber，DSC）等[8]。其技術基礎是物質在加熱或冷卻過程中，隨著其物理狀態或化學狀態的變化，通常伴有相應的熱力學性質（如熱焓、比熱容、熱導率等）或其他性質（如質量、力學性質、電阻等）的變化，因而通過對某些性質（參數）的測定可以分析研究物質的物理變化或化學變化過程。熱分析技術可以快速準確地測定物質的晶型轉變、熔融、昇華、吸附、脫水、分解等變化，對無機、有機及高分子材料性能方面的測試有著重要作用。故而熱分析技術在物理、化學、化工、冶金、地質、建材、燃料、輕紡、食品、生物等領域得到了廣泛應用[9]。

　　熱分析定義的突出特點是概括性很強，只需代換總定義中的物理性質一詞（將物理性質具體化為如質量、溫差等物理量），就很容易得到各種熱分析方法的定義。比如：熱重法是在程序溫度下，測量物質的質量與溫度關係的技術；差熱分析是在程序溫度下，測量物質和參比物的溫度差與溫度關係的技術。

　　熱分析的優點是：溫度條件上，研究樣品的溫度範圍寬廣，可使用各種溫度程序，即可以有不同的升降溫速率；對樣品沒有物理狀態要求，並且所需的量很少（$0.1\mu g \sim 10mg$）；儀器靈敏度高（質量變化的精確度達10^{-5}），同時可結合其他技術，能擷取多種資訊[9]。

4.4.2　熱重分析

4.4.2.1　熱重分析的基本原理

　　熱重法是測量樣品的質量變化與溫度或時間關係的一種技術。許多物質在加熱過程中常伴隨質量的變化，這種變化過程有助於研究晶體性質的變化。如熔化、蒸發、昇華和吸附等物質的物理現象，也有助於研究物質的脫水、解離、氧化、還原等化學現象[7]。

　　熱重分析使用的儀器通稱熱重分析儀（熱天平），由記錄天平、天平加熱爐、程序控溫系統和記錄儀構成，如圖4－23所示。熱重法試驗的資料記錄分析得到的曲線稱為熱重曲線（TG曲線）。熱重曲線以質量作縱座標，以溫度（或時間）作橫座標，如圖4－24所示。若縱座標是試樣餘重的百分數，則如圖4－25所示。

　　熱重法的基本原理為：在程序控制溫度下，觀察樣品的質量隨溫度或時間的變化過程。通過分析熱重曲線，就可以知道被測物質在多少攝氏度時產生變化，並且根據失重量，可以計算失去了多少物質，來研究物質的熱變化過程，如試樣的組成、熱分解溫度、熱穩定性等。其主要特點是定量性強，能準確地測量物質的質量變化及其變化速率。

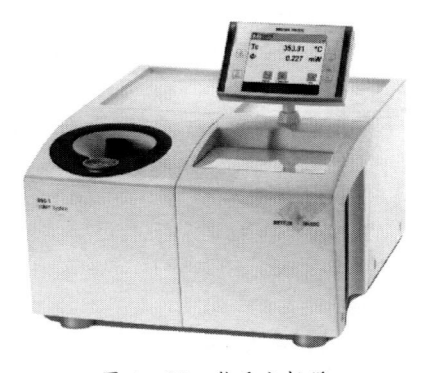

圖 4—23　熱重分析儀

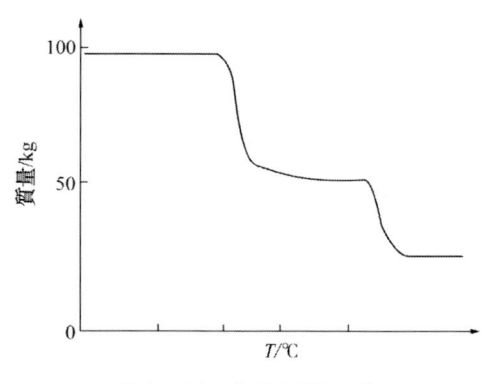

圖 4—24　熱重(GT)曲線

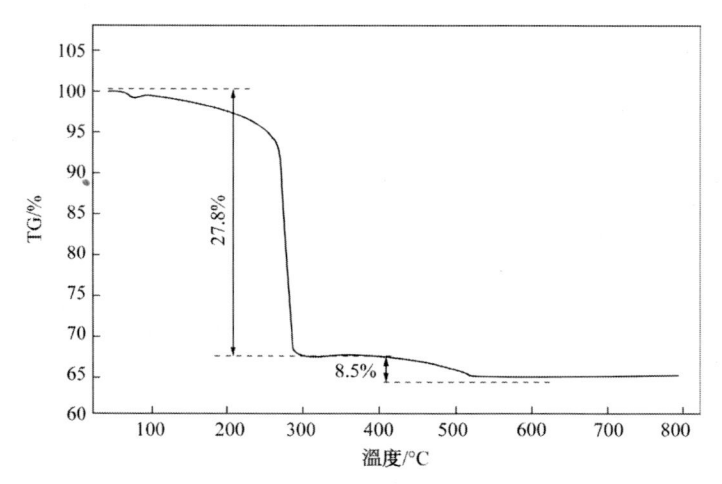

圖 4—25　$ZnMn_2O_4/Mn_2O_3$複合材料前驅體的熱重曲線

4.4.2.2　實驗條件

熱重分析的實驗結果與實驗條件有關，主要受到兩類因素影響：一是儀器因素，包括升溫速率、爐內氣氛、加熱爐的幾何形狀、試樣器皿的材質等；二是樣品因素，包括樣品的質量、粒度、裝樣的緊密程度、樣品的導熱性等[7,8]。

(1) 熱天平(Thermobalance)

在程序溫度下，連續秤量試樣的儀器。最常用的測量原理是變位法和零位法。變位法是根據天平梁傾斜度與質量變化成比例的關係，用差動變壓器等檢查傾斜度，並自動記錄；零位法是採用差動變壓器法、光學法測定天平梁的傾斜度，然後去調整安裝在天平系統和磁場中線圈的電流，使線圈轉動恢復天平梁的傾斜，由於線圈轉動所施加的力與質量變化成比例，這個力又與線圈中的電流成比例，故只需測量並記錄電流的變化，即可得出質量變化的曲線。

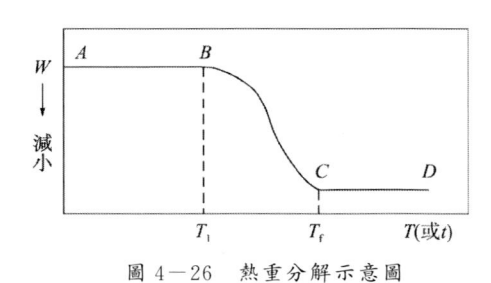

（2）試樣（Sample）

實際研究的材料，即被測定物質。

（3）試樣支持器（Sample Holder）

放試樣的容器或支架。

（4）平臺（Plateau）

TG 曲線上質量基本不變的部分，如圖 4－26 中的 AB 和 CD。

圖 4－26　熱重分解示意圖

（5）起始溫度（Initial Temperature）T_i

當累計質量變化達到熱天平能夠檢測時的溫度，如圖 4－26 中的 B 點。

（6）終止溫度（Final Temperature）T_f

累計質量變化達到最大值時的溫度，如圖 4－26 中的 C 點。

（7）反應區間（Reaction Interval）

起始溫度與終止溫度的溫度間隔（圖 4－26 中 $T_i \sim T_f$）。

以上所指是單步過程，多步過程可以認為是一系列單步過程的疊加結果。縱座標也可以是失重百分刻度，把失重百分率直接表示成溫度或時間的函數。

4.4.2.3　差熱分析法

差熱分析法是以某種在一定實驗溫度下不發生任何化學反應和物理變化的穩定物質（參比物）與等量的未知物在相同環境中等速變溫的情況下相比較，未知物的任何化學和物理上的變化，與和它處於同一環境中的標準物的溫度相比較，要出現暫時的增高或降低（降低表現為吸熱反應，增高表現為放熱反應），即出現溫度差。該法是體現溫度差和溫度關係的一種分析技術，下面分別介紹差熱分析的基本原理、實驗條件和測試技術[9,10]。

差熱分析是將樣品與參比物同時置於加熱爐中（給予被測物和參比物同等熱量），因二者熱性質不同，其升溫情況必然不同，通過測定二者的溫度差達到分析的目的。以參比物與樣品間溫度差為縱座標，以溫度為橫座標所得的曲線，稱為 DTA 曲線。

在差熱分析中，為反映這種微小的溫差變化，用的是溫差熱電偶。它是由兩種不同的金屬絲製成的。通常用鎳鉻合金或鉑銠合金的適當一段，其兩端各自和等粗的兩段鉑絲用電弧分別焊上，即成為溫差熱電偶。

在做差熱鑑定時，是將與參比物等量、等粒級的粉末狀樣品，分別放在兩個坩堝內，坩堝的底部各與溫差熱電偶的兩個鎔接點接觸，與兩坩堝的等距離等高處，裝有測量加熱爐溫度的測溫熱電偶，它們的各自兩端都分別接入記錄儀的迴路中。在等速升溫過程中，溫度和時間是線性關係，即升溫的速度變化比較穩

定，便於準確地確定樣品反應變化時的溫度。

樣品在某一升溫區沒有任何變化，即既不吸熱，也不放熱，在溫差熱電偶的兩個銲接點上不產生溫差，在差熱記錄圖譜上是一條直線，也叫基線。如果在某一溫度區間樣品產生熱效應，在溫差熱電偶的兩個銲接點上就產生了溫差，從而在溫差熱電偶兩端就產生熱電位差，經過訊號放大進入記錄儀中推動記錄裝置偏離基線而移動，反應完了又回到基線。

吸熱和放熱效應所產生的熱電位的方向是相反的，所以反映在差熱曲線圖譜上分別在基線的兩側，這個熱電位的大小，除了正比於樣品的數量外，還與物質本身的性質有關。不同的物質所產生的熱電位的大小和溫度都不同，所以利用差熱法不但可以研究物質的性質，還可以根據這些性質來鑑別未知物質。

如圖 4－27 所示是典型的理想 DTA 曲線，縱座標為試樣與參比物的溫度差（ΔT），向上表示放熱，向下表示吸熱，橫座標為溫度（T）或時間（t）。

差熱分析曲線中，峰的數目表示在測定溫度範圍內待測樣品發生變化的次數；峰的位置反映發生轉化的溫度範圍；峰的方向體現過程是吸熱還是放熱；峰的面積反映熱效應大小（在相同測定條件下）；峰高、峰寬及對稱性除與測定條件有關外，往往還與樣品變化過程的動力學因素有關。根據 DTA 曲線中的吸熱或放熱峰的數目、形狀和位置還可以對樣品進行定性分析，並估測物質的純度。

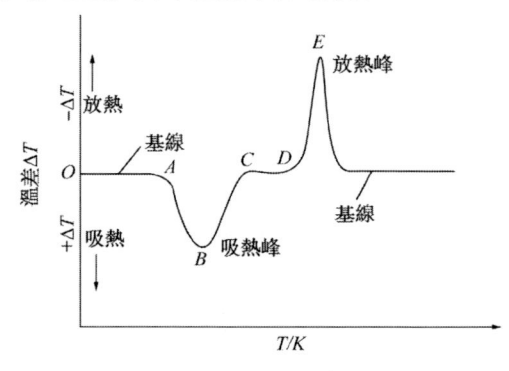

圖 4－27 理想 DTA 曲線

4.4.2.4 示差掃描量熱法

差熱分析難以準確定量分析，加之科學技術不斷發展，開發更快速準確、試樣用量少以及不受測試條件、環境影響的熱分析技術成為必然。示差掃描量熱法便是為滿足上述要求出現的新的熱分析方法，其前身是差熱分析。

(1) 示差掃描量熱法基本原理

示差掃描量熱法是在程序控制溫度條件下，測量輸給樣品和參比物的功率差與溫度關係的一種技術。因為差熱分析法是間接以溫差（ΔT）變化表達熱量的變化，而且差熱分析曲線影響因素很多，難以定量分析，所以示差掃描量熱法應用更為廣泛[11]。示差掃描量熱法有補償式和熱流式兩種。在示差掃描量熱中，為使試樣和參比物的溫差保持為零，在單位時間所必須施加的熱量與溫度的關係曲線為 DSC 曲線（見圖 4－28）。曲線的縱軸為單位時間所加熱量，橫軸為溫度

或時間。曲線的面積正比於熱焓的變化。由於熱阻的存在,參比物與樣品之間的溫度差(ΔT)與熱流差成一定的比例。樣品熱效應引起參比物與樣品之間的熱流不平衡,所以在一定的電壓下,輸入電流之差與輸入的能量成比例,得出試樣與參比物的比熱容之差或反應熱之差 ΔE。將 ΔT 對時間積分,可得到熱焓。

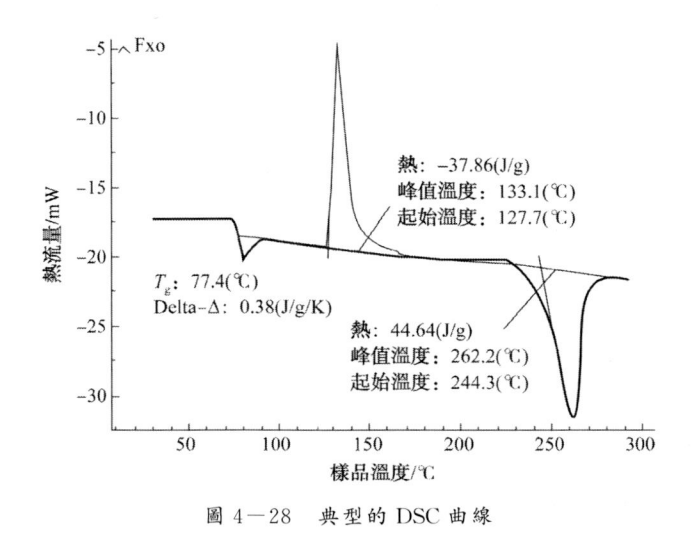

圖 4—28 典型的 DSC 曲線

DSC 和 DTA 儀器裝置相似,但工作原理有所不同,即 DTA 只能測試 ΔT 訊號,無法建立 ΔH 與 ΔT 之間的連繫;DSC 能測試 ΔT 訊號,並可以建立 ΔH 與 ΔT 之間的連繫,即

$$\Delta H = fA = \int K \Delta T \mathrm{d}t$$

式中　f——修正係數,也稱儀器常數;
　　　K——熱流差之間的比例係數;
　　　A——DSC 峰面積,通常通過儀器軟體計算得到。

(2) 示差掃描量熱儀

示差掃描量熱儀測量的是與材料內部熱轉變相關的溫度、熱流的關係,應用範圍非常廣,特別是在材料的研發、性能檢測與質量控制中。分為兩種示差掃描量熱法,即功率補償式示差掃描量熱法和熱流式示差掃描量熱法。DSC 是動態量熱技術,對 DSC 儀器重要的校正就是溫度校正和量熱校正。

① 功率補償式示差掃描量熱儀:

與差熱分析儀比較,示差掃描儀有功率補償放大器,而且在試樣和參比物容器下裝有兩組電流切換補償單位和各自的熱敏元件(見圖 4—29)。當試樣在加熱

液流電池與儲能

過程中由於熱效應與參比物之間出現溫差 ΔT 時，通過差熱放大電路和差動熱量補償放大器，使流入補償電熱絲的電流發生變化，當試樣吸熱時，補償放大器使試樣一邊的電流立即增大；反之，當試樣放熱時則使參比物一邊的電流增大，直到兩邊熱量平衡，溫差 ΔT 消失為止。也就是說，試樣在熱反應時發生的熱量變化，由於及時輸入電功率而得到補償，所以實際記錄的是試樣和參比物下面兩只電熱補償的熱功率之差隨時間 t 的變化關係。如果升溫速率恆定，記錄的也就是熱功率之差隨溫度 T 的變化關係。其主要特點是試樣和參比物分別具有獨立的加熱器和感測器。整個儀器由兩套控制電路進行監控：一套控制溫度，使試樣和參比物以預定的速率升溫；另一套用來補償二者之間的溫度差。並且無論試樣產生任何熱效應，試樣和參比物都處於動態零位平衡狀態，即二者之間的溫度差 $\Delta T = 0$。

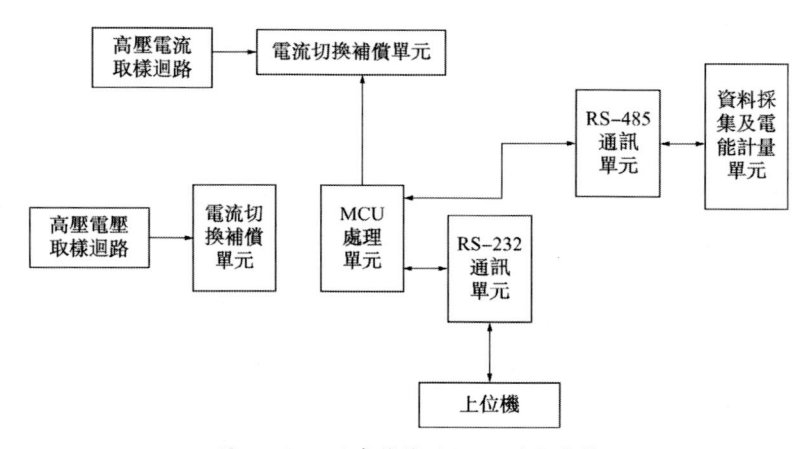

圖 4—29　功率補償型 DSC 測量系統

典型的示差掃描量熱曲線縱座標為熱流率(dH/dt)，橫座標為時間(t)或溫度(T)，即 dH/dt（或 T）曲線，如圖 4—30 所示。圖 4—30 中，曲線離開基線的位移代表樣品吸熱或放熱的熱流率(W)，而曲線中峰或谷包圍的面積代表熱量的變化。所以示差掃描量熱法可以直接測量樣品在發生物理或化學變化時的熱效應。

需要注意到樣品在進行反應時產生的熱量變化，不僅傳導到了熱敏元件，還有一部分熱量不可避免地損失掉了，所以 DSC 曲線面積不能代表樣品實際的熱量變化。

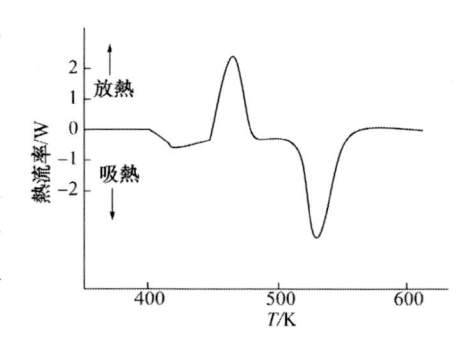

圖 4—30　典型的 DSC 曲線

樣品真實的熱量變化與曲線峰面積的關係為：

$$m\Delta H = KA$$

式中　　m——樣品質量；

　　　　ΔH——單位質量樣品的焓變；

　　　　A——與 ΔH 相應的曲線峰面積；

　　　　K——修正係數，也稱儀器常數。

所以，若樣品已知 ΔH，那麼通過測量與 ΔH 相應的 A 值，便可按此式得到儀器常數 K。

② 熱流式示差掃描量熱儀：

熱流式示差掃描量熱儀是利用導熱性能好的康銅盤把熱量傳輸到樣品和參比物，並使它們受熱均勻，康銅盤還作為測量溫度的熱電偶結點的一部分，其結構如圖 4－31 所示。在給予試樣和參比物相同的功率下，測定樣品和參比物兩端的溫差 ΔT，然後根據熱流方程式，將 ΔT（溫差）換算成 ΔQ（熱量差）作為訊號的輸出。

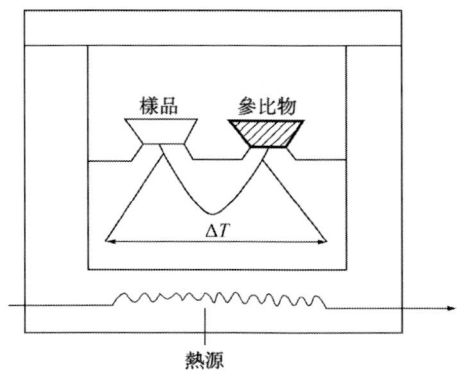

圖 4－31　熱流式 DSC 結構

熱流型 DSC 與 DTA 儀器十分相似，是一種定量的 DTA 儀器。不同之處在於試樣與參比物托架下，置一電熱片，加熱器在程式控制下對加熱塊加熱，其熱量通過電熱片同時對試樣和參比物加熱，使之受熱均勻。

樣品和參比物的熱流差是通過樣品和參比物平臺下的熱電偶進行測量的。樣品溫度由鎳鉻板下方的鎳鉻－鎳鋁熱電偶直接測量，這樣熱流型 DSC 雖然仍屬於 DTA 測量原理，但它可以定量地測定熱效應，主要是該儀器在等速升溫的同時還可以自動改變差熱放大器的放大倍數，以補償儀器常數 K 隨溫度升高所減少的峰面積。

4.4.2.5　影響示差掃描量熱分析的因素

影響 DSC 的因素和差熱分析法類似，鑑於 DSC 主要用於定量測量，所以更為主要的是影響某些實驗因素。

(1) 試樣特性(樣品用量、粒度、幾何形狀)的影響

試樣用量產生的影響很大，過多會使試樣內部傳熱慢、溫度梯度大，導致峰形擴大和辨別力下降，但能夠觀察到細微的轉變峰；樣品過少時，用較高的掃描速度，能得到最大的分辨力和最規則的峰形，使樣品與可控制的氣氛更好地接觸，更好地去除分解產物。

粒度的影響比較複雜，一般大顆粒的熱阻較大會導致測試試樣的熔融溫度和熔融熱熔偏低，但當結晶的試樣研磨成細顆粒時，晶體結構歪曲和結晶度下降也會導致類似的結果。對於帶靜電的粉末試樣，因為粉末顆粒間的靜電引力會引起粉末形成聚集體，從而也會引起熔融熱熔的變大。

在高聚物的研究中，發現試樣的幾何形狀對示差掃描量熱分析的影響特別明顯。所以為獲得高聚物比較精確的峰溫值，實驗時應增大試樣與試樣盤的接觸面積，減小試樣的厚度，並採用較慢的升溫速率。

（2）實驗條件（升溫速率、氣氛性質）的影響

DSC 曲線的峰溫和峰形主要受升溫速率影響。一般升溫速率越大，峰溫越高，峰形越大，也越尖銳，均與之成正比，與升溫速率對差熱的影響類似。

在實驗中，一般比較關注所通氣體的性質（氧化還原性和惰性）。氣氛對 DSC 定量分析中的峰溫和熱熔值影響很大。在氦氣中測得的起始溫度和峰溫都比較低，這是因為氦氣熱導性近似為空氣的 5 倍；然而相應的溫度變化在真空中要慢很多，使得測出比較高的起始溫度和峰溫。不同氣氛對熱熔值的影響也存在著明顯的差別，比如在氦氣中所測得的熱熔值只相當於在其他氣氛中測得熱熔值的 40％。

4.4.2.6　應用舉例

為研究配合物 1～3（[Ag(tza)]、[Cu(tza)]、[Zn(tza)]）的熱穩定性能，我們對晶體進行了 TG-DSC 測試，所得的 TG-DSC 曲線如圖 4-32 所示。配合物 1 的 DSC 曲線在 159.4℃出現放熱峰，TG 曲線在 158.9℃有明顯失重現象，失重率為 50.3％，最終剩餘殘渣量為 49.7％，與形成 Ag_2O 殘渣的理論值 49.4％基本相同，可以認為分解最終產物為 Ag_2O。配合物 2 的 DSC 曲線在 202.3℃出現放熱峰，TG 曲線在 202.1℃出現明顯失重狀態，失重率為 74.9％，殘渣的剩餘量為 25.1％，與形成 CuO 殘渣的理論值 25.2％基本相同，可以認為分解最終產物為 CuO。配合物 3 的 DSC 曲線在 228.2℃出現放熱峰，TG 曲線 225.4℃表現出明顯失重狀態，失重率約 74.7％，殘渣的剩餘量為 25.3％，與形成 ZnO 殘渣的理論值 25.5％基本相同，可以認為其最終產物為 ZnO。

配合物 1～3 的 TG 曲線分別在 158.9℃、202.1℃、225.4℃開始出現快速明顯的失重過程，說明配合物構架開始垮塌，分解出新的固體產物，並釋放出大量能量。隨著溫度繼續升高，固態分子進一步分解為氣體產物，在圖 4-32 中體現為 DSC 曲線走向逐漸平緩。另外對 DSC 曲線求積分面積得出配合物 1～3 的放熱量分別為 762.1J/g、743.2J/g、857.0J/g。與之前資料相比，1～3 這 3 種配合物都具有較高的放熱量和分解峰，均是熱穩定性比較好的配合物。

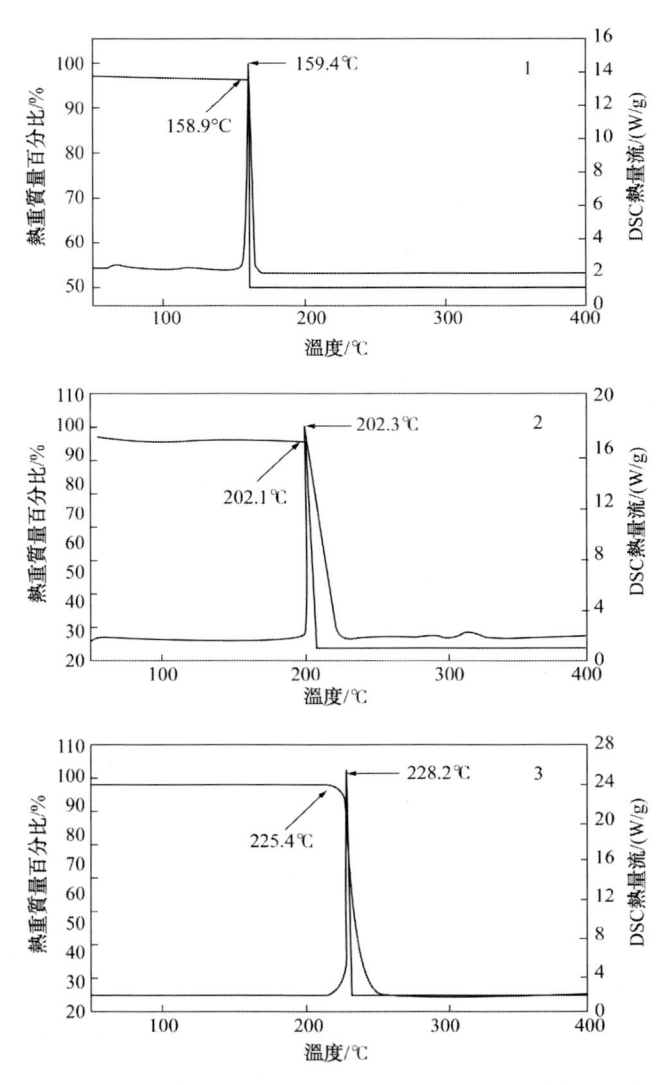

圖 4-32　配合物 1~3 的 TG 和 DSC 曲線圖

4.5　電化學性能測試

4.5.1　循環伏安測試

循環伏安(Cyclic Voltammetry)法是一種常用的電化學研究方法，用來研究電極反應的性質、機理和電極過程動力學參數，對電極材料電化學性能進行評

價，也可用來判斷電極上發生的氧化還原反應，判斷反應的可逆性以及循環充放電後電極的穩定性，是電化學反應中獲得定性資訊最廣泛的技術之一。

其基本原理是根據研究體系，選定電位掃描範圍和掃描速率，從選定的起始電位開始掃描後，研究電極的電位按指定的方向和速率隨時間線性變化，完成所確定的電位掃描範圍到達終止電位後，會自動以同樣的掃描速率返回到起始電位（見圖4-33）。在此過程中同步測量電極的電流響應，獲得電流-電位曲線，研究電極在某電位範圍內發生的電化學反應，鑑別其反應類型、反應步驟或反應機理，判斷反應的可逆性。一般採用三電極體系[7]。如以等腰三角形的脈衝電壓（見圖4-34）加在工作電極上，得到的電流電壓曲線包括兩個分支，如果前半部分電位沿陰極方向掃描，電活性物質在電極上還原，產生還原波，那麼後半部分電位向陽極方向掃描時，還原產物又會重新在電極上氧化，產生氧化波。因此一次三角波掃描，完成一個還原和氧化過程的循環[8]，故該法稱為循環伏安法，其電流-電壓曲線稱為循環伏安圖，如圖4-34所示。

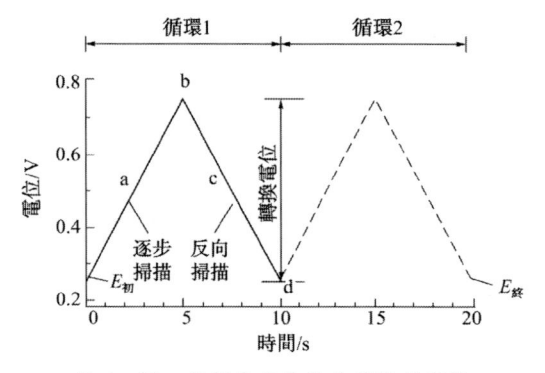

圖4-33 循環伏安法的典型激發訊號

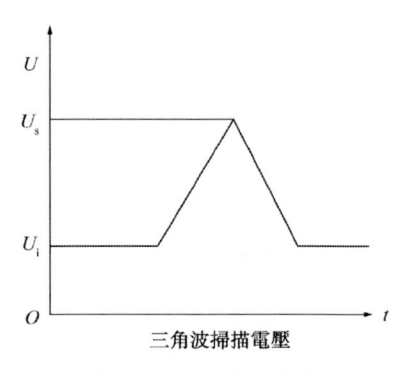

圖4-34 三角波電位

根據曲線形狀可以判斷電極反應的可逆程度，中間體、相界吸附或新相形成的可能性，以及偶聯化學反應的性質等。常用來測量電極反應參數，判斷其控制步驟和反應機理，並觀察整個電位掃描範圍內可發生哪些反應及其性質如何。

4.5.1.1 電極可逆性的判斷

循環伏安法中電壓的掃描過程包括陰極與陽極兩個方向，所以從所得的循環伏安法圖的氧化波和還原波的峰高（或峰面積的比值）和對稱性中可判斷電活性物質在電極表面反應的可逆程度。若反應是可逆的，則曲線上下對稱，若反應不可逆，則曲線上下不對稱，氧化波和還原波的高度不同，如圖4-35所示。

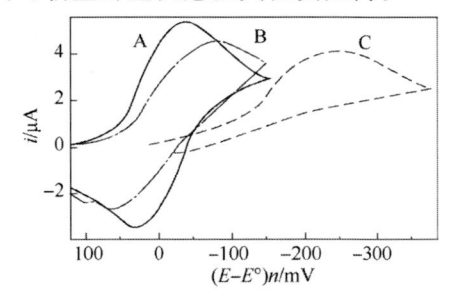

圖4-35 典型標準可逆體系和不可逆體系的循環伏安圖

4.5.1.2 電極反應機理的判斷

循環伏安法還可研究電極吸附現象、電化學反應產物、電化學－化學偶聯反應等，對於有機物、金屬有機化合物及生物物質的氧化還原機理研究很有用[9]。

對於一個新的電化學體系，首選的研究方法往往就是循環伏安法，可稱為「電化學的譜圖」。

在循環伏安法中電位掃描速度對於可得訊號影響很大(見圖4－36)，若過快，那麼雙層電容的充電電流和溶液歐姆電阻對的作用會明顯增大，不利於分析電化學資訊；若太慢，則會降低電流，導致檢測的靈敏度降低。然而採用循環伏安法研究穩態電化學過程時，電位掃描速度必須足夠慢，以保證體系處於穩態[10]。

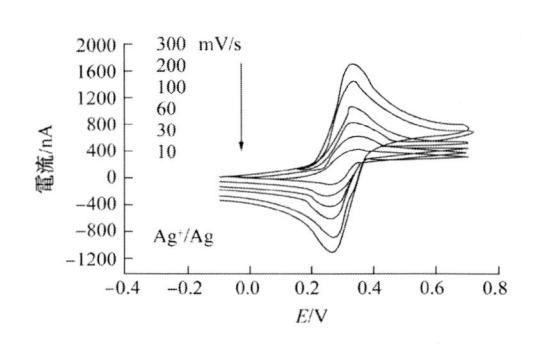

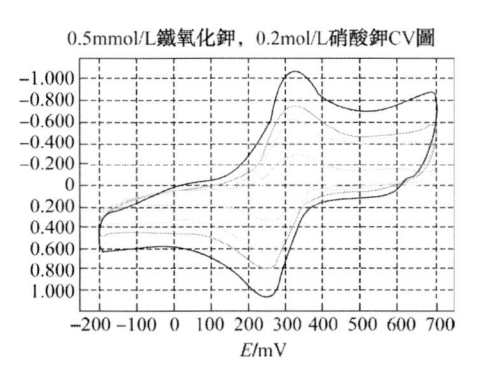

圖4－36 在不同掃描速度下的循環伏安曲線

一般循環伏安曲線圖給出峰電位 E_{pa}、E_{pc}，峰電流 i_{pa}、i_{pc} 四個參數。根據峰電流、峰電位與峰電位差和掃描速率之間的關係，可以判斷電極反應的可逆性。

4.5.2 交流阻抗測試

交流阻抗(Alternative Impedance，AI)法又稱電化學阻抗譜測試(Electro-chemical Impedance Spectrum，EIS)。阻抗測試原本是電學中研究線性電路網路頻率響應特性的一種方法，後被引入研究電極過程，成為電化學研究中的一種最常用的實驗方法之一。交流阻抗法是一種以小振幅的正弦波電位(或電流)為擾動訊號的電化學測量方法。

它的工作原理是當電極系統受到一個小振幅的正弦波形電壓(電流)的交流訊號的擾動時，會產生一個相應的電流(電壓)響應訊號，由這些訊號可以得到電極的阻抗或導納。通過分析測量體系中輸出的阻抗、相位和時間的變化關係，從而獲得電極反應的一些相關資訊，如歐姆電阻、吸脫附、電化學反應、表面膜(如SEI膜)以及電極過程動力學參數等。一系列頻率的正弦波訊號產生的阻抗頻譜，

稱為電化學阻抗譜。

由於以小振幅的電訊號對體系擾動，一方面可避免對體系產生大的影響，另一方面也使得擾動與體系的響應之間近似呈線性關係，這就使測量結果的數學處理變得簡單。交流阻抗法就是以不同頻率的小幅值正弦波擾動訊號作用於電極系統，由電極系統的響應與擾動訊號之間的關係得到電極阻抗，推測電極的等效電路，進而可以分析電極系統所包含的動力學過程及其機理。由等效電路中有關元件的参數值估算電極系統的動力學參數，如電極雙電層電容，電荷轉移過程的反應電阻，擴散質傳過程參數等。

一個電極體系在小幅度的擾動訊號作用下，各種動力學過程的響應與擾動訊號之間呈線性關係，可以把每個動力學過程用電學上的一個線性元件或幾個線性元件的組合來表示。如電荷轉移過程可以用一個電阻來表示，雙電層充放電過程用一個電容的充放電過程來表示。這樣就把電化學動力學過程用一個等效電路來描述，通過對電極系統的擾動響應求得等效電路各元件的數值，從而推斷電極體系的反應機理。

同時，電化學阻抗譜方法又是一種頻率域的測量方法，它以測量得到的頻率範圍很寬的阻抗譜來研究電極系統，因而能比其他常規的電化學方法得到更多的動力學資訊及電極介面結構的資訊[12]。

雖然交流阻抗譜圖能夠獲得大量電極表面化學反應的資訊，但對於複雜的阻抗譜分析資料時要通過電極體系等效電路的擬合來獲得有關的反應參數，導致阻抗譜的分析有一定的難度和資料的不確定性。為了保證其實驗資料分析的可靠性，需要準確選擇符合所研究電極體系的等效電路。

交流阻抗圖譜是在符合因果性、穩定性和線性條件下的電化學體系的阻抗圖譜，通過交流阻抗圖譜，不但可以了解到離子在遷移過程溶液間的電阻、電極電阻和電容，還可以知道電極過程是否有質傳過程，並根據資料推測電極過程中影響狀態變數的因素。

圖4-37給出了$LiNi_{0.5}Mn_{1.5}O_4$材料在循環前的交流阻抗譜圖(Nyquist譜圖)。

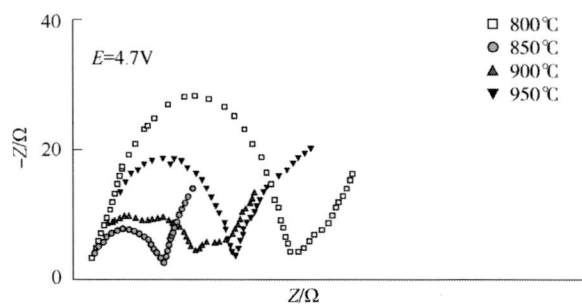

圖4-37 $LiNi_{0.5}Mn_{1.5}O_4$材料在循環前的交流阻抗譜圖

Nyquist 譜圖由高頻區的一個半圓和低頻區的一條 45°的直線構成。其中，半圓部分的高頻區為電極反應動力學(電荷傳遞過程)控制，主要說明離子在表面膜中的遷移情況；半圓的曲率半徑越小，離子脫嵌過程中的電化學轉移阻抗越小；直線部分的低頻區由電極反應的反應物或產物的擴散控制，斜率越高，離子在材料內部的擴散速率越快。若譜圖中由兩個半圓和一條直線組成，則高頻區的半圓反映離子通過電極介面膜(SEI 膜)的阻抗，中頻區的半圓反映電極/電解液介面的傳荷阻抗和雙電層電容，低頻區的斜線與離子在電極材料中的擴散有關[13]。

圖 4—38 為不同煅燒溫度合成的 $LiNi_{0.5}Mn_{1.5}O_4$ 材料在 1C 循環 200 次後樣品的交流阻抗譜圖。4 個樣品測試前控制電壓均為 4.7V。材料循環前具有較低的電荷傳遞阻抗，分別為 32Ω、42Ω、58Ω、77Ω。循環 200 次後，4 個樣品的電荷傳遞阻抗都相應增加，達到 60Ω、96Ω、113Ω、134Ω。說明樣品經過 200 次循環後性能衰減[11]。正負極與電解液接觸介面間的電荷轉移阻抗隨著充放電次數的增加而變大。鋰離子的脫出和嵌入的可逆性變差。這是由於合成過程中加入的鋰中有一些在高溫下變成了骨架結構的。循環前，900℃合成的材料具有中頻區半圓，反映了兩極表面固體電解質膜阻抗。850℃煅燒的材料循環前後的電荷傳遞阻抗差值最小。說明材料經過 200 次循環後保持著最好的可逆性。這與循環曲線中其優異的容量保持率是一致的。

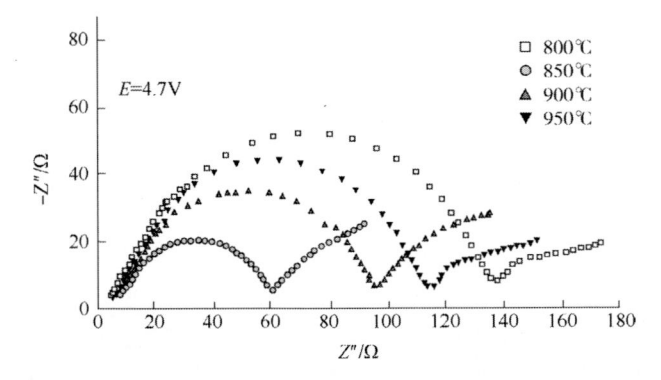

圖 4—38　不同煅燒溫度合成的 $LiNi_{0.5}Mn_{1.5}O_4$ 材料在循環 200 次後的交流阻抗譜圖

參 考 文 獻

[1] HUANG D Y, WU Y T, AI F X, et al. Fluorescent nitrogen—doped Ti_3C_2 MXene quantum dots as a unique「on—off—on」nanoprobe for chromium(Ⅵ) and ascorbic acid based on inner filter effect[J]. Sensors and Actuators B: Chemical，2021，342：130074.

[2] HSU S H，HUANG S F，WANG H Y，et al. Tuning the Electronic Spin State of Catalysts by Strain Control for Highly Efficient Water Electrolysis［J］. Small Methods，2018：1800001.

[3] 毛晶，張金鳳，龍麗霞. 透射電鏡納米束電子衍射在納米結構中的應用［J］. 實驗室科學，2018，21(6)：5.

[4] 李斗星. 透射電子顯微學的新進展Ⅰ透射電子顯微鏡及相關部件的發展及應用［J］. 電子顯微學報，2004，23(3)：9.

[5] 黃蘭友，劉緒平. 電子顯微鏡與電子光學［M］. 北京：科學出版社，1991.

[6] 方勤方. 透射電子顯微鏡實驗課教學方法探討［J］. 中國地質教育，2011，20(1)：3.

[7] 邵元華. 電化學方法原理和應用［M］. 北京：化學工業出版社，2005.

[8] MBA B，EEA A，VEA B. Fundamentals of electrochemistry［J］. Nanomaterials for Direct Alcohol Fuel Cells，2021：1－15.

[9] 李荻. 電化學原理［M］. 北京：北京航空航天大學出版社，2008.

[10] 高鵬，朱永明. 電化學基礎教程［M］. 北京：化學工業出版社，2013.

[11] 陳文娟，陳巍. 差熱分析影響因素及實驗技術［J］. 洛陽理工學院學報：自然科學版，2003，13(1)：10－11.

[12] 高建國，郭兵. 差示掃描量熱法的基本原理及其在進出口商品檢驗中的應用［J］. 中國石油和化工標準與質量，2001(4)：28－31.

[13] 王曉春，張希艷，盧利平. 材料現代分析與測試技術［M］. 北京：國防工業出版社，2010.

第 5 章　全釩液流電池

5.1　全釩液流電池簡介

全釩液流電池(All Vanadium Redox Flow Battery)，簡稱釩電池(VRB)，該電池在正負極均使用釩作為活性物質，避免交叉汙染，並使電解液的使用壽命在理論上無限，是目前最成功和應用最廣泛的液流電池之一。

在過去的研究中，大量的工作集中在電池機制、關鍵材料和電池/電池組設計上，使得全釩液流電池的整體性能得到了極大提升，全釩液流電池在大規模儲能應用中的利用率得到了顯著提升。隨著世界各地大量示範和商業化專案的建設，全釩液流電池已經走出實驗室，並開始了工業化進程。然而，要廣泛進入市場，還需要面臨一些挑戰，其中最緊迫的兩個挑戰是電池系統的高成本和 VO_2^+ 的不穩定性。VRB 系統成本高的主要原因是釩電解液和離子交換膜成本高。

全釩液流電池，是一種新型的綠色環保儲能系統，它具有液流電池的優點，且電解液為單一的釩金屬的溶液，不會產生交叉汙染，可以循環使用。全釩液流電池是目前技術上最為成熟的液流電池，也是迄今為止唯一能應用於風能發電調幅、調頻和平滑輸出的液流電池。VRB 系統是已經經過了 3 年示範應用的兆瓦以上級電化學儲能電池系統，現已進入大規模商業示範運行和市場開拓階段。

5.1.1　全釩液流電池結構

全釩液流電池按照結構可以分為靜止型和流動型兩種[1]：

① 靜止型液流電池一般為 H 型電池，其電解質溶液不流動，反應區就是儲存區，電池兩極分別通入氮氣，以形成惰性氣氛，用來防止 V(Ⅱ)被氧化。由於電解質溶液不流動，所以易產生濃差極化，可通過攪拌的方式減小；另外由於電池反應器中的電解質容量有限，所以電池容量較小。靜止型釩液流電池的結構如圖 5-1 所示。

② 流動型液流電池是指電解質溶液在充放電過程中處於流動狀態，如圖 5-2 所示，相比靜止型電池，這種電池可消除濃差極化，減小自放電。正負極電解液分開儲存在兩個儲罐中，儲能容器和反應器分開，儲能容量可隨儲罐的容量調

節，電解質溶液可根據需要增加或更換。但電解質的輸送需要耗費電能，約占電池能量的 2%～3%。

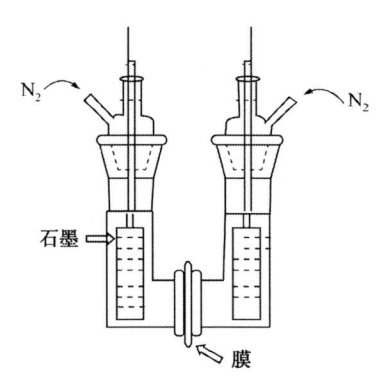

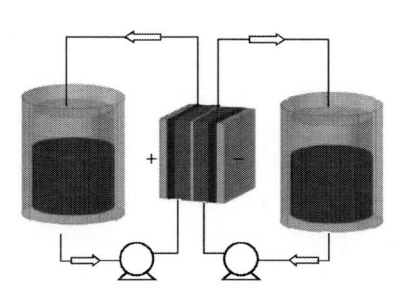

圖 5－1　靜止型液流裝置示意圖　　圖 5－2　流動型液流電池裝置示意圖

5.1.2　工作原理

全釩液流電池正極採用 VO^{2+}/VO_2^+ 電對，負極采用 V^{3+}/V^{2+} 電對作為荷電介質，正、負極釩電解液間用質子交換膜隔開，以避免電池內部短路。正、負極電解液在充放電過程中分別流過正、負極電極表面發生電化學反應，完成電能和化學能的相互轉化，實現電能的儲存和釋放，反應可在 5～60℃ 範圍內運行。電極通常使用石墨板並貼放碳氈，以增大電極反應面積。

VRB 以溶解於一定濃度硫酸溶液中的不同價態的釩離子為正負極電極反應活性物質。電池正負極之間以離子交換膜分隔成彼此獨立的兩室。電極上所發生的反應如下。

電池反應為：

正極：$VO_2^+ + 2H^+ + e^- \longrightarrow VO^{2+} + H_2O$　　　　$E^+ = +1.00V$

負極：$V^{3+} + e^- \longrightarrow V^{2+}$　　　　　　　　　　　　$E^- = -0.26V$

電池總反應：$3VO^{2+} + V^{2+} + 2H^+ \longrightarrow VO_2^+ + 3V^{3+} + H_2O$，$E_0 = 1.26V$

5.1.3　電池組開發研究

VRB 研究始於澳洲新南威爾斯大學（UNSW）Skyllas－Kazacos 研究小組[2]。從 1984 年開始，Skyllas－Kazacos 等對 VRB 開展過一系列研究工作。1991 年 UNSW 成功開發出千瓦級 VRB 電池組。電池組使用 Selemion 陽離子交換膜（Asahi Glass, Japan）為隔膜，碳塑複合板為雙極板，碳氈為電極材料，由 10 節單電池串聯組成。$80mA/cm^2$ 電流密度放電電池組能量效率約 72%，平均功率為 1.33kW。隨後，UNSW 進行了 1～4kW 級原理級樣機的開發。

1985年住友電工(SEI)與關西電力公司(Kansai Electric Power Co.)合作進行VRB的研發工作。在成功研究20kW級電池組的基礎上，SEI於1996年12月用24個20kW級電池模組組成了450kW級VRB電池組，關西電力公司將其作為子變電站的一個基本儲能單位進行充放電試驗，530次循環電池組能量效率均值為82%(充放電電流密度為50mA/cm^2)[3]。日本最大的私營電力公司Kashima-Kita於1990年也進行過VRB電池及相關技術的研究，並相繼開發成功2kW及10kW VRB電池組。其中10kW級電池組1000次循環試驗平均能量效率大於80%(電流密度為80mA/cm^2)[3]。

德國、奧地利和葡萄牙聯合開展將VRB用於太陽能太陽能發電系統儲能的研究工作[4]，2000年設計組裝了由32節單電池組成的300~400W·h(150~200W)的VRB電池組，但未提供相關材料參數及電池組性能。

中國VRB的研究工作始於1990年代，迄今為止先後有中國工程物理研究院[5]、中南大學[6]、清華大學[7]和中國科學院大連化學物理研究所(化物所)[8]等成功開發出千瓦級電池組的報導。中國工程物理研究院所研製的電池組，在120~128mA/cm^{2}的電流密度下工作時電池組的庫侖效率達80%[5]。中南大學組裝的千瓦級電池組，在40mA/cm^{2}的電流密度下工作時能量效率達72%[6]。清華大學的電池組採用高密度石墨板為集流板，PVDF-g-PSSA質子交換膜為隔膜，聚丙烯腈石墨氈為電極，電流密度為40mA/cm^{2}時，能量效率達82%[7]。化物所是中國較早開展液流電池的研發單位之一，自1989年起先後進行過鐵/鉻、多硫化鈉/溴(PSB)及全釩液流電池的探索與研究工作[8]，2000年在中國科學院領域尖端專案資助下重點進行了PSB及VRB關鍵材料及技術突破工作[9]。在中國政府「863」計劃資助下，2005年化物所在前期工作積澱的基礎上，通過模組化設計方式成功整合出中國第一套10kW級VRB儲能電池系統(系統單個模組的輸出功率約1.3kW)，在85mA/cm^{2}的電流密度下工作時，系統輸出功率達10.05kW，能量效率超過80%[10]。2006年底化物所在研究並掌握了電池儲能容量衰減機理的基礎上，通過電解液組成和電池模組內部結構設計的優化以及關鍵材料的改進與創新[8-10]，大幅度提高了電池的能量轉換效率和可靠性。目前化物所研製成功的10kW級電池組模組的充、放電能量轉換效率達81%，在此基礎上整合出的額定輸出功率為100kW級的電池系統的能量轉換效率也達到了75%，100kW級全釩液流儲能電池系統的研製成功，為全釩液流儲能電池系統的規模放大、示範應用及產業化奠定了堅實的技術基礎。

5.2 關鍵材料研究

VRB關鍵材料包括正負極電極材料、離子交換膜和活性電解液等。關鍵材

料性能的好壞直接決定 VRB 的充放電性能及循環壽命。

5.2.1　電極材料

電極是 VRB 關鍵部件之一,是電池電化學反應發生的場所。VRB 對電極材料的要求是:①對電池正、負極電化學反應有較高的活性,降低電極反應的活化過電位;②優異的導電能力,減少充放電過程中電池的歐姆極化;③較好的三維立體結構,便於電解液流動,減少電池工作時輸送電解液的泵耗損失;④較高的化學及電化學穩定性,延長電池的使用壽命。到目前為止研究過的 VRB 電極材料主要有金屬類電極和複合類電極兩類。

5.2.1.1　金屬類電極

Skyllas－Kazacos 等[2]早期的研究表明金、鉛、鈦等金屬不適合用作 VRB 電極材料。鍍鉑鈦和氧化銥 DSA(Dimensionally Stable Anode)電極在 VRB 電解液中具有極好的穩定性和較好的電化學活性,但鉑、銥價格昂貴並且資源稀少,不利於大規模應用。

5.2.1.2　碳素複合類電極

碳素複合類電極是 VRB 常用電極材料,通常由活性材料與集流體兩部分組成。活性材料主要對電池正負極電化學反應起電催化作用;集流體起收集、傳導與分配電流作用。石墨氈具有較好的三維網狀結構,較大的比表面積,較小的流體流動阻力,較高的電導率及化學、電化學穩定性,加之原料來源豐富,價格適中等優點,是 VRB 電極活性材料的首選。與石墨氈配合的集流體,也與電解液直接接觸,其局部亦可能承載較大的電流密度,因而同樣要求具有良好的導電性和耐腐蝕能力。用硬石墨板作集流體,存在成本高、機械強度低的缺點,同時在電池充電末期極化較大時,集流體面向正極電解液的一側,尤其在電解液入口附近會出現較為嚴重的局部氧化腐蝕及溶脹現象。

Skyllas－Kazacos 等[2]對黏膠基和聚丙烯腈基石墨氈作 VRB 電極材料進行了比較,研究後認為聚丙烯腈基石墨氈的電子導電性及電化學活性均好於黏膠基石墨氈。他們在碳塑複合板(由石墨粉和聚乙烯材料製成)上熱壓石墨氈製成複合電極,發現在 VRB 電解液中此電極具有極好的穩定性。Huang 等[6]用混煉法製備了以 PP(聚丙烯)和 SEBS[苯乙烯(S)－乙烯(E)/丁烯(B)－苯乙烯(S)構成的共聚物]共混物為基體材料、摻雜有炭黑和碳纖維的高導電複合材料,該材料在 VRB 中顯示了較好的性能。許茜等[11,12]以聚乙烯為基體、炭黑為導電填料製備導電塑膠板。用導電塑膠板與石墨氈組成複合電極作為 VRB 的正負極,考察了經過反覆充放電後導電塑膠集流板導電性與表面形貌的變化。通過掃描電鏡和紅外光譜等手段對失效釩電池的複合電極進行分析,發現正極一側導電塑膠集流板

存在氧腐蝕，造成其中的碳流失，使電極電阻增大；正極側的石墨氈也存在氧化侵蝕，石墨氈中的碳纖維刻蝕現象明顯，說明電極的穩定性還需進一步提高。為提高石墨氈的電化學反應活性，Skyllas－Kazacos 等[2]用金屬離子對電極進行修飾，發現以 Mn^{2+}、Te^{4+} 和 In^{3+} 修飾的石墨氈，其電化學性能和未處理的電極相比有較大的提高；用 Ir^{3+} 修飾的電極，則表現出最好的電化學活性。

另外，他們還通過對石墨氈進行熱處理或酸處理，來增加石墨纖維表面含氧官能團的量，改善其電化學活性及與電解液的相容性。他們研究發現在空氣中 400℃ 熱處理 30h 或在沸騰濃硫酸處理 5h 可使石墨氈的性能達到最佳狀態。Wang 等[13]研究了以 Co^{2+} 或 Mn^{2+} 過渡金屬離子修飾的石墨氈在酸性 $VOSO_4$ 溶液中的電化學行為後認為，經過過渡金屬離子的修飾，材料的電化學活性得到了較大的提高。Wang 等[14]還對石墨氈進行了 Ir 修飾。Ir 修飾降低了 V(IV)/V(V)電對在電極上發生氧化還原反應的過電位，提高了電極的導電性能，從而改善了電池的性能。Huang 等[6,15]使用電化學方法在硫酸溶液中對石墨氈材料進行陽極氧化處理，通過循環伏安和單電池測試發現，電化學處理能顯著提高電極活性。他們認為電極活性提高的原因是碳纖維表面－COOH 官能團數目的增加及電極比表面積上升的協同作用。他們使用濃硫酸處理碳紙電極也得到了相似的結論。袁俊等[16]研究了石墨板、柔性石墨和聚丙烯腈基碳布經雙氧水處理又經熱處理後在釩硫酸溶液中的性能，發現處理後的電極反應可逆性增強，性能提高明顯。Zhu 等[17]使用石墨粉與碳奈米管（CNT）製成 VRB 複合電極，通過循環伏安測試發現此電極對 VRB 正負極電極氧化還原反應有較好的可逆性，且使用經 200℃ 熱處理過的 CNT 所製得的複合電極性能最佳。

整體來看，石墨氈來源豐富、成本適中，對 VRB 正負極電化學反應有較好的活性。經過一定的修飾處理，其活性可得到進一步改善，但在活化處理方式的選擇上，從實用、方便及適合批量化生產的角度看，應優先選用化學、電化學或熱處理方法。碳/聚合物導電複合材料集流體具有良好的機械性能和導電性，但在 VRB 中長期使用中其導電性及強度會出現一定程度的衰減，需進一步改進。在 VRB 電極製備方面，Qian 等[18]採用自製導電黏結劑將石墨氈黏結到柔性石墨板兩側，製得一體式液流電池專用電極。用經過改性處理的柔性石墨板取代高密度硬石墨板作集流體，克服了硬石墨板機械強度低及易發生氧化腐蝕的缺點。一體式電極的製備及在 VRB 中的應用所帶來的優點是：①降低了電池組的歐姆內阻，提高了電池組大電流充放電能力和效率；②簡化了電池組的裝配，提高了成品率；③降低了氈類電極的裝配壓力，使電解液流動阻力有較大下降，減小了泵耗損失；④降低了電極製作成本和電極重量。

5.2.2 離子交換膜

離子交換膜是 VRB 的核心材料之一,它不僅起隔離正負極電解液的作用,而且在電池充放電時形成離子通道使電極反應得以完成,因此對膜的要求是高選擇性和低膜電阻。另外,膜要有足夠的化學穩定性。

Tian 等[19]在釩單電池中評價了幾種國產商業化膜並對部分膜進行了改性處理。他們認為除 JAM 陰離子交換膜外,DF120 陰、陽離子膜以及 JCM 陽離子膜均不適合在 VRB 中使用,原因是這些膜的釩離子滲透率高且在 V(Ⅴ)溶液中的化學穩定性差。他們通過原位聚合法在 JAM 陰離子中引入聚磺化苯乙烯四鈉,製得含有部分陽離子交換能力的複合膜。電池性能測試結果表明複合膜在一定程度上優於 Nafion 117。

文越華等[20]對陰離子膜 JAM 210 和陽離子膜 Nafion 117 進行了對比研究。他們發現 Nafion 膜的機械強度和化學穩定性均優於 JAM 210 膜,且 Nafion 117 的導電性好,適合大電流充放電,雖然電池正負極釩離子更易相互滲透。另外,使用 Nafion 膜的電池正負極水的遷移現象也更明顯。JAM 210 陰膜對陽離子存在排斥效應,可有效抑制電池正負極溶液的交叉汙染,但電阻較大。PVDF(聚偏氟乙烯)膜具有較好的化學穩定性,在過濾領域得到廣泛應用,但該膜本身也不具備離子交換能力,不能直接在 VRB 中使用。

龍飛等[21]利用化學改性將丙烯酸、甲基丙烯磺酸鈉以及烯丙基磺酸鈉分別接枝在 PVD 側鏈上,製備了具有離子交換功能的膜材料,實驗發現接枝丙烯酸對於降低膜面電阻作用不大,但可以改善 PVDF 膜的親水性,進而有利於接枝親水性及導電性強的甲基丙烯磺酸鈉和烯丙基磺酸鈉;在接枝上甲基丙烯磺酸鈉、烯丙基磺酸鈉(總接枝率為 29.6%)後,膜面電阻從原始膜的 $5.7 \times 10^5 \Omega \cdot cm^2$ 降到 $120\Omega \cdot cm^2$ 且接枝膜具有良好的阻釩性能。

呂正中等[22]也採用溶液接枝聚合法製備了 PVDF－g－PSSA〔poly(vinylidene fluoride)－graft－poly(styrene sulfuric acid)〕膜,研究發現以 PVDF－g－PSSA 為隔膜的 VRB 性能好於以 Nafion 117 為隔膜的 VRB,同時 PVDF－g－PSSA 的釩離子滲透能力也低於 Nafion 117。

輻射接枝法也是一種從商用聚合物膜製備交聯離子交換膜的有效方法。近來 Qiu 等[23]將苯乙烯、順丁烯二酸酐等通過 γ 射線輻射誘導接枝到 PVDF 高分子膜表面及膜微孔中,再經氯磺酸磺化處理得到具有一定質子導電性的陽離子膜。膜的離子交換容量、電導率以及釩離子在膜中的滲透率等測試表明此類膜在 VRB 中具有一定的應用前景。理論上講,由於陽離子交換膜的離子交換基團為陰離子,對 VRB 溶液中的釩離子具有吸引力,雖然通過對膜的改性處理,可在

一定程度上降低釩離子的滲透率,但不能從根本上阻止釩離子的滲透。相比較而言,陰離子交換膜的離子交換基團為陽離子,其對釩離子有庫侖排斥作用,因而釩離子的滲透率應相對較低。

日本 Kashima-Kita 公司開發的聚碸陰離子交換膜在 VRB 電堆中得到了應用,80mA/cm² 電流密度下 1000 次循環電堆的平均能量效率為 80%,顯示出聚碸膜具有優異的綜合性能[3]。Qiu 等[24]使用 γ 射線輻射技術將二甲基胺基異丁烯酸酯(DMAEMA)嫁接到乙烯-四氟乙烯(ETFE)膜上,然後經過一定處理製得陰離子交換膜。研究表明所製陰膜的釩離子滲透率僅為 Nafion 117 的 1/40~1/20。Jian 等[25]以氯甲基辛醚為改性劑,對自製專利產品聚醚碸酮(PPESK)進行氯甲基化改性,製備了氯甲基化聚醚碸酮。將 CMPPESK 製備成膜後在三甲胺水溶液中季銨化,然後在 5% 的鹽酸中轉型,得到季銨化聚醚碸酮(QAPPESK)陰離子膜。分別以 QAPPESK 和 Nafion 112、Nafion 117 膜為 VRB 隔膜,在相同條件下測試,QAPPESK 膜的性能好於 Nafion。總體來看,全氟磺酸陽離子交換膜價格較貴,電池中的活性陽離子滲透率較高,儘管通過對膜的改性處理可在一定程度上提高膜的選擇性,減小釩離子的滲透率[26,27],但仍難以完全滿足 VRB 商業化對膜的要求。新研製的部分陽離子交換膜顯示出較好的性能和應用前景。由於陰、陽離子交換膜結構上的差異,陰離子膜阻止釩離子滲透性能要優於陽離子膜,在其他性能方面也顯示出較強的競爭力,值得進一步關注。

5.2.3 電解液

電解液是 VRB 電化學反應的活性物質,是電能的載體,其性能的好壞對電池性能有直接影響。理論上電解液可由 $VOSO_4$ 直接溶解配製,但此法成本較高。實際可行的製備方法是基於 V_2O_5 的還原溶解,包括化學法和電解法。化學法產率低,將所加入的添加劑完全去除困難。隨著 VRB 技術的發展,電解法已逐漸成為 VRB 電解液製備的主要方法[28-31]。電解液穩定性研究也吸引了一些科學研究人員的注意力。Skyllas-kazacos 等[2]對 VRB 電解液進行研究後認為:當正極電解液處於完全充電狀態,長期存放而無循環時,溶液中 V 會緩慢地從溶液中沉澱出來。他們還認為向電解液中加入少量的 K_2SO_4、Li_2SO_4、脲及六偏磷酸鈉等可較大地提高釩離子的溶解度並可顯著增加電解液的穩定性。梁豔等[31]研究認為添加劑的加入提高了電解液中釩離子的濃度,但對釩離子硫酸溶液的電化學可逆性以及溶液電導率基本沒有影響。文越華等[32]採用電化學方法研究了 0.3~3mol/L $VOSO_4$ 在 1~4mol/L H_2SO_4 支持電解質中的電極過程。經綜合考慮電極反應動力學和電池的能量密度兩因素後認為 VRB 較為適宜的電解液濃度為 V(Ⅳ)1.5~2.0mol/L,H_2SO_4 3mol/L。

5.3 全釩液流電池儲能系統

主要包括電堆模組、釩電解液供給系統和電池控制系統,其中,電堆結構設計和電解液製備技術是研究的重點和難點。

5.3.1 電堆結構

電堆是液流電池發生電化學反應的場所,是全釩液流電池系統的核心。電堆由多個單體電池串聯而成,每個單體電池由兩個半電池組成,半電池之間被隔膜材料隔開。電堆組件採用板框式結構,相鄰單體電池間使用雙極板進行連接,板框結構間隙採用填料密封,以防止釩電解液洩漏。正負極釩電解質溶液分別從電堆的一端進料,從另一端出料,循環流動。

電堆結構研究主要包括密封結構設計、電極材料選擇、電解液流道設計、電池隔膜材料研究等關鍵技術。電極材料主要是石墨電極,但是正極石墨材料在電池端電壓過高時容易發生電化學腐蝕,造成電堆正負電解液短路或漏液[33]。除此之外,石墨材料因脆性較大而承壓能力不足,在電堆組裝過程中容易被壓裂。為改善石墨材料的性能,可在石墨粉中加入添加劑製成導電塑膠板[34]。

目前沒有全釩液流電池專用的隔膜材料,因而造成隔膜材料的選擇存在很大困難。全釩液流電池的隔膜材料必須具有一定的機械強度,較低的膜電阻,能夠有效地阻止釩離子和水分子在正負極間的遷移,同時還要具有良好的化學穩定性,能夠耐酸腐蝕和電化學氧化。大部分研究單位都使用杜邦公司的 Nafion 117 膜和 Nafion 115 膜,但其價格高昂,隔膜成本占整個電堆成本的 60%~70%。因而,開發國產化的專用膜是當務之急。

5.3.2 釩電解液供給系統

釩電解液供給系統包括釩電解液及儲罐、連接管線、循環泵、換熱器以及閥門等。釩電解液是釩離子的硫酸溶液,因含有游離狀態的硫酸,溶液呈強酸性,腐蝕性較強。不同價態的釩離子具有不同的溶解度和熱穩定性。一般情況下,V^{5+} 在溫度高於 50℃時,會析出 V_2O_5 沉澱。而在低溫時因溶解度的下降,低價釩離子會析出部分晶體。這種因不穩定而析出沉澱和晶體的情況,易造成電極表面因附著析出的物質而使反應活性面積減小,甚至導致流通管路堵塞。研究釩電解液的穩定劑以及選擇合適的工作溫度範圍具有重要意義。研究工作發現[35],若電池系統需要長期運行,或短期高溫運行,可以選擇 2mol/L V^{5+} +(3~4)mol/L H_2SO_4 的釩電解質溶液。若電池間斷運行或高溫運行,則可選擇 1.5mol/

L V^{5+} +(3～4)mol/L H_2SO_4[36]。

5.3.3 電池控制系統

電池控制系統主要負責電池充放電狀態的切換，以及對系統運行參數的檢測和調控。充電控制系統能夠將交流電轉換為直流電，對電池進行直流充電；放電控制系統則需具有逆變功能，以將電池輸出的直流電轉換為 220V/50Hz 的交流電，併入供電系統。因全釩液流電池發展較晚，目前沒有專用的控制系統。由於允許的充放電深度和電流的大小不同，用於鉛酸電池和鋰離子電池的控制系統無法直接用於全釩液流電池。因此，設計製造適合全釩液流電池特點的電池控制系統成為一項重要課題，關係到全釩液流電池系統能否順利地進行商業化應用[35]。

5.4 全釩液流電池特性

全釩液流電池是使用同種元素作為荷電介質的電化學儲能裝置，是利用釩離子的價態變化來實現電能與化學能之間的轉換，其具有一些獨特的特性：

① 電池的電化學反應空間與荷電介質相分離。這種特殊結構允許其功率和容量獨立設計。電池的功率大小由電極表面的電流密度和電堆中單體電池的數量決定，因而可以通過改變電堆的電極表面積和增減電堆單體電池的數量來改變電堆的功率。而電池儲存電量的多少取決於荷電介質釩離子的數量，因而改變釩電解液的濃度和體積，可以改變電池系統的容量。

② 能量效率高。充放電能量轉換效率可以達到 75%～85%，能量損失少。

③ 電池基本不存在自放電。因為釩電池在不使用的狀況下，正、負電解液分開放置，因此正負極之間基本不發生自放電，可以長時間儲存。

④ 電池充放電過程是不同價態的釩離子相互轉化的過程，深度充放電不會影響荷電介質的活性。電解液在電堆和正、負極電解液罐間循環流動，電解液的溫度可通過在輸送系統中接入換熱設備進行調控，這使電池具備大電流充放電的能力。

⑤ 荷電介質釩離子氧化還原速度受溫度影響，溫度高則反應速度快，電池產生電流大，溫度低則相反。但隨著溫度恢復到合適範圍，電池性能也完全恢復，不會影響電池的使用。

⑥ 電池系統循環壽命長。

⑦ 釩電解液常溫封閉運行，可以無限制循環使用，環境友好，安全可靠。

⑧ 電池啟動和響應速度快，可進行瞬間的充放電切換，對電池性能無任何影響。這一特點使其非常適合與波動非常頻繁的風電配套使用。

⑨ 電池系統長期投資和維護成本較低，維護簡單方便。對照風力發電對儲

能電池系統的要求，全釩液流電池系統非常適合用作風力發電的配套儲能系統。

⑩ 水交叉現象。在 VRFB 充電/放電循環期間，兩個電解液罐內陽極電解液和陰極電解液的量會形成不平衡，並且不平衡程度與操作時間成正比。水通過膜被認為是造成這種不平衡的主要原因[35,37]，因此變成了一個需要解決的關鍵問題，以確保有效的 VRFB 操作。穿過膜的淨水通量和由此產生的水不平衡增加了一個槽中的電解質濃度，同時稀釋了另一個槽中的電解質，導致前者中的釩鹽沉澱和後者中電解質溶液的溢流，從而大大增加了與質量傳輸相關的超電位。此外，儘管電解液汙染和容量損失不是 VRFB 的主要問題，但在充電/放電循環期間釩物質和水的連續交叉需要定期重新平衡電解液以允許長期 VRFB 運行，從而增加了運行和維護成本。

幾個小組致力於減少 VRFB 系統中正負電解質之間的水交叉和體積失衡。據報導，全氟磺酸(PFSA)膜的質子傳導率與含水量高度相關。Mohammadi 等[38]測試了幾種原始和磺化形式的膜，以確定膜磺化對 VRFB 中水傳輸的影響。他們採用了由超高分子量聚乙烯組成的商業複合膜(Daramic)、無定形二氧化矽和與二乙烯基苯(DVB)交聯的礦物油，將膜進一步磺化以研究膜磺化對水傳輸的影響。此外，他們還製備了磺化和非磺化形式的 AMV 膜以進行比較。他們的研究結果清楚地表明，與使用非磺化膜相比，使用磺化複合膜和 AMV 膜減少了水滲透量。還發現使用磺化膜改變了水的運輸方向。孫等[39]通過實驗比較了 Nafion 212 和聚四氟乙烯/Nafion(P/N)混合膜的水傳輸行為。雖然兩種膜的水傳輸方向都是從負半電池到正半電池，但 P/N 膜顯示出較少的水傳輸。

⑪ 空氣氧化。它對負極電解液的影響更大，V^{2+} 很容易被氧氣氧化成 V^{3+}，從而使電池快速放電。這種影響在低濃度釩被過量氧氣包圍的溶液中更為劇烈，可以通過減少電解質和空氣之間的接觸面積來避免。

⑫ 低能量密度。

⑬ 碳氈(CF)或石墨氈(GF)電極的低電化學活性是存在的一個關鍵問題，這會直接導致氧化還原反應的極化，然後導致電池的功率損失。

5.5 全釩液流電池與其他電池的比較

目前研究開發的能夠應用於大規模儲能的電池系統主要有鉛酸電池、鈉硫電池、鋰離子電池和全釩液流電池，但它們都有各自的特性。

鉛酸電池技術比較成熟，價格低廉，性能相對可靠。但是鉛酸電池循環壽命短，一般充放電次數不超過 1000 次，工作介質能夠汙染環境，工作過程中不可深度放電，因而難以滿足功率和蓄電容量同時兼顧的大規模儲能要求。

鈉硫電池的比能量較高，單個電池的開路電壓可達 2.0V，能量效率非常高，超過 90%。鈉硫電池的缺點也很突出。其工作溫度高達 300～350℃，啟動時間比較長，其結構中液態硫和金屬鈉對氧化鋁隔膜具有強腐蝕性，存在嚴重安全隱患，因而對電池防腐、隔熱與安全防護要求都很高[40]。

鋰離子電池的特點是比能量高，能量效率超過 90%，近年來獲得了長足的發展。但鋰離子電池容易過充，單體容量也不能設計過大，否則其內部會產生高溫，易導致電池爆裂[41]。因而，將鋰離子電池應用於大規模儲能領域，必須解決安全問題。

可見，鉛酸電池最大的缺點是循環壽命短，僅 1000 次；而鈉硫電池則要在高溫下運行，雖然電池性能很好，但是安全性較差，控制不當可能發生爆炸，且製造成本很高；鋰離子電池性能良好，但成本較高，且電池模組不宜過大，不適合大規模儲能。而全釩液流電池具有其他電池所不具備的特性，更適合用於風力發電配套儲能系統。

5.6 全釩液流電池示範應用及各國現行標準

5.6.1 全釩液流電池示範應用

從第一臺全釩液流電池誕生至今，世界各國已建設有幾十個儲能系統進行商業化示範營運，主要實現電網負荷調峰、不間斷電源以及與風電和太陽能發電配套儲能。日本住友電工在全釩液流電池的研發中處於領先地位，其研製的功率為 20kW 的電堆充放電循環次數達到 12000 次，能量效率仍可達 80% 以上，電流效率可達到 95%[42,43]。為澳洲 KingIsland 配套的 800kW·h 全釩液流電池大規模儲能系統可以明顯改善電力系統的綜合性能。報導資料表明[44]，在柴油和風能混合發電系統中配套建設全釩液流電池儲能系統不僅可以有效地改善電網負荷，而且每天可多利用 1100kW·h 風能，折合每天減少柴油消耗 400L。由於風能的充分利用，該專案每年可以減少二氧化碳排放量 4000t、氮氧化物排放量 99t、未燃燒烴化物排放量 75t。中國的全釩液流電池研究相對於國外起步較晚。中國科學院大連化學物理研究所於 2006 年研發成功電堆功率 10kW 的電堆模組，通過了科技部組織的驗收。這代表著中國具有自主智慧財產權的全釩液流電池儲能系統取得突破性進展。2008 年，化物所自主研製成功 100kW 全釩液流電池儲能系統[45]。目前已有多家研究單位在風電場開展使用全釩液流電池系統進行配套儲能的示範專案，為全釩液流電池的商業化應用積累寶貴經驗。影響全釩液流電池應用的因素還有電堆成本問題，特別是電堆隔膜材料主要依賴進口，在電堆成本

液流電池與儲能

中所佔比重較高。因而，實現電堆關鍵材料的國產化是當務之急。中國多家研究單位已在隔膜材料、電極材料等方面取得顯著成績[46]，為全釩液流電池走向市場奠定了基礎。

遼寧臥牛石風電場5000kW×2h全釩液流電池儲能示範電站一次送電成功，這是繼中國國家電網公司風光儲輸示範工程後，中國國家電網範圍內容量第二大的儲能電站，也是世界上以全釩液流儲能方式儲能的最大儲能電站。

臥牛石儲能電站於2012年5月動工，建設在風電場升壓站內，按10%比例配備儲能系統，由5組1000kW全釩液流儲能子系統組成，包括儲能裝置、電網接入系統、中央控制系統、風功率預測系統、能量管理系統、電網自動調度介面、環境控制單位等。該系統採用350kW模組化設計，單個電堆額定輸出功率為22kW，提高了專案建設效率，確保了儲能設備的利用率。

全釩液流儲能電池具有能量轉化效率高、充放電性能好、電池均一性好、壽命長以及資源節省、環境友好、安全可靠等特點，因此成為新能源發電和智慧電網的首選儲能技術之一。全釩液流電池儲能系統能夠減少風力發電波動給電網穩定運行帶來的衝擊。在此基礎上，能夠通過智慧控制，配合風場的運行策略，儲存和釋放電能，與電網友好互動，提升電網接納可再生能源的能力、整體運行質量和可靠性。

遼寧電網首座電池儲能示範專案的正式併網，可以提升電網風電接納能力，提高風電場運行水準。該專案不僅為遼寧電網在儲能系統運行特性及關鍵技術研究等方面提供了有效支撐，也為電池儲能技術在電網運行中更廣泛的應用打下了堅實基礎。

根據河北承德市政府發布的關於東梁風電場豐寧森吉圖全釩液流電池風儲示範專案一期工程報備公示，該風電儲能專案將採用全釩液流電池儲能系統方案進行峰谷調節，一期儲能規模2MW/8MW·h，終期儲能規模3MW/12MW·h。

東梁風電場豐寧森吉圖全釩液流電池風儲示範專案一期工程(以下簡稱森吉圖風電場)是河北豐寧建投新能源有限公司投資建設的大型工程風電專案，屬新建工程。森吉圖風電場總裝機容量100MW，工程等別為Ⅱ等，共安裝30臺風機。工程建設內容包括風機區、儲能區、集電線路、道路、施工區等：

① 風機區。裝設30臺風電機組，裝機容量為100MVA，機組出口電壓均為0.69kV。風電機組與箱式變的接線方式採用一機一變的單位接線方式，風電機組與箱式變之間採用0.6/1kV低壓電纜直埋敷設連接。箱式變採用美式箱變，容量為2300kVA，均分布在距離風電機組約15m的地方；箱變高壓側選用35kV電壓等級。為滿足風電機組的施工吊裝需要，在每個風機基礎旁設一施工吊裝場地，並與場內施工道路相連。

② 儲能區。儲能區占地面積為 0.8km^2，建設形式為建築電池保溫房，電池保溫房建築面積為 7500m^2。儲能系統採用全釩液流電池系統方案，工作形式為峰谷調節，即當森吉圖風電場發電量為高峰時，對全釩液流電池系統進行充電，當風電場發電量為低谷時，由全釩液流電池系統對外送電。本期的儲能系統建設規模為 2MW/8MW·h，終期建設規模為 3MW/12MW·h。

③ 集電線路區。為保護當地生態環境，風電場內 35kV 線路採用直埋電纜敷設形式。根據風力發電機組的布置、容量以及 35kV 線路走向進行組合，風力發電機組通過直埋電纜輸送形式的集電線路進行分組連接。

由中國科學院大連化學物理研究所研究員李先鋒、張華民帶領的科學研究團隊，採用自主開發的新一代可鉺接全釩液流電池（VFB）技術整合的 8kW/80kW·h 和 15kW/80kW·h 儲能示範系統，在陝西省投入運行。該系統由電解液循環系統、電池系統模組、電力控制模組以及遠端控制系統組成，系統設計額定輸出功率分別為 8kW 和 15kW，額定容量均為 80kW·h。此外，該電池系統還與太陽能太陽能裝置配套，改變了能源利用效率，實現了太陽能發電，釩電池儲能經設備轉化為直流和交流電，作為專案現場機房重要負載的備用電源使用，以確保負載的供電可靠性。經現場測試，該電池系統滿足客戶使用要求，且運行穩定。

全釩液流電池儲能技術具有能量轉換效率高、循環壽命長、安全環保等突出特點，是用作太陽能、風能發電過程配套的優良儲能裝置，還可以用於電網調峰，提高電網穩定性，保障電網安全。作為全釩液流電池的血液，釩電解液是全釩液流電池中的導電物質，同時也是能量儲存的介質、能量轉換的核心。釩電解液是用純度高達 99.9% 的釩製成，以其為核心的全釩液流電池功率大、容量大、轉換效率高。

投入運行的儲能示範系統的電堆採用該團隊自主研發的可鉺接多孔離子傳導膜、可鉺接雙極板整合的可鉺接電堆。新一代技術打破了傳統電堆的裝配模式，提高了電堆的可靠性及裝配自動化程度。與傳統電堆相比，新一代電堆總成本降低了 40%，提升了整個電池系統的穩定性和經濟性。

近年來，五洲礦業持續致力於提高能源級高純五氧化二釩清潔生產的研究，進一步還原製備電解液為特色的高效提純技術路線，製備出雜質含量低、產品穩定性高、生產成本低的高純度高性能全釩液流電池電解液，已開發出工藝成熟、具有自主智慧財產權的適用於全釩液流電池的高純釩氧化物製備技術及商用電解液製備技術。

全釩液流電池儲能技術應用示範專案的成功運行，實現了五洲礦業釩電解液的商業化應用，為新一代全釩液流電池技術的工程化和產業化開發奠定了堅實的基礎。

5.6.2 全釩液流電池各國現行標準

全釩液流電池各國現行標準見表 5－1、表 5－2。

表 5－1　中國全釩液流電池標準

標準名稱	編號	標準級別	狀態
全釩液流電池 術語	GB/T 29840－2013	國標	現行
全釩液流電池通用技術條件	GB/T 32509－2016	國標	現行
全釩液流電池系統 測試方法	GB/T 33339－2016	國標	現行
全釩液流電池 安全要求	GB/T 38466－2017	國標	現行
全釩液流電池用 電解液	GB/T 37204－2018	國標	現行
全釩液流電池用電解液 測試方法	NB/T 42006－2013	行標	現行
全釩液流電池用雙極板 測試方法	NB/T 42007－2013	行標	現行
全釩液流電池用離子傳導膜 測試方法	NB/T 42080－2016	行標	現行
全釩液流電池 單電池性能測試方法	NB/T 42081－2016	行標	現行
全釩液流電池 電極測試方法	NB/T 42082－2016	行標	現行
全釩液流電池 電堆測試方法	NB/T 42132－2017	行標	現行
全釩液流電池用電解液 技術條件	NB/T 42133－2017	行標	現行
全釩液流電池 管理系統技術條件	NB/T 42134－2017	行標	現行
全釩液流電池 維護要求	NB/T 42144－2018	行標	現行
全釩液流電池 安裝技術規範	NB/T 42145－2018	行標	現行

表 5－2　各國全釩液流電池標準

標準名稱	編號	類型	狀態
Flow batteries－Guidance on the specification, installation and operation(《液流電池——規範、安裝和操作指南》)	CWA 50611	歐洲液流電池工作組協定	現行
Flow Battery Systems for Stationary applications－Part 1: Terminology(《固定式領域用液流電池系統 第 1 部分：術語》)	IEC 62932－1	國際標準	現行
Flow Battery Systems for Stationary applications－Part2－1: Performance general requirements and test methods(《固定式領域用液流電池系統 第 2－1 部分：通用性能要求及測試部分》)	IEC 62932－2－1	國際標準	現行

續表

標準名稱	編號	類型	狀態
Flow Battery Systems for Stationary applications—Part2－2：Safety requirements（《固定式領域用液流電池系統　第 2－2 部分：安全要求》）	IEC 62932－2－2	國際標準	現行
Flow batteries. Guidance on the specification, installation and operation（《流體電池安裝和運轉規範導則》）	BSCWA 50611－2013	GB－BSI（英國標準協會）	現行
Redox flow battery for use in energy storage system—performance and safety tests（《用於儲能系統的氧化還原液流電池——性能和安全測試》）	KSC 8547－2017	KR－KATS（韓國標準）	現行
Flow batteries—Guidance on the specification, installation and operation（《液流電池——規格、安裝和操作指南》）	TNI CWA 50611－2013	SK－STN（斯洛伐克標準協會）	現行

參 考 文 獻

[1] 陳亞昕，鄭克文. 氧化還原液流電池的研究進展[J]. 船電技術，2006(5)：67－71.

[2] SKYLLAS－KAZACOS M，D KASHERMAN，HONG D R，et al. Characteristics and performance of 1 kW UNSW vanadium redox battery[J]. Journal of Power Sources，1991，35(4)：399－404.

[3] SHIBATA A，SATO K. Development of vanadium redox flow battery for electricity storage[J]. Power Engineering Journal，1999，13(3)：130－135.

[4] JOERISSEN L，GARCHE J，FABJAN C，et al. Possible use of vanadium redox－flow batteries for energy storage in small grids and stand－alone photovoltaic systems[J]. Journal of Power Sources，2004，127(1－2)：98－104.

[5] 崔艷華，蘭偉，李曉兵，等. 複合導電板在千瓦級釩電池中的應用[C]//第二十六屆中國化學與物理電源學術年會，中國電子學會，中國電工技術學會，中國儀器儀表學會，2004.

[6] HUANG K L，LI X，LIU S，et al. Research progress of vanadium redox flow battery for energy storage in China[J]. Renewable Energy，2008，33(2)：186－192.

[7] 呂正中，胡嵩麟，武增華，等. 全釩氧化還原液流儲能電堆[J]. 電源技術，2007，31(4)：318－321.

[8] ZHAO P，ZHANG H，ZHOU H，et al. Characteristics and performance of 10 kW class all－vanadium redox－flow battery stack[J]. Journal of Power Sources，2006，162(2)：1416－1420.

[9] YOU D, ZHANG H, CHEN J. Theoretical analysis of the effects of operational and designed parameters on the performance of a flow－through porous electrode[J]. Journal of Electroanalytical Chemistry，2009，625(2)：165－171.

[10] LUO Q，ZHANG H，CHEN J，et al. Preparation and characterization of Nafion/SPEEK layered composite membrane and its application in vanadium redox flow battery[J]. Journal of Membrane Science，2008，325(2)：553－558.

[11] 許茜，馮士超，喬永蓮，等. 導電塑料作為釩電池集流板的研究[J]. 電源技術，2007，31(5)：406－408.

[12] 喬永蓮，許茜，張杰，等. 釩液流電池複合電極腐蝕的研究[J]. 電源技術，2008，32(10)：687－689.

[13] WANG W H，WANG X D. Study of the electrochemical properties of a transition metallic ions modified electrode in acidic $VOSO_4$ solution[J]. Rare Metals，2007，26(2)：131－135.

[14] WANG W H，WANG X D. Investigation of Ir－modified carbon felt as the positive electrode of an all－vanadium redox flow battery[J]. Electrochimica Acta，2007，52(24)：6755－6762.

[15] 劉素琴，史小虎，黃可龍，等. 釩液流電池用碳紙電極改性的研究[J]. 無機化學學報，2008，24(7)：1079－1083.

[16] 袁俊，余晴春，劉逸楓，等. 全釩液流電池性能及其電極材料的研究[J]. 電化學，2006，12(3)：271－274.

[17] ZHU H Q，ZHANG Y M，YUE L，et al. Graphite－carbon nanotube composite electrodes for all vanadium redox flow battery[J]. Journal of Power Sources，2008，184(2)：637－640.

[18] QIAN P，ZHANG H，CHEN J，et al. A novel electrode－bipolar plate assembly for vanadium redox flow battery applications[J]. Journal of Power Sources，2008，175(1)：613－620.

[19] TIAN B，YAN C W，WANG F H. Modification and evaluation of membranes for vanadium redox battery applications[J]. Journal of Applied Electrochemistry，2004，34(12)：1205－1210.

[20] 文越華，張華民，錢鵬，等. 離子交換膜全釩液流電池的研究[J]. 電池，2005，35(6)：414－416.

[21] 龍飛，陳金慶，王保國. 全釩液流電池用離子交換膜的製備[J]. 天津工業大學學報，2008，27(4)：9－11.

[22] 呂正中，胡嵩麟，羅絢麗，等. 質子交換膜對釩氧化還原液流電池性能的影響[J]. 高等學校化學學報，2007，28(1)：145－148.

[23] QIU J，ZHAO L，ZHAI M，et al. Pre－irradiation grafting of styrene and maleic anhydride onto PVDF membrane and subsequent sulfonation for application in vanadium redox batteries[J]. Journal of Power Sources，2008，177(2)：617－623.

[24] QIU J，LI M，NI J，et al. Preparation of ETFE－based anion exchange membrane to reduce permeability of vanadium ions in vanadium redox battery[J]. Journal of Membrane Science，2007，297(1－2)：174－180.

[25] JIAN X G，YAN C，ZHANG M，et al. Synthesis and characterization of quaternized poly (phthalazinone ether sulfone ketone)for anion－exchange membrane[J]. Chinese Chemical Letters，2007，18(10)：1269－1272.

[26] LUO Q，ZHANG H，CHEN J，et al. Modification of Nafion membrane using interfacial polymerization for vanadium redox flow battery applications[J]. Journal of Membrane Science，2008，311(1－2)：98－103.

[27] ZENG J，JIANG C，WANG Y，et al. Studies on polypyrrole modified nafion membrane for vanadium redox flow battery[J]. Electrochemistry Communications，2008，10(3)：372－375.

[28] 崔旭梅，陳孝娥，王軍，等. V^{3+}/V^{4+} 電解液的製備及溶解性研究[J]. 電源技術，2008，32(10)：690－692.

[29] 馮秀麗，劉聯，李曉兵，等. V(Ⅲ)－V(Ⅳ)電解液的電解合成[J]. 合成化學，2008，16(5)：519－523.

[30] 常芳，孟凡明，陸瑞生. 釩電池用電解液研究現狀及展望[J]. 電源技術，2006，30(10)：860－862.

[31] 梁艷，何平，于婷婷，等. 添加劑對全釩液流電池電解液的影響[J]. 西南科技大學學報，2008，23(2)：11－14.

[32] 文越華，張華民，錢鵬，等. 全釩液流電池高濃度下 V(Ⅳ)/V(Ⅴ)的電極過程研究[J]. 物理化學學報，2006，22(4)：403－408.

[33] 喬永蓮，許茜，張杰，等. 釩液流電池複合電極腐蝕的研究[J]. 電源技術，2008，32(10)：687－689.

[34] 林昌武，付小亮，周濤，等. 釩電池集流板用導電塑膠的研製[J]. 塑膠工業，2009，37(1)：71－74.

[35] OH K，MOAZZAM M，GWAK G，et al. Water crossover phenomena in all－vanadium redox flow batteries[J]. Electrochimica Acta，2019，297：101－111.

[36] 扈顯琦，吳效楠，曲鋒. 全釩液流電池在風電中的應用前景[J]. 承德石油高等專科學校學報，2014，16(6)：41－44.

[37] GANDOMI Y A，AARON D S，MENCH M M. Coupled membrane transport parameters for ionic species in all－vanadium redox flow batteries[J]. Electrochimica Acta，2016，218：174－190.

[38] MOHAMMADI T，SKYLLAS－KAZACOS M. Preparation of sulfonated composite membrane for vanadium redox flow battery applications[J]. Journal of Membrane Science，1995，107(1－2)：35－45.

[39] TENG X，SUN C，DAI J，et al. Solution casting Nafion/polytetrafluoroethylene membrane for vanadium redox flow battery application[J]. Electrochimica Acta，2013，88

(Complete)：725—734.
- [40] 溫兆銀，俞國勤，顧中華，等. 中國鈉硫電池技術的發展與現狀概述[J]. 供用電，2010(6)：4.
- [41] 馮祥明，鄭金雲，李榮富，等. 鋰離子電池安全[J]. 電源技術，2009，33(1)：7—9.
- [42] TOKUDA N，KANNO T，HARA T，et al. Development of redox flow battery system[J]. Sei Technical Review，2000，50(50)：88—94.
- [43] TEGUCHI H，SHIGEMATSU T. Development of a redox flow battery system[J]. SEI Technical Review，2001，52(1)：38—43.
- [44] VRB POWER SYSTEMS INCORPORATED COMPANY. Energy storage and power quality solutions：Applications and solutions[EB/OL]. http://www.Vrb power.Com/applications，2006.
- [45] 王文亮，劉衛. 釩電池工作特性及在風電中的應用前景[J]. 現代電力，2010(5)：5.
- [46] 石瑞成. 全釩液流氧化還原電池中隔膜的研究[J]. 膜科學與技術，2009，29(3)：4.

第 6 章　鐵鉻液流電池

鐵鉻氧化還原液流電池（ICRFB）被認為是第一個真正的氧化還原液流電池，它利用成本低廉且儲量豐富的鐵作為氧化還原活性材料，成為最具成本效益的儲能系統之一。此外，鐵鉻氧化還原液流電池被認為是最有前途的方向之一，因為其成本理論上可以低於鋅溴和全釩液流電池，具有大規模推廣的潛力。自 1970～1980 年美國國家航空暨太空總署和日本三井公司的研發開始，在過去的幾十年裡，人們對鐵鉻液流電池進行了廣泛的研究。在中國，2017 年徐春明院士開始籌備碳中和儲能方向，並選定了鐵鉻液流電池技術路線，徐泉課題組參與具體技術突破專案，2020 年中國石油大學（北京）申報儲能科學與工程大學專業獲批，並於 2021 年招收第一屆大學生。

6.1　鐵鉻液流電池簡介

6.1.1　鐵鉻液流電池結構與組成

鐵鉻液流電池系統主要由功率單位（單電池、電堆或儲能模組）、儲能單位（電解液及儲罐）、電解液輸送單位（管路、閥門、泵、換熱器等）、電池管理系統等組成。作為鐵鉻液流電池的核心部件，功率單位在一定程度上決定了系統的能量轉換效率和建設成本。根據應用領域不同，功率單位可以分為單電池、電堆和儲能模組等。其中，鐵鉻液流電池單電池是電堆的基本單位；電堆是由多個單一電池通過疊加形式進行緊固而成，是儲能模組的基本組成單位[1]，具體結構如下：

6.1.1.1　單電池

單電池作為液流電池電堆及系統最基本的功率單位，是評估電池材料（離子傳導膜、電極、電解液等）、化電結構（電極壓縮比、流場結構等）以及工作制度（流量、壓力等）的基礎，其基本結構如圖 6-1 所示。單電池主要通過離子傳導膜將正負極電解液進行分離，離子傳導膜兩側分別是由電極、液流框、集流體等部件組成的正負極半電池，然後通過夾板及緊韌體進行壓緊而成。

6.1.1.2　電堆

電堆是液流電池儲能系統的核心部件，其基本結構如圖 6-2 所示。電堆是

液流電池與儲能

由多個單電池疊加緊固而成的,每組單電池之間通過雙極板進行連接,具有多個電解液循環管道和統一電流輸出的組合體。在實際應用中,電堆通常是液流電池技術得以實現的基礎,是液流電池系統實現能量轉換的主要場所,直接決定儲能系統的性能。

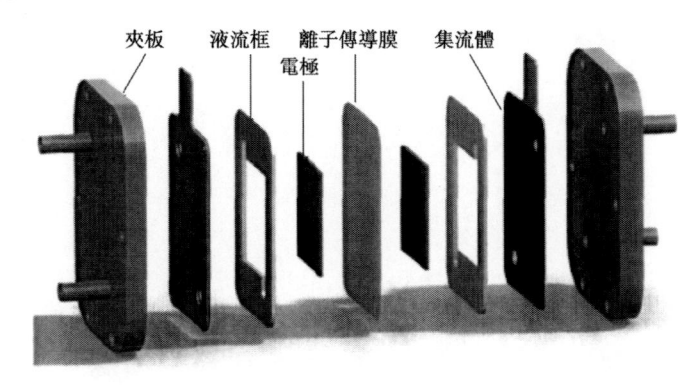

圖 6－1　單電池結構示意圖[1]

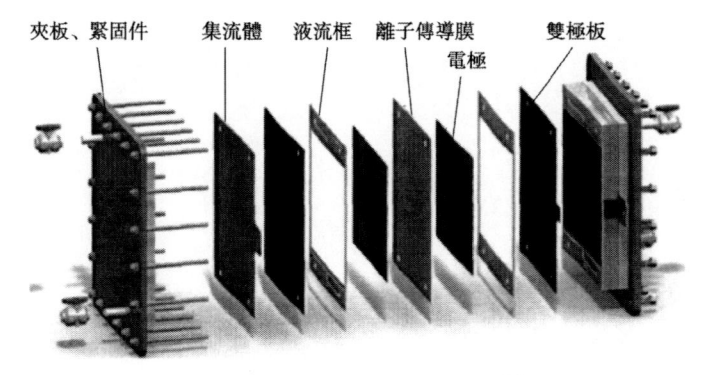

圖 6－2　電堆基本結構示意圖[1]

6.1.1.3　儲能模組

雖然電堆可以通過增加單電池數量或者單位面積上的電流來達到較高的功率,然而由於單體電堆自身結構的複雜性,如密封性能對其滲漏的影響、電壓均一性對電堆性能的影響以及電極面積對電堆內部流場分布等多方面要求,使得單體電堆的體積和功率並非越大越好。目前市場上,單體電堆以 5～40kW 電堆為主,如果以單體電堆為基本單位來構建兆瓦級儲能系統,則會面臨繁雜的系統設計、監檢測及控制系統,不利於大規模儲能系統的安全運行。因此,將一定數量的單體電堆經過串並聯組合,形成百千瓦級別的儲能模組,從而構建成兆瓦級儲能系統的基本單位,便於系統設計、檢測及控制。典型的液流電池儲能模組結構示意圖如圖 6－3 所示,主要包含:一定數量的電堆、電解液循環系統(儲液罐、

循環泵、管路、閥門等）、電氣系統（電池管理系統、能量轉換系統、監檢測感測器及電路連接等）及部分輔助設備（換熱裝置、通風系統等）。

圖 6—3　模組結構示意圖[1]

6.1.2　鐵鉻液流電池的工作原理

鐵鉻液流電池的工作原理如圖 6—4 所示，鐵鉻電池分別採用 Fe^{3+}/Fe^{2+} 電對和 Cr^{3+}/Cr^{2+} 電對作為正極和負極活性物質，通常以鹽酸作為支持電解液。在充放電過程中，電解液通過循環泵進入兩個半電池中，Fe^{3+}/Fe^{2+} 電對和 Cr^{3+}/Cr^{2+} 電對分別在電極表面進行氧化還原反應，正極釋放出來的電子通過外電路傳遞到負極，而在電池內部通過離子在溶液中的移動，並與離子交換膜進行質子交換，形成完整的迴路，從而實現化學能與電能的相互轉換。

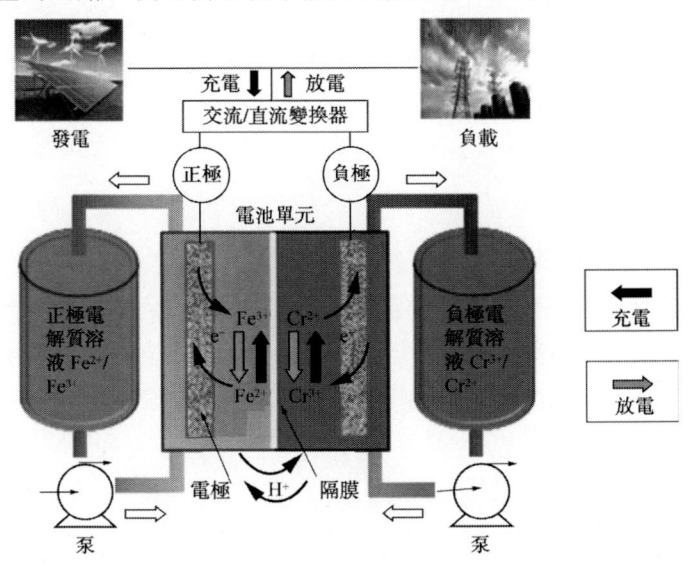

圖 6—4　鐵鉻液流電池基本原理圖[2]

液流電池與儲能

鐵鉻液流電池的電極反應方程式如下，根據 Nernst 方程式計算，在 50% 荷電狀態（SOC）時，其標準電動勢為 1.18V[3]。在充電過程中，Fe^{2+} 失去電子被氧化成 Fe^{3+}，Cr^{3+} 得到電子被還原成 Cr^{2+}；放電過程則相反。

正極反應：$Fe^{2+} \rightleftharpoons Fe^{3+} + e^-$ $E_0 = +0.77V$

負極反應：$Cr^{3+} + e^- \rightleftharpoons Cr^{2+}$ $E_0 = -0.41V$

總反應：$Fe^{2+} + Cr^{3+} \rightleftharpoons Fe^{3+} + Cr^{2+}$ $E_0 = +1.18V$

鐵鉻液流電池反應物溶液經歷了從分離到混合的過程。在未混合的鐵鉻液流電池電解質中，隨著溫度升高，平衡速率提高，Cr 物質的化學平衡從惰性變為活性。然而，在較高溫度下操作系統大大降低了為室溫應用而設計的離子交換膜（IEM）的離子選擇性，Cr^{n+} 和 Fe^{n+} 物質的滲透率顯著提高，使得反應物在高溫下比在室溫下接近平衡快得多。因此，鐵鉻液流電池混合反應物電解質模式下的外部儲罐的陽極液經過長期運行後與陰極液具有相同的種類，即 Fe^{2+}、Cr^{3+}、H^+、Cl^-。電解質由泵循環，流過並分散在每個半電池的電極上。陰極和陽極被離子交換膜或多孔分離器分開，以避免直接混合[2]。

與未混合的反應物相比，使用混合的反應物溶液有諸多優點，其中主要的優點是不需要高通過選擇性的膜。另一個優勢體現在，鉻鐵礦的化學生產成本可能比純化學品生產成本低，因為沒有必要將鐵和鉻分離。使用混合反應物的基本權衡是犧牲高電流效率來提高電壓效率。為了獲得最大的電池能量，電流效率和電壓效率之間的權衡取決於膜的特性和系統的運行參數[2]。

整體來說，在機械動力作用下，液態活性物質在不同的儲液罐與電池堆的閉合迴路中循環流動，採用離子交換膜作為電池的隔膜，電解質溶液平行流過電極表面並發生電化學反應。系統通過雙極板收集和傳導電流，從而使得儲存在溶液中的化學能轉換成電能。這個可逆的反應過程使液流電池順利完成充電、放電和再充電。

6.1.3 鐵鉻液流電池的發展歷程

自 1970 年代以來，世界各地的研究人員對鐵鉻液流電池系統進行了研究和開發，該系統已有近 50 年的歷史，如圖 6-5 所示。在此期間，鐵鉻氧化還原液流電池經歷了最初的工作機制的完善，然後達到了一定規模的商業研發，直到近幾年的關鍵材料研究[2]。

6.1.3.1 鐵鉻液流電池的誕生

美國國家航空暨太空總署於 1973 年成立了 Lewis（路易斯）研究中心，正式研究可充電的氧化還原液流電池。NASA 還與 Gel 公司、Giner 公司和 Exxon 公

司合作開發混合溶液，並與 Ionics 公司合作開發膜[4]。

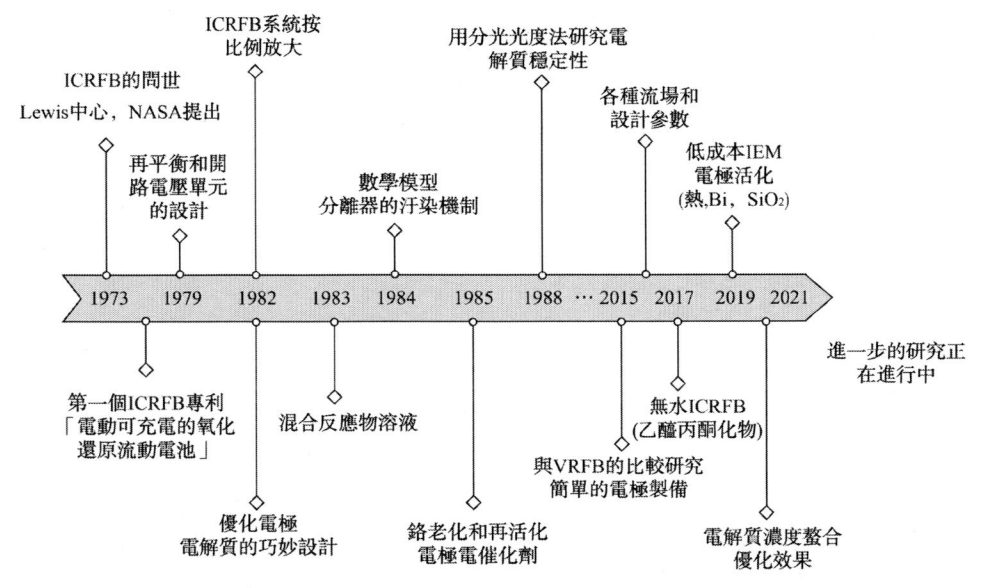

图 6—5　鐵鉻液流電池領域的關鍵發展時間表[2]

自 1973 年以來，Lewis 研究中心在至少 6 年的時間裡在 RFB 領域發表了幾篇論文，涵蓋了選擇最佳氧化還原對、電化學診斷、研究動力學問題、膜/分離器的發展、電極優化、壽命測試、成分篩選、系統研究、流體力學、模型和電催化作用。這些報告由 Thaller，Gahn，Miller 和他們的同事編寫，描述了濃度為 0.2～0.3mol/L 的氯化鐵－氯化亞鐵混合物在熱解石墨轉盤電極上的電化學行為，開發和示範了氧化還原液流電池用於太陽能太陽能能源儲存，以及影響電極動力學和開路電壓的參數[5]。並且測試了多種元素和氧化還原對，包括開路電壓、鐵（Fe^{2+}/Fe^{3+}）、鈦（Ti^{3+}/TiO^{2+}）。其中，鐵鉻氧化還原液流電池似乎是最具前景的，人們在這個方向上做出了很多努力。因此，鐵鉻氧化還原液流電池通常被認為是最早提出的氧化還原液流電池技術。

1979 年，美國國家航空暨太空總署的一份報告詳細闡述了鐵鉻氧化還原液流電池的相關特性以及技術的現狀[6]。該技術在當時的應用包括以太陽能太陽能或風能為主要能源的獨立村鎮電力系統的儲能。與鉛酸電池相比，這種技術的成本是非常有吸引力的。此外，它最吸引人的功能是在整個系統水準上易於處理氧化還原技術。需要注意的是，基礎氧化還原液流電池系統需要採用再平衡電池和開路電壓（OCV）單位。開路電壓的功能是直接且連續不斷地提供鐵鉻氧化還原液流電池系統的充電狀態（SOC）。顧名思義，該電池永遠不會負載，但只讀取流

過它的氧化還原溶液的電位差。再平衡電池的功能是保持負反應物的充電狀態與正反應物的充電狀態相同。累積效應是該裝置可以糾正充電過程中的析氫、空氣侵入系統引起的活性金屬離子的氧化以及鉻離子對水的化學還原這種再平衡過程在系統級別上執行，而不需要將電堆移出。

6.1.3.2 鐵鉻氧化還原液流電池系統的放大

1982年，來自日本茨城縣電氣技術實驗室的Nozaki等展示了包含Cr^{2+}/Cr^{3+}~Fe^{2+}/Fe^{3+}的鐵鉻氧化還原液流電池系統的放大和測試結果，以及對40多種類型的碳纖維作為潛在正極材料的監測[7]。同年，Giner Inc.在DECHEMA會議上展示了鐵鉻氧化還原液流電池的資料，其中特別關注了Cr^{3+}/Cr^{2+}氧化還原反應的進展。與此同時，美國國家航空暨太空總署發表了幾篇長篇報告，重點關注電極的優化和電解質的靈活設計[8]。報導了電解液雜質（Fe^{2+}和Al^{3+}）對Cr^{3+}/Cr^{2+}氧化還原反應的影響，並對Cr^{3+}/Cr^{2+}氧化還原反應進行了循環伏安法研究。雜質會導致析氫和反應動力學效應增加，對電極性能有不利影響。而對於電極，則研究了物理表徵、活化過程、改進的催化過程以及鉍作為Cr^{3+}/Cr^{2+}的替代電催化劑。一般來說，電極的性能取決於清洗處理、特殊的碳氈和催化過程。結果表明，金-鉛催化碳氈具有較低的析氫率、良好的催化穩定性和可逆的電化學活性。

Nozaki等繼續研究鐵鉻氧化還原液流電池的電極。他們在1983年報導，發現由聚丙烯腈布熱分解製成的碳布表現出最好的鐵鉻氧化還原液流電池性能。西門子公司的Cnobloch報告了歐洲鐵鉻氧化還原液流電池調查的另一項重要進展——使用Durabon電極、玻璃碳和Pt進行了鐵鉻氧化還原液流電池的單個電池測試。儘管深入研究對於促進氧化還原電堆的耐久性至關重要，但充放電循環過程中的特性和性能也是我們所需要的。例如，容量應持續循環利用，同時保持穩定的鐵鉻氧化還原液流電池效率。

6.1.3.3 混合反應物溶液

鐵鉻氧化還原液流電池在1983年最重要的突破是來自NASA的一份關於在高溫下使用混合反應物溶液的報告[9]。研究集中在高溫下運行系統的原因如下：①大型鐵鉻氧化還原液流電池系統在充放電循環過程中由於電阻損耗和效率低下而產生放熱，產生的熱量可以在高溫下保護系統。②一方面，高溫下電解質性能得到改善，避免電解液老化現象。另一方面，溫度的升高可能會顯著降低膜的離子選擇性，使活性物質的交叉混合速率顯著增大。因此，研究也著眼於混合反應物溶液。

對於混合反應物的概念，其主要優勢是不再需要具有高選擇性的膜。Zeng等[10]報導了鐵鉻氧化還原液流電池中離子交換膜不僅能穿透載流子（H^+/Cl^-），

還能穿透活性的 Cr 和 Fe 物質/離子。對於未混合的反應物溶液，Cr 或 Fe 活性離子/物質僅分別用於每個半電池的溶液中，導致每個活性離子/物質通過膜的濃度差異較大。這種現象可能進一步導致活性物種的極高滲透率，從而在短期操作後產生嚴重的容量衰減。與鐵鉻氧化還原液流電池相比，釩氧化還原液流電池在兩種半電池溶液中都使用了相同的釩元素，由於濃度梯度引起的交叉汙染問題相對不顯著。需要注意的是，這裡的「交叉汙染」主要是指不同元素引起的滲透，而不是同一元素不同價離子通過離子交換膜的交叉/滲透（即使在釩氧化還原液流電池中仍然存在）。如今，最商業化的氧化還原液流電池系統是釩氧化還原液流電池，因為它展示了超過 80% 的高能效、非常低的維護成本和無限的電解質壽命。

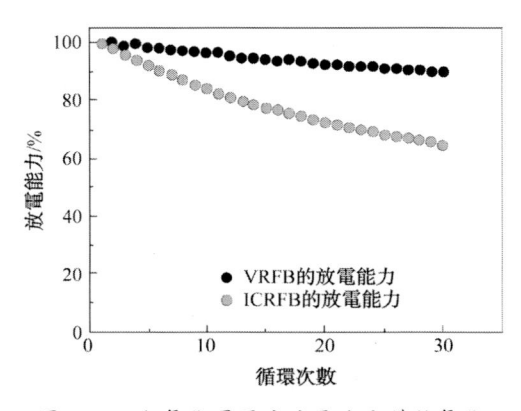

圖 6-6 釩氧化還原液流電池和鐵鉻氧化還原液流電池的放電容量與循環次數的關係[10]

因此，提出了由預混合 Cr 和 Fe 鹽組成的混合反應物溶液用於陰極和陽極，大大降低了淨交叉率，延長了操作時間[9]。雖然混合反應物的應用前景廣闊，但鐵鉻氧化還原液流電池的長期運行仍可能導致由對流、擴散和電遷移引起的一些氧化還原離子的滲透。圖 6-6 顯示了鐵鉻氧化還原液流電池（混合反應物模式）和釩氧化還原液流電池的循環性能/容量衰減的比較。雖然鐵鉻氧化還原液流電池的容量衰減速度仍快於釩氧化還原液流電池，但其衰減率遠低於非混合模式，並且可以進行放大[2]。

眾所周知，通過簡單地混合陰極和陽極，長期運行時的容量衰減可以得到一定程度的恢復，這通常是在氧化還原液流電池中進行的。混合反應物的解決方法，為鐵鉻氧化還原液流電池未來可能的發展打開了大門。近年來，為了擴大鐵鉻氧化還原液流電池的規模，基於混合反應物這一解決方案進行大規模的能源儲存，人們已經付出了大量的努力[2]。

6.1.3.4 理論研究

1984 年 Fedkiw 提出了氧化還原液流電池的改進數學模型。該模型符合多孔電極理論，並整合了歐姆效應、質傳、氧化還原動力學以及發生在陰極上的析氫過程。對於膜來說，桑迪亞實驗室的 McCrath 揭示了鐵鉻氧化還原液流電池的膜汙染機制[11]。利用滲透理論，將水的體積分數與汙染膜的阻力進行了相關性分析，得到的是將薄膜置於離子溶液中所產生的滲透效應導致的水分流失[2]。

6.1.4 鐵鉻液流電池的技術特點

鐵鉻液流電池與其他電化學電池相比,具有明顯的技術優勢,具體如下[12]:

① 循環次數多,壽命長。鐵鉻液流電池的循環壽命最低可達到 10000 次,與全釩液流電池持平,壽命遠遠高於鈉硫電池、鋰離子電池和鉛酸電池。

② 無爆炸可能,安全性高。鐵鉻液流電池的電解質溶液採用水性溶液,沒有爆炸風險。且電解質溶液儲存在兩個分離的儲液罐中,電池堆與儲液罐分離,在常溫常壓下運行,安全性高。

③ 電解質溶液毒性和腐蝕性相對較低,穩定性好。鐵鉻液流電池的電解質溶液是含鐵鹽和鉻鹽的稀鹽酸溶液,毒性和腐蝕性相對較低。

④ 環境適應性強,運行溫度範圍廣。相比其他液流電池,鐵鉻液流電池的運行溫度更加寬,電解質溶液可在 $-20 \sim 70$℃ 全範圍內啟動。

⑤ 儲罐設計,無自放電。電能儲存在電解質溶液內,而電解質溶液儲存在儲罐裡,因此不存在自放電現象,尤其適用於作備用電源等。

⑥ 定製化設計,易於擴容。鐵鉻液流電池的額定功率和額定容量是獨立的,功率大小取決於電池堆,容量大小取決於電解質溶液,可以根據用戶需要進行功率和容量的量身定製。在對功率要求不變的情況下,只需要增加電解質溶液即可擴容,十分簡便。

⑦ 模組化設計,系統穩定性與可靠性高。鐵鉻液流電池系統採用模組化設計,以 250kW 一個模組為例,一個模組是由 8 個電池堆放置在一個標準集裝箱內的,因此電池堆之間一致性好,系統控制簡單,性能穩定可靠。

⑧ 廢舊電池易於處理,電解質溶液可循環利用。鐵鉻液流電池的結構材料、離子交換膜和電極材料分別是金屬、塑膠(或樹脂)和碳材料,容易進行環保處理,電解質溶液理論上是可以永久循環利用的。

⑨ 資源豐富,成本低廉。電解質溶液原材料資源豐富且成本低,不會出現短期內資源制約發展的情況。鐵鉻液流電池的電解質溶液原材料鐵、鉻資源豐富,易擷取,成本低,因而是可持續發展的儲能技術。

6.2　鐵鉻液流電池研究進展

雖然鐵鉻液流電池在實際應用中得到了檢驗,但是還存在一些技術瓶頸限制了鐵鉻液流電池的發展,具體如下[13]。

如圖 6-7 所示,鐵鉻液流電池負極 Cr^{2+}/Cr^{3+} 電對相較於正極 Fe^{2+}/Fe^{3+} 電對

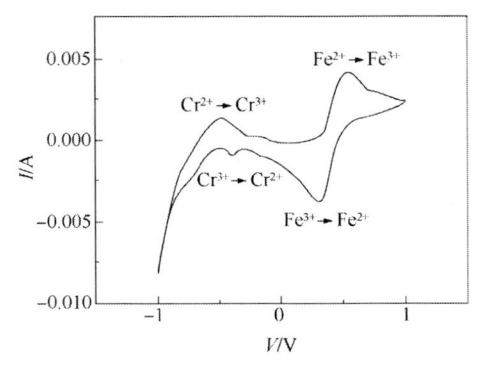

圖 6−7 Fe(Ⅱ)−Cr(Ⅲ)電解液在
石墨電極上的循環伏安曲線[14]

在電極上的反應活性較差，是影響電池性能的主要原因之一[14]。另外，由於 Cr^{3+} 在水溶液中異構化的作用，常溫下，新配製的 $CrCl_3$ 水溶液{分子式為$[Cr(H_2O)_5Cl]Cl_2 \cdot H_2O$}會隨著儲存時間的延長，逐漸轉化成為$[Cr(H_2O)_6]Cl_3$，導致其活性進一步降低，從而影響鐵鉻液流電池的充放電效率和循環壽命[15]。

如圖 6−8 所示，鐵鉻液流電池 Cr^{2+}/Cr^{3+} 電對的氧化還原電位為 −0.41V，相當接近水在碳電極表面析出氫氣所需的過電位[16]，再加上由反應活性較差所造成的明顯極化損失，在常溫下，鐵鉻液流電池的負極在充電末期會出現析氫現象，降低電池系統的庫倫效率[9]。除此之外，電解液中氫離子的減少還會降低電解液的電導率，使液流電池的穩定性變差，進而影響鐵鉻液流電池的循環壽命。

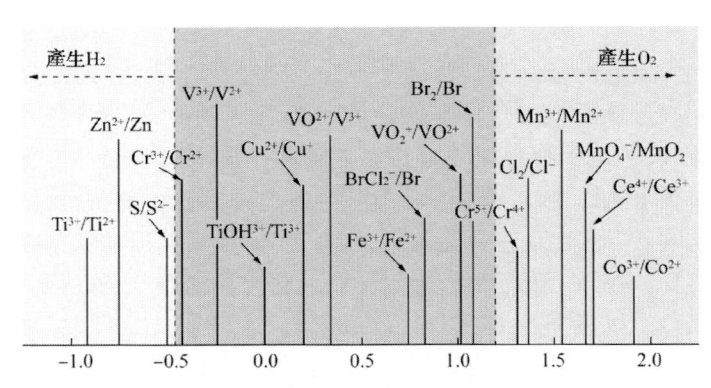

圖 6−8 氧化還原對的標準電位[9,16]

為了解決上述問題，使鐵鉻液流電池獲得更好的性能，近年來，學者們進行了大量的研究工作，主要集中在鐵鉻液流電池的關鍵材料（電解液、電極和離子傳導膜等）和電池結構等方面，以提高電池能量效率、能量密度及其穩定性等性能。

6.2.1 電極研究進展

電極是鐵鉻液流電池的關鍵材料之一，在充放電過程中不參與電化學反應，只為電解液中活性物質提供氧化還原反應的場所。理想的電極材料應該具有高的電子導電性、高活性、高穩定性、高浸潤性以及高比表面積等特徵。

碳基材料因其成本較低、化學穩定性高、在高氧化介質中電位窗口大等優點，被認為是鐵鉻液流電池的理想電極材料。碳基材料電極的性能與其結構特徵密切相關，而結構特徵主要取決於其紡絲所用的前驅體。Zhang 等[17]以人造纖維和聚丙烯腈為前驅體製備人造纖維石墨氈（RAN－GF）和聚丙烯腈基石墨氈（PAN－GF）作為鐵鉻液流電池的電極材料，通過實驗發現 PAN－GF 比 RAN－GF 更容易石墨化，在相同的厚度和孔隙率下，PAN－GF 的電導率更高，歐姆極化損失更小，具有更好的電化學活性，電化學極化更小；而 RAN－GF 的表面比較粗糙，有利於活性物質在電極表面的擴散，可以降低電池的濃差極化。綜合來看，以 PAN－GF 作為電極材料，電池的極化更小，而且 PAN－GF 的成本較低，適合作為鐵鉻液流電池的電極材料。然而，原始碳氈電極的性能還不能滿足要求，研究者通過對其進行改性，比如增加電極的比表面積或者用催化劑修飾電極表面，進一步優化碳基材料的性能。

鐵鉻液流電池氧化還原反應的發生需要與電極的活性位點接觸，因此，在電極表面增加反應活性位點可以有效提高其電化學活性，進而提高電池的性能。Zhang 等[18]對聚丙烯腈基石墨氈（GF）和碳氈（CF）進行高溫優化處理，通過石墨化程度、含氧官能團和比表面積調控，發現在 500℃高溫下進行 5h 的熱處理過程對 GF 和 CF 的理化參數有顯著影響。高石墨化的 GF 具有較完整的碳網結構，導電性較好，經過熱處理之後，在表面生成含氧官能團，同時具備較好的導電性和電化學活性。Chen 等[19]使用矽酸在熱空氣的作用下對石墨氈進行刻蝕，使石墨氈的比表面積增大，產生更多的反應活性位點。而且矽酸熱分解生成的 SiO_2 可以阻礙熱空氣對石墨氈的進一步刻蝕，保證了碳纖維網路的完整性，同時生成大量含氧官能團，提高了石墨氈的親水性，反應過程如圖 6－9 所示。實驗表明，適當的矽酸與熱空氣協同控制可以有效地提高石墨氈的比表面積和氧官能團數量，使其獲得更好的電化學活性。但是，二氧化矽也會讓熱空氣引起的氧化點更集中，導致石墨氈的電導率下降。

鐵鉻離子在電極表面發生氧化還原反應，除了需要大量的反應活性位點外，還需要外界提供大於反應所需活化能的能量。因此，通過使用催化劑降低反應活化能，可以促進電解液中活性物質氧化還原反應的進行。目前，將催化劑修飾在電極上的方法主要有兩種，電化學沉積法和黏結劑塗覆法。採用電化學沉積的方式，可以將金屬催化劑修飾在電極表面，例如鉛[20]、金、鉍等金屬，可以催化 Cr^{2+}/Cr^{3+} 氧化還原反應，提高其反應活性。其中，金屬鉍由於價格較低，且催化效果較好，被廣泛應用於液流電池中。如圖 6－10 所示，Bi 對 Cr^{2+}/Cr^{3+} 電對的催化機理普遍認為是 Bi^{3+} 先被氧化成 Bi，然後與 H^+ 形成中間產物 BiH_x，BiH_x 不會分解為 H_2，而是參與 Cr^{2+}/Cr^{3+} 的氧化還原反應，從而促進 $Cr^{2+}/$

Cr^{3+} 氧化還原反應。Wu 等直接將鉍的衍生物固態氫化鉍(S—BiH)作為催化劑修飾在碳氈電極上，同樣提高了 Cr^{2+}/Cr^{3+} 氧化還原反應的可逆性。

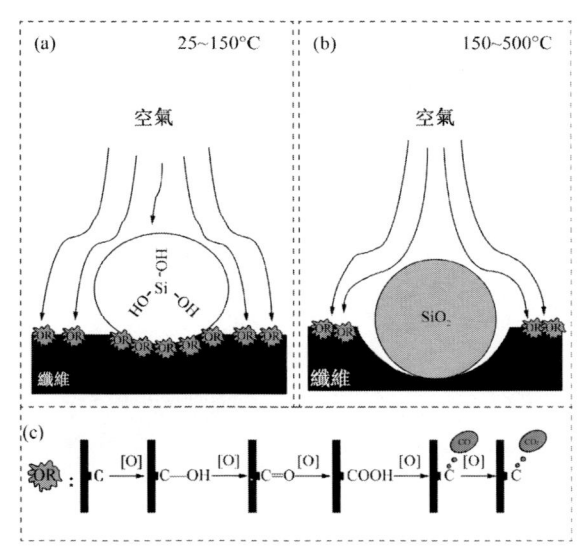

圖 6—9　在石墨氈表面引入 SiO_2 的流程圖[19]

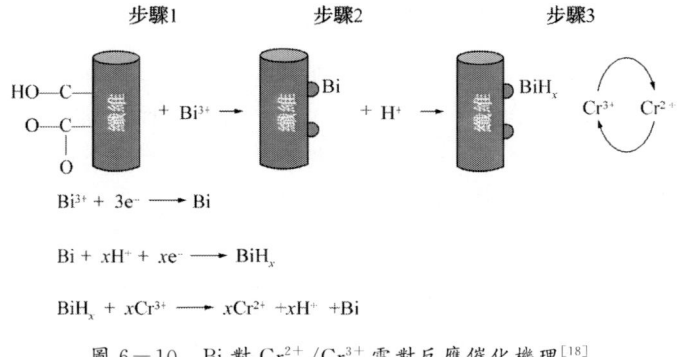

圖 6—10　Bi 對 Cr^{2+}/Cr^{3+} 電對反應催化機理[18]

雖然電化學沉積法具有較好的應用效果，但是金屬在電極上沉積會受到包括流速空間分布和電極孔結構在內的各種條件的影響，導致其分布不均勻；另外，在電解液流體的衝擊下，催化劑容易從電極表面脫落，其可靠性有待進一步提高。

Ahn 等[21]將科琴炭黑和鉍奈米粒子(Bi—C)用 Nafion 溶液黏結在碳氈電極表面，製成了一種雙功能催化的電極材料，該材料兼具催化活性物質反應和抑制析氫的作用。通過 DFT 計算和一系列實驗表明，科琴炭黑的修飾增加了電極的比表面積，為 Cr^{2+}/Cr^{3+} 氧化還原反應提供了更多的催化活性位點，而

H^+ 在 Bi 表面的吸附減緩了 H^+ 向 H_2 轉變的趨勢。如圖 6-11 所示，由於這種協同效應，在促進 Cr^{2+}/Cr^{3+} 氧化還原反應的電化學活性的同時，抑制析氫反應的發生，使電池具有優異的電壓效率和能量效率。雖然採用 Nafion 溶液等黏結劑將催化劑黏在電極表面可以避免電化學沉積帶來的催化劑分布不均和脫落等問題，但是也會使接觸電阻增大，因此催化劑的合理利用是一個急待解決的問題。

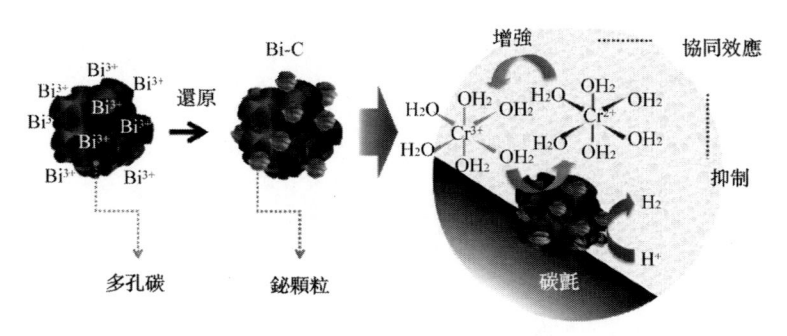

圖 6-11 Bi-C 修飾碳纖維電極示意圖[21]

6.2.2 離子傳導膜研究進展

離子傳導膜的作用是分隔正極和負極電解液，只允許電解液中的載流子（如 H^+）通過，保證正負極電荷平衡並構成電池的閉合迴路。液流電池的正負極電解質互串問題一直是影響其性能的一個重要因素，由於正負極電解液 Fe/Cr 離子的濃度不同，受滲透壓的影響，正負極的金屬離子隨著時間的變化不斷向膜的另一側遷移，電解質的流失一方面會降低電池的充放電容量，另一方面也會使得電池的效率降低。因此，離子傳導膜必須具有高選擇性，可以阻止電解液活性物質的交叉汙染。同時，離子傳導膜仍需具有高通過性，保證載流子的快速通過，以降低電池的內阻。

目前在液流電池中應用比較廣泛的離子傳導膜是美國科慕公司（原 Dupont 公司）的 Nafion 系列膜。Sun 等[22]以 Nafion 212/50 μm、Nafion 115/126 μm 和 Nafion 117/178μm 三種離子傳導膜為研究對象，通過測試離子交換容量、質子傳導率、離子滲透性等性能，探究了不同厚度的 Nafion 離子傳導膜對鐵鉻液流電池性能的影響。研究結果表明，雖然較厚的離子傳導膜具有較低的離子滲透性，可以防止活性物質交叉汙染，但是膜厚度的增加會導致膜電阻增加，電壓效率降低。使用較薄的 Nafion 212 膜進行單電池測試，由於電阻較低，在電流密度為 40～120mA/cm^2 的範圍內具有最高的電壓效率和能量效率。結合成本和性能考慮，Nafion 212 是三者之中最適合鐵鉻液流電池的離子傳導膜。

Nafion 系列膜的性能雖然優異，但是成本較高。為了降低成本，Sun 等[23]使用一種低成本的磺化聚醚醚酮膜（SPEEK）作為鐵鉻液流電池的離子傳導膜，並對 SPEEK 膜與 Nafion 115 膜在鐵鉻液流電池中的性能進行了比較。單電池充放電循環試驗表明，與 Nafion 115 膜相比，磺化度為 55% 的 SPEEK 膜自放電率較低，容量衰減較慢，庫倫效率更高。如圖 6-12 所示，在 50 次循環中，SPEEK 膜的電池性能穩定。基於 1MW-8h 鐵鉻液流電池系統進行成本分析，SPEEK 膜的成本占整個電池系統的 5%，遠低於 Nafion 115 膜的 39%，在成本上具有很大的優勢。

(a) 基於傳統的 Nafion 的 ICRFB

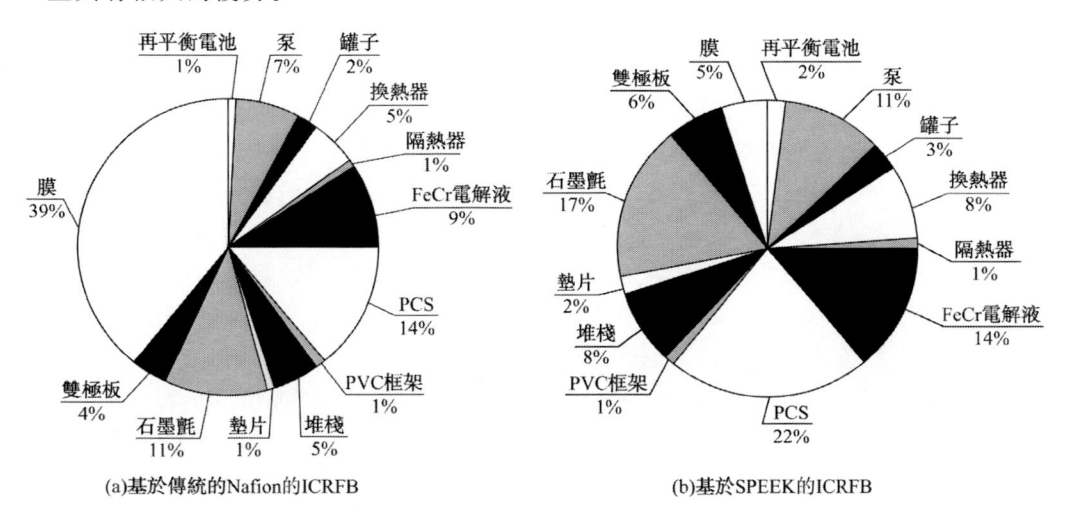

(b) 基於 SPEEK 的 ICRFB

圖 6-12　用於 1 MW-8h 能量儲存系統的成本[23]

6.2.3　電解液研究進展

電解液作為核心部件，直接決定了其儲能成本（相對於其他液流電池體系）。但是，鐵鉻液流電池電解液中 Cr^{3+} 的電化學活性較差、易老化、易發生析氫反應、容量衰減快、能量效率較低等原因仍然限制著其商業化發展。儘管，通過升高溫度在一定程度上可以改善 Cr^{3+} 的老化問題，提升電極反應活性；通過採用混合電解液可以有效緩解電解液的交叉汙染，降低對隔膜選擇性的要求；通過引入添加劑或者改進電極性能，也可以提升 Cr^{3+} 的電化學反應活性，抑制析氫反應。但是，這些方法或者結果更多的是停留在電化學行為研究，缺乏足夠的電池性能資料，Cr^{3+} 反應活性低、易發生析氫反應等問題並沒有得到根本的解決。同時，目前鐵鉻液流電池電解液的運行溫度通常是選擇在高溫下進行的，而關於電解液中正、負極的電極反應過程大多是基於室溫進行的，這就會造成對電池實際運行過程中的正、負極電化學反應過程認識不夠充分，對鐵鉻電池的改進或者優化造成

一定程度的偏差。因此，將高溫下鐵鉻液流電池電解液的電化學行為與電池性能相結合，有助於更進一步認識電解液對電池性能的影響，從而提升 Cr^{3+} 的電化學反應活性，抑制析氫反應，有利於鐵鉻液流電池整體性能的提升[1]。

鐵鉻液流電池電解液是含有鐵離子和鉻離子的溶液，其物理化學性質直接影響電池的性能。在鐵鉻液流電池的研究初期，分別將 $FeCl_2$ 和 $CrCl_3$ 溶於 HCl 溶液中作為正負極電解液。但是，由於膜兩側的滲透壓不同，容易出現離子交叉互串，從而降低電池性能。Hagedorn 等[24]提出正負極使用相同的混合電解液，以緩解活性物質的交叉互串。為了獲得性能更好的鐵鉻液流電池，Wang 等[25]使用正負極相同的混合電解液，通過對不同離子濃度和酸濃度電解液的電導率、黏度以及電化學性能研究，確定了鐵鉻液流電池電解液組成的最佳方案為 1.0mol/L $FeCl_2$、1.0mol/L $CrCl_3$ 和 3.0mol/L HCl。在此條件下，電解液的電導率、電化學活性和傳輸特性的協同作用最佳。

鐵鉻離子溶解在支持電解質中，在電池運行過程中發生價態的變化，從而完成電能的儲存與釋放。為了進一步提高電池性能，可以將可溶性物質作為添加劑溶解在電解液中，添加劑不參與充放電過程的氧化還原反應，但可以改善電解液的電化學性能。不同的添加劑具有不同的效果，Wang 等[26]發現，將銦離子作為添加劑加入負極電解液中，不但會抑制負極的析氫反應，還對 Cr^{2+}/Cr^{3+} 的反應過程有促進作用。如圖 6-13 所示，向電解液中添加濃度為 0.01mol/L 的 In^{3+}，在 200mA/cm² 電流密度下，電池的能量效率可達 77.0%。在 160mA/cm² 電流密度下運行 140 個循環後，相較於無添加電解液，其容量保持率高出 36.3%。張路等[15]將少量氯化銨作為添加劑加入電解液中，用來解決 Cr^{2+}/Cr^{3+} 的老化問題。在電解液中，NH_4^+ 通過絡合作用，可以有效地抑制 Cr^{3+} 在水溶液中的去活化現象，使 Cr^{2+}/Cr^{3+} 電對具有良好的氧化還原可逆性和穩定性。

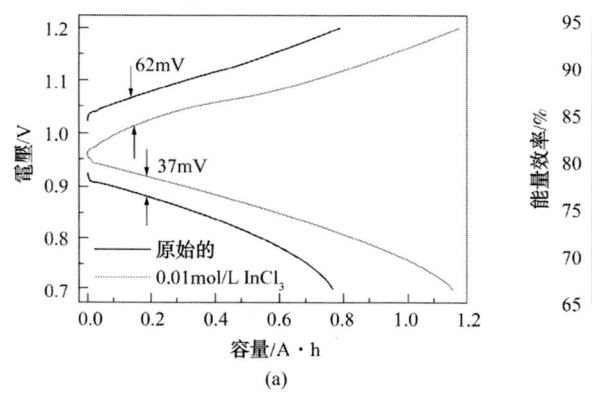

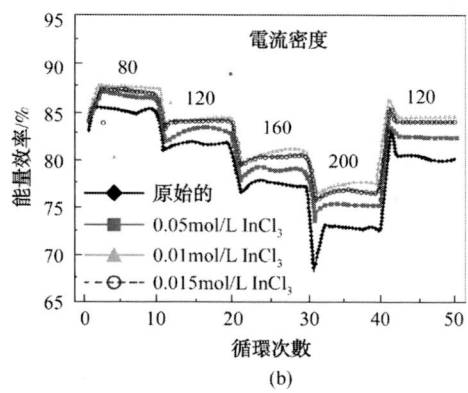

圖 6-13　銦離子作為負極添加劑的鐵鉻液流電池性能[26]

中性電解液與傳統電解液相比具有較低的 H^+ 的濃度,可以抑制鐵鉻液流電池的析氫副反應,但是,Cr^{3+} 和 Fe^{2+} 在中性條件下容易發生水解,生成沉澱,有機添加劑如 EDTA[27]、PDTA[28] 等可以與電解液中的 Cr^{3+} 和 Fe^{2+} 絡合,有效抑制水解的發生。另外,有機添加劑的加入可以增大 Fe^{2+}/Cr^{3+} 的氧化還原電位窗口,提高電池的能量密度。但是,金屬離子與有機物中組成的配合物溶解度較低,且溶液電阻較大,將限制鐵鉻液流電池的能量密度和電壓效率。

6.2.4 電池結構研究進展

鐵鉻液流電池流場結構決定電解液流速分布以及濃度分布,傳統的鐵鉻液流電池通過簡單的流通式結構,由循環泵驅動電解液直接穿過多孔電極,在此流場結構條件下,如果採用較薄的多孔電極降低電池的歐姆極化,會導致電解液受到的流動阻力增加,流速降低且影響電解液分布的均勻性,從而增加電池的濃差極化[29]。Zeng 等[30,31] 通過在雙極板上雕刻流道的方式改變電解液的流動,提出了交叉式流場結構和蛇形流場結構,如圖 6—14 所示。在雙極板上設置流場結構,可以有效縮短電解液在多孔電極中的流動距離,降低電解液在多孔電極中的流動阻力,使電解液更加均勻地分布在整個電極區域。電解液流動距離的縮短,使得採用更薄、更大壓縮比的電極材料也不會影響電解液的流速和壓力,對於降低鐵鉻液流電池的歐姆極化具有重要的意義。除此之外,流場結構設計會影響催化劑在電極表面的電化學沉積,從而改變其在多孔電極中的分布,與蛇形流場相比,交叉式流場迫使電解液通過相鄰通道之間的多孔電極,使催化劑分布更均勻,具有更高的催化劑利用效率。

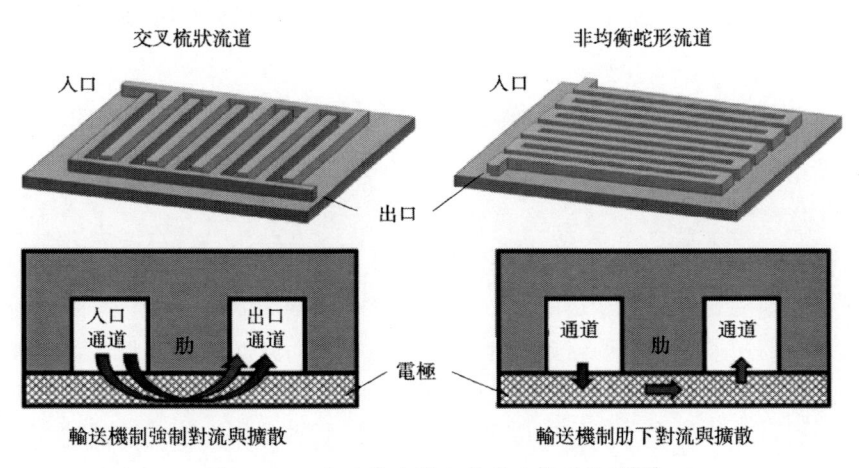

圖 6—14 交叉式流場和蛇形流場示意圖[31]

液流電池與儲能

通過電池結構優化，可以降低負極析氫反應對鐵鉻液流電池穩定性的不利影響，消除氫氣析出帶來的安全隱患。Zeng 等[32]設計了一種利用負極析氫反應產生的氫氣來還原正極電解液中過量 Fe^{3+} 的再平衡電池結構。再平衡電池結構如圖 6-15 所示，使用一根導管將負極側產生的氫氣與氮氣混合導入正極，使其還原正極電解液中過量的 Fe^{3+}。實驗結果表明，在氫濃度為 1.3%~50%時，再平衡電池中氫氣氧化反應的交換電流密度與氫濃度的平方根成正比。氫濃度為 5%，流速為 100mL/min 時，氫氣在交叉流場結構的再平衡電池中利用率可接近 100%，降低了析氫反應對鐵鉻液流電池穩定性和安全性的不利影響。

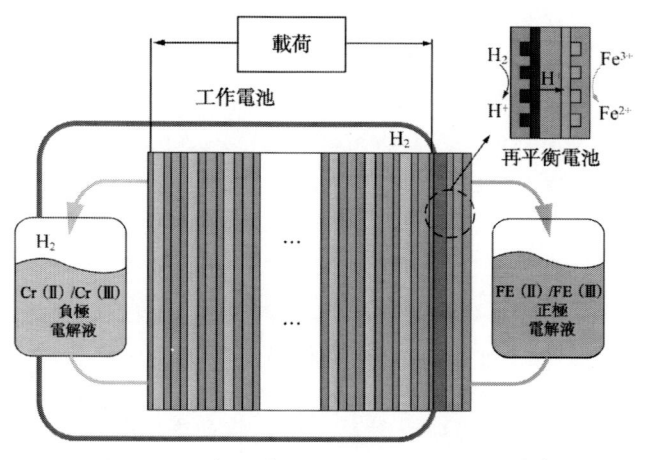

圖 6-15　氫—鐵離子再平衡電池示意圖[32]

6.3　鐵鉻液流電池在各國儲能示範專案中的應用情況

6.3.1　鐵鉻液流電池在中國應用

中國科學院大連化學物理研究所在 1992 年成功開發出 270W 的小型鐵鉻液流電池電堆[33]，選用經簡單鹼處理的聚丙烯腈碳氈作惰性電極。在電池運行之前，將溶於鉻反應液中的鉛和鉍沉積到碳氈上，用以提高碳氈電極的催化活性，並抑制析氫副反應。經循環伏安法和電極面積分別為 80cm^2、500cm^2 單電池的實驗證明，用上述方法製備的鉻電極不但製法簡單，而且活性高、穩定，其析氫副反應也小。為防止電池系統經多次充放電由鉻電極析氫而導致的鐵鉻溶液不平衡，利用燃料電池的多孔氣體擴散電極組裝出鐵氫再平衡電池，該電池正負極反應分別為：

$$Fe^{3+} + e^- \longrightarrow Fe^{2+}$$

$$H_2 \longrightarrow 2H^+ + 2e^-$$

並且參考美國、日本的1kW鐵鉻氧化還原儲能電池系統(均由2個或4個電池組並串聯結構的設計),組裝了一個平均功率為270W的電池系統。圖6－16為電池組組裝結構示意圖。

研製的室溫(28℃)運行的鐵鉻氧化還原液流電池系統,電流效率達93%,電壓效率78%,能量效率72%。電池系統的電流效率、電壓效率和能量效率在近120個充放電週期內穩定無衰減,並且通過分析表明在電池設計時應盡量減少漏電電流。

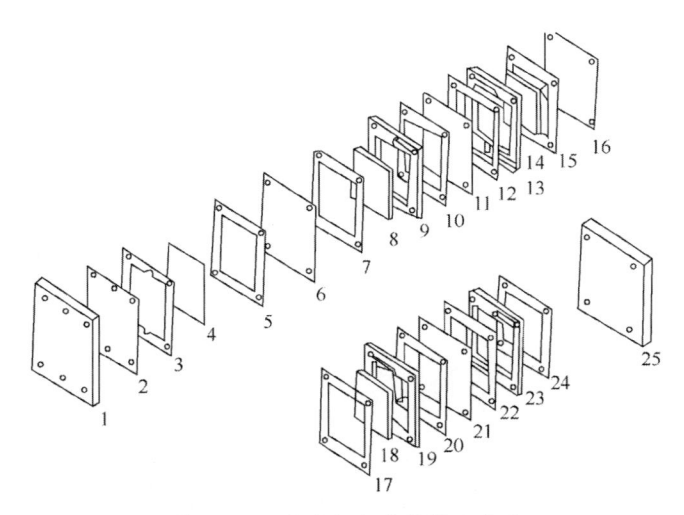

圖6－16 電池組組裝結構示意圖

1、25—夾板;2—再平衡電池氫極板;3、5、7、10、12、15、17、20、22、24—橡皮墊;
4—再平衡電池氫極;6、16—離子交換膜;8、14、18—碳氈;
9、13、19、23—間隔片(板框);11、21—雙極板

圖6－17 中國國家電投集團科學技術研究院有限公司自主研發的首個31.25kW鐵鉻液流電池電堆——「容和一號」

2019年11月5日,由中國國家電投集團科學技術研究院有限公司研發的首個31.25kW鐵鉻液流電池電堆(「容和一號」)成功下線,如圖6－17所示,經測試,性能指標滿足設計參數要求。示範專案的其他電池堆正在開展組裝及測試工作。

「容和一號」的成功下線為示範專案建設奠定了堅實基礎,代表著中國國家電投在儲能技術上取得了重大突破,自主研發的鐵鉻液流電池電堆正式步入產業化階段。

液流電池與儲能

目前,中國國家電投集團科學技術研究院有限公司正在建設中國首座百千瓦級鐵鉻液流電池儲能示範電站[12]。系統額定輸出功率250kW,容量1.5MW·h,由8個31.25kW的電池堆,以及相應的電解液儲罐、電解液輸送泵、交直流轉換器、控制系統、測量電子組件以及管道閥門組成(見表6-1)。電池堆是鐵鉻液流電池儲能系統的核心部件,由多個單電池以疊加的方式組合而成(見圖6-18)。250kW/1.5MW·h鐵鉻液流電池儲能示範電站採用了8個額定輸出功率31.25kW的電池堆。

表6-1　250kW/1.5MW·h鐵鉻液流電池儲能示範專案設計參數

設計參數	數值	設計參數	數值
額定輸出功率/kW	250	DC/DC系統轉換效率/%	≥75
系統容量/MW·h	1.5	充放電切換時間/ms	約200
單電堆功率/kW	≥30	運行免維護時間/a	≥0.5

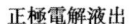

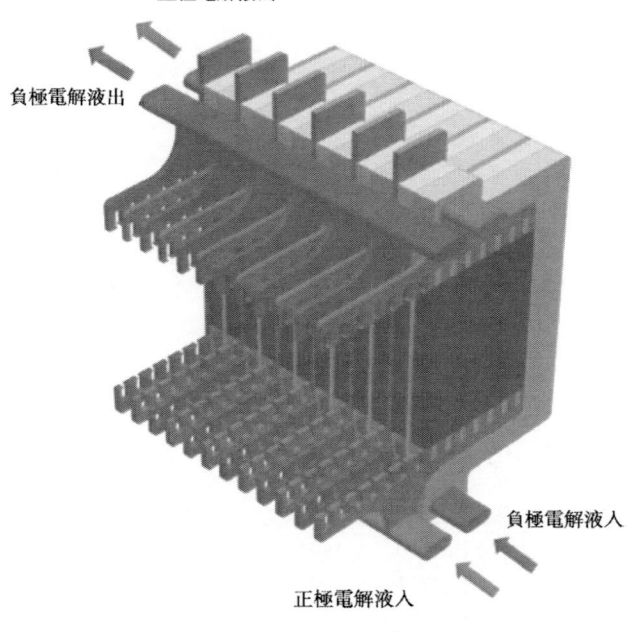

圖6-18　電池堆工作原理

徐泉課題組聯合中海儲能科技(北京)有限公司對鐵鉻液流電池進行了深入研究,其中技術創新包括以下四個方面:①雙極板開槽技術。雙極板雙側開槽,流體力學模擬分析,流體流動更流暢且可控,大幅度提高電流密度。②催化劑沉積技術。專有的催化劑沉積工藝[39],有效提高鉻的電化學活性,減少副反應的發

生，提高電解液的利用率。③再平衡技術。解決了由於能量衰減導致的電池壽命下降，可保證電池 20000 次以上的深充深放性能。④電極處理技術[40]。增加電極的比表面積，提高電極的反應活性降低電池堆的電阻，有效提高電池堆性能。徐泉等建設的 10kW 電堆的實物圖如圖 6－19 所示。該工藝現已實現鐵鉻液流電池直流側輸出功率 10kW，效率 82%，電流密度 160mA/cm^2，電堆功率密度 24.8kW/m^3，如圖 6－20 所示。該技術在未來的大規模儲能中預期具有良好的應用前景，可實現在電網中的調峰作用。

圖 6－19　10kW 電堆實物圖

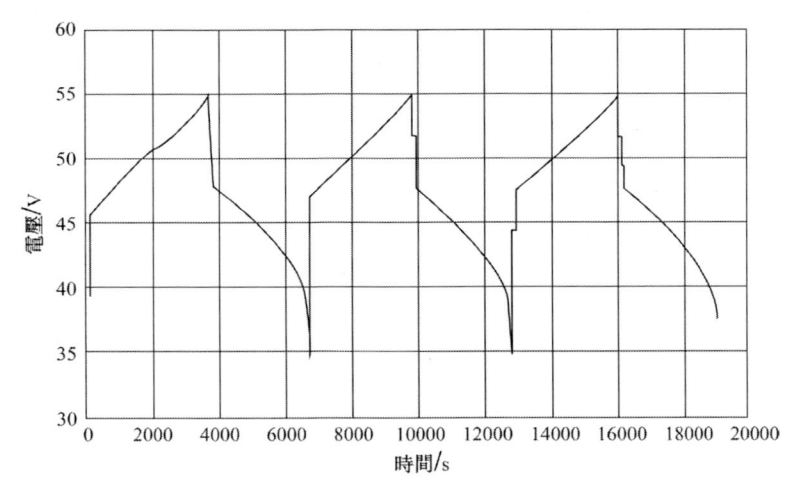

圖 6－20　10kW 電堆循環曲線

6.3.2　鐵鉻液流電池在國外應用

鐵鉻液流電池技術起源於 20 世紀 70～80 年代 NASA 的路易斯研究中心，

該中心的科學家 Thaller 提出了氧化還原液流電池的概念，他們在篩選了多種氧化還原體系電對基礎上，最終選擇了鐵鉻液流電池(Fe/Cr RFB)體系作為主要的研發對象，因為其成本低廉、綜合電化學特性較好。實驗測試結果表明，在碳電極上正極 Fe^{3+}/Fe^{2+} 的氧化還原反應可逆性好，負極 Cr^{3+}/Cr^{2+} 氧化還原反應可逆性較差，但是經過在負極上沉積催化劑改善其可逆性，電極性能得到顯著改善。NASA 首先研製出了 1kW 的鐵鉻液流電池儲能系統[34]。後期為了改善系統的性能，在單電池基礎上開展了進一步的研發，電解液採用了鐵、鉻離子的混合溶液，並且升高了操作溫度，從而保持了系統容量的相對穩定。同時，也提高了電極的性能。在此基礎上，NASA 認為鐵鉻液流電池儲能技術達到了商業化應用的技術程度，開始轉入商業公司 Standard Oil of Ohio 準備產品的開發，但是由於石油危機的減緩或其他可能原因，該公司沒有選擇將這一技術進行商業應用的發展。NASA 的科學家之一 Reid 對 NASA 的技術發展做了詳細描述[12,35]。

日本新能源產業技術開發機構(NEDO)於 1974 年制定了策略性節能規劃「月光計劃」，把從基礎研究到開發階段的節能技術列為國家的重點科學研究專案，以保證節能技術的開發和加強國際節能技術合作。在與 NASA 的研發合約下，NEDO 對鐵鉻液流電池儲能技術開展了進一步研究，於 1983 年推出了改進型的 1kW 的鐵鉻液流電池系統。通過改進電極材料，增大電極面積，將電池的能量效率提高到了 82.9%[36]。隨後，電池製造工藝轉移到三井造船公司進行規模放大，並於 1980 年代後期推出了 10kW 的鐵鉻液流電池系統[37]。可以說，鐵鉻液流電池儲能系統的技術基礎已經形成[12]。

隨著新能源的發展，對儲能技術的需求越來越迫切，美國 EnerVault 公司繼承了 NASA 的技術體系，進行了規模放大，該公司注重於鐵鉻液流電池儲能技術在大型電網方面的應用，2014 年建成了全球第一座 250kW/1000kW·h 鐵鉻液流電池儲能電站，在加州特羅克的示範應用專案中投入運行[12,38]。

6.4　鐵鉻液流電池總結與展望

隨著中國能源結構的轉型和調整，為儲能提供了巨大的市場空間，儲能面臨的是前所未有的機遇和爆發式的需求成長。

針對鐵鉻液流電池的下一步研究工作有以下幾方面的發展方向[1]：

① 尋找更適合於鐵鉻液流電池的支持電解液代替鹽酸體系。在實驗過程中，鹽酸體系腐蝕性較強，且在高溫體系下，更容易揮發，對環境及設備不友好。通

過可替代鹽酸體系的支持電解質(如中性體系)也可以在一定程度上減少鐵鉻電池負極反應過程中的析氫反應。

② 發展可在室溫條件下運行的鐵鉻液流電池。通過尋找更適用於鐵鉻液流電池中鉻離子的配位體，解決電解液老化的問題，同時引入合適的催化劑，提升鐵鉻液流電池的電化學性能。

③ 開發新型離子交換膜，兼顧高溫條件下電池效率和穩定性。在高溫條件下，離子交換膜的滲透性能會有所提升，會使電池在運行過程中，自放電等現象增強，影響電池的循環穩定性。因此，研究或開發合適的離子交換膜是改善和提高電池效率和穩定性的重要途徑。

在眾多的儲能技術中，鐵鉻液流電池是一種極具發展潛力的大規模儲能技術，具有效率高、循環壽命長、使用溫度範圍大、功率模組化、容量可定製化、安全性高、環境友好、成本低等優點，能夠廣泛應用在發電側、電網側和用戶側，從提供短時間的調頻、提高電能質量到長時間的削峰填谷、緩解輸電線路阻塞，能夠提供能量的時空轉移，是解決大規模新能源發電併網所帶來的問題和提升電網對其接納能力的重要措施。

中國國家電投集團科學技術研究院有限公司正在建設的中國首座百千瓦級鐵鉻液流電池儲能示範電站，對鐵鉻液流電池技術的推廣應用將起到積極的示範作用。隨之而來的大規模商業應用和推廣，必將為儲能領域帶來一種新的技術創新和突破，也將有力促進儲能技術的應用和發展，為中國儲能策略提供一條更加可靠、經濟和安全的技術路線。

參 考 文 獻

[1] 王紹亮. 鐵鉻液流電池電解液優化研究[D]. 合肥：中國科學技術大學，2021.

[2] SUN C，H ZHANG. Review of the Development of First—Generation Redox Flow Batteries： Iron—Chromium System[J]. ChemSusChem，2021，15(1)：1—15.

[3] ZENG Y K，ZHAO T S，AN L，et al. A comparative study of all—vanadium and iron—chromium redox flow batteries for large—scale energy storage[J]. Journal of Power Sources，2015，300：438—443.

[4] BARTOLOZZI M. Development of redox flow batteries. A historical bibliography[J]. Journal of Power Sources，1989，27(3)：219—234.

[5] THALLER L H. Electrically rechargeable REDOX flow cell[P]. 1976—12—07.

[6] AO T，BAO J，SKYLLAS—KAZACOS M. Dynamic modelling of the effects of ion diffusion and side reactions on the capacity loss for vanadium redox flow battery[J]. Journal of Power Sources，2011，196(24)：10737—10747.

[7] NOZAKI K，OZAWA T. Research and development of redox－flow battery in electrotechnical laboratory[J]. Proceedings of the Seventeenth Intersociety Energy Conversion Engineering Conference，1982，2：610－615.

[8] JALAN V，STARK H，GINER J. Requirements for optimization of electrodes and electrolyte for the iron/chromium Redox flow cell[J]. Final Report Giner Inc Waltham Ma，1981：1－82.

[9] GAHN R F，HAGEDORN N H，LING J S. Single cell performance studies on the FE/CR Redox Energy Storage System using mixed reactant solutions at elevated temperature[J]. NASA Technical Memorandum，1983，83：1－9.

[10] ZENG Y K，ZHAO T S，AN L，et al. A comparative study of all－vanadium and iron－chromium redox flow batteries for large－scale energy storage[J]. Journal of Power Sources，2015，30：438－443.

[11] MCGRATH M J，PATTERSON N，MANUBAY B C，et al. 110th Anniversary：The Dehydration and Loss of Ionic Conductivity in Anion Exchange Membranes Due to FeCl$_4$－Ion Exchange and the Role of Membrane Microstructure[J]. Industrial & Engineering Chemistry Research，2019，58，22250－22259.

[12] 楊林，王含，李曉蒙，等. 鐵－鉻液流電池 250 kW/1.5 MW·h 示範電站建設案例分析[J]. 儲能科學與技術，2020，9(3)：751－756.

[13] 房茂霖，張英，喬琳，等. 鐵鉻液流電池技術的研究進展[J]. 儲能科學與技術，2022，11(5)：358－367.

[14] 肖涵諦，黃忍，張歡，等. Fe(Ⅱ)－Cr(Ⅲ)電解液在石墨電極上的氧化還原動力學研究[J]. 電源技術，2019，43(7)：1179－1181，1196.

[15] 張路，張文保. 某些有機胺和氯化銨添加劑對提高 Cr^{3+}/Cr^{2+} 電對貯存性能的研究[J]. 電源技術，1991，2：26－28，31.

[16] YANG Z，ZHANG J，KINTNER－MEYER M，et al. Electrochemical energy storage for green grid[J]. Chemical Reviews，2011，111(5)：3577－3613.

[17] ZHANG H，YI T，LI J，et al. Studies on properties of rayon－and polyacrylonitrile－based graphite felt electrodes affecting Fe/Cr redox flow battery performance[J]. Electrochimica Acta，2017，248(10)：603－613.

[18] ZHANG H，CHEN N，SUN C，et al. Investigations on physicochemical properties and electrochemical performance of graphite felt and carbon felt for iron－chromium redox flow battery[J]. International Journal of Energy Research，2020，44(5)：3839－3853.

[19] CHEN N，ZHANG H，LUO X D，et al. SiO_2－decorated graphite felt electrode by silicic acid etching for iron－chromium redox flow battery[J]. Electrochimica Acta，2020，336(10)：1－12.

[20] TIRUKKOVALLURI S R，GORTHI R K H. Synthesis，Characterization and Evaluation

of Pb Electroplated Carbon felts for Achieving Maximum Efficiency of Fe－Cr Redox Flow Cell[J]. Journal of New Materials for Electrochemical Systems，2013，16(4)：287－292.

[21] AHN Y，MOON J，PARK S E，et al. High－performance bifunctional electrocatalyst for iron－chromium redox flow batteries[J]. Chemical Engineering Journal，2020，421(8)：1－12.

[22] SUN C Y，ZHANG H. Investigation of Nafion series membranes on the performance of iron－chromium redox flow battery[J]. International Journal of Energy Research，2019，43：8739－8752.

[23] SUN C－Y，ZHANG H，LUO X－D，et al. A comparative study of Nafion and sulfonated poly(ether ether ketone) membrane performance for iron－chromium redox flow battery[J]. Ionics，2019，25(9)：4219－4229.

[24] HAGEDORN N H. NASA Redox Storage System Development Project[J]. National Aeronautics & Space Administration Report，1984：1－48.

[25] WANG S，XU Z，WU X，et al. Analyses and optimization of electrolyte concentration on the electrochemical performance of iron－chromium flow battery[J]. Applied Energy，2020，271(1)：1－8.

[26] WANG S，XU Z，WU X，et al. Excellent stability and electrochemical performance of the electrolyte with indium ion for iron－chromium flow battery[J]. Electrochimica Acta，2021，368：1－9.

[27] RUAN W，MAO J，YANG S，et al. Designing Cr complexes for a neutral Fe－Cr redox flow battery[J]. Chem Commun(Camb)，2020，56(21)：3171－3174.

[28] ROBB B H，FARRELL J M，MARSHAK M P. Chelated Chromium Electrolyte Enabling High－Voltage Aqueous Flow Batteries[J]. Joule，2019，3(10)：2503－2512.

[29] LIU Q H，GRIM G M，PAPANDREW A B，et al. High Performance Vanadium Redox Flow Batteries with Optimized Electrode Configuration and Membrane Selection[J]. Journal of The Electrochemical Society，2012，159(8)：A1246－A1252.

[30] ZENG Y K，ZHOU X L，AN L，et al. A high－performance flow－field structured iron－chromium redox flow battery[J]. Journal of Power Sources，2016，324：738－744.

[31] ZENG Y K，ZHOU X L，ZENG L，et al. Performance enhancement of iron－chromium redox flow batteries by employing interdigitated flow fields[J]. Journal of Power Sources，2016，327：258－264.

[32] ZENG Y K，ZHAO T S，ZHOU X L，et al. A hydrogen－ferric ion rebalance cell operating at low hydrogen concentrations for capacity restoration of iron－chromium redox flow batteries[J]. Journal of Power Sources，2017，352：77－82.

[33] 衣寶廉，梁炳春，張恩浚，等. 鐵鉻氧化還原液流電池系統[J]. 化工學報，1992，3：330－336.

[34] THALLER L H. Redox flow cell energy storage systems[J]. Aiaa Journal，1979，989：1—12.

[35] REID C M，MILLER T B，HOBERECHT M A，et al. History of Electrochemical and Energy Storage Technology Development at NASA Glenn Research Center[J]. Journal of Aerospace Engineering，2013，26(2)：361—371.

[36] 林兆勤，江志韞. 日本鐵鉻氧化還原液流電池的研究進展：Ⅰ. 電池研製進展[J]. 電源技術，1991，2：32—39，47.

[37] FUTAMATA M，HIGUCHI S，NAKAMURA O，et al. Performance testing of 10 kW—class advanced batteries for electric energy storage systems in Japan[J]. Journal of Power Sources，1988，24(2)：137—155.

[38] SOLOVEICHIK G L. Flow Batteries：Current Status and Trends[J]. Chem Rev，2015，115(20)：11533—11558.

[39] NIU Y，LIU Y，ZHOU T，et al. Insights into novel indium catalyst to kW scale low cost，high cycle stability of iron—chromium redox flow battery[J]. Green Energy & Environment(https://doi.org/10.1016/j.gee.2024.04.005).

[40] XU Q，WANG S，XU C，et al. Synergistic effect of electrode defect regulation and Bi catalyst deposition on the performance of iron—chromium redox flow battery[J]. Chinese Chemical Letters，2023，34(10)：297—302.

第 7 章　其他液流電池

7.1　鋰離子液流電池

7.1.1　鋰離子液流電池簡介

　　鋰離子液流電池綜合了鋰離子電池和液流電池的優點，是一種輸出功率高和儲能容量大，彼此獨立、能量密度大、成本較低的綠色可充電電池。從經濟效益來看，鋰離子液流電池具有很高的研究價值，它結合了鋰離子電池的現有優勢和氧化還原液流系統的優勢，並通過外部化學試劑為電池提供燃料，進一步實現燃料電池的功能[1]。

　　一方面，鋰離子電池與鉛酸電池、鎳鎘電池或鎳氫電池相比，具有更高的體積密度和能量密度；目前已成為小型便攜式設備應用中最理想的動力源，並正向大型系統發展，如混合動力汽車。另一方面，氧化還原液流電池雖然不是一項新技術，但由於其模組化設計，操作靈活、可運輸、維護成本適中等特點，是一種有前途的大型電能儲存系統。鋰離子電池系統和氧化還原液流電池系統各有優缺點，可以服務於不同的目標應用，也可以協同創建其他維度的新的儲能系統，由此便產生了結合二者優點的鋰離子液流電池。與目前的半固態鋰離子可充電液流電池不同，鋰離子液流電池儲能材料儲存在獨立的儲能罐中，在運行時保持靜止狀態，這為我們構建能量密度更高、安全性更高的大規模儲能系統提供了新的思路[1,2]。

　　傳統的鋰離子電池電能儲存在由 Li^+ 化合物製成的兩個電極中。在充放電過程中，鋰離子在陽極和陰極主體結構之間通過電解液轉移，同時在電極處發生氧化和還原反應，電極之間通過外部電路進行電子轉移[1]。

　　到目前為止，鋰離子電池是為便攜式電子設備提供電力的最佳選擇，目前它正在向更大的設備（如插電式混合動力和全電動汽車）以及電網的電能儲存領域擴展。自過去的幾十年以來，人們一直致力於改善和優化鋰離子電池的性能，如更換新的電極材料，以提高能量密度，修飾現有材料的粒徑或形貌，以增加其電化學活性表面，同時減少鋰離子在電極內外的擴散長度，以提高功率密度。但因為鋰離子電池成本較高，功率依賴於鋰離子的轉移速率，且儲能依賴電極材料，所

液流電池與儲能

以在功率密度、成本和安全性方面遇到了許多挑戰。氧化還原液流電池，如全釩氧化還原液流電池，是瞬時大規模能量儲存的工具。通過在具有氧化還原成分的液體電解液中儲存能量，它們在操作中提供了很大的靈活性。氧化還原液流電池原則上具有無限的容量，可以通過更換電解液快速「充電」。但其主要缺點是電解液中非氧化還原組分的「自重」導致能量密度低，能量轉換效率低。所以出於對以上原因的考慮，研究新的電池變成了迫切的需求。

7.1.1.1 鋰離子液流電池工作原理

鋰離子液流電池將鋰離子電池與氧化還原液流電池進行結合，整體上提高了電池的性能。其結構包含三個主要組件：第一個組件是電化學電池動力單位，由兩個電極組成，電極之間用鋰離子導電膜隔開。電極是由高比表面積材料（如石墨烯材料）負載催化劑，以促進電荷交換與分子氧化還原穿梭。第二個組件是由兩個罐體組成的儲能單位，在罐體中儲存活性鋰離子儲存材料，並在其孔隙中注入合適的氧化還原電解液。這兩個能量罐通過循環的氧化還原電解液與動力裝置連接。第三個組件是控制系統，包括兩個泵，用於在能量罐和電化學電池之間循環氧化還原電解液。控制單位將能量罐中重新充電的氧化還原穿梭分子供給動力單位中的電極室，在那裡發生氧化還原反應並產生電力[2]。當電池工作時，正極懸浮液由正極進液口進入電池反應器的正極反應腔，與此同時，負極懸浮液由負極進液口進入電池反應器的負極反應腔。正極反應腔與負極反應腔之間有不導電的多孔隔膜，當電池放電時，負極反應腔中的負極活性材料顆粒內部的鋰離子脫嵌而出，嵌入正極活性材料顆粒內部，電子流入負極集流體，並通過負極集流體的負極極耳流入電池的外部迴路，完成做功後通過正極板極耳流入正極集流體，最後嵌入正極反應腔中的正極活性材料顆粒內部。鋰離子液流電池系統示意圖如圖7-1所示。

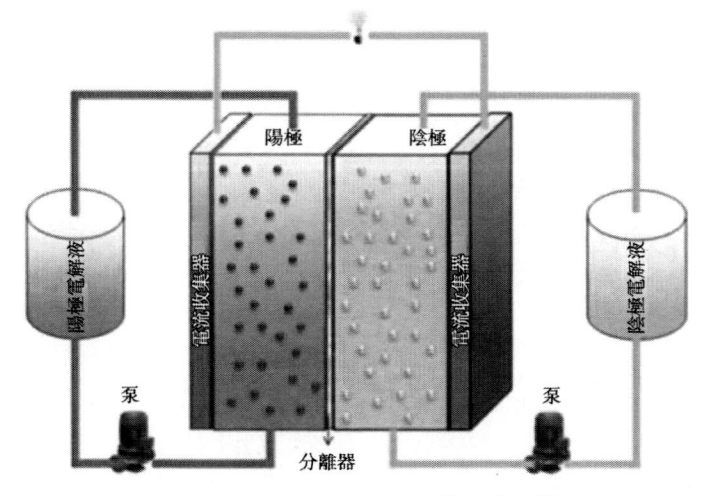

圖7-1 鋰離子液流電池系統示意圖[3]

該系統以金屬 Li 為陽極，石墨懸浮液為陰極，其反應如下：

陽極：$n\text{Li} \longrightarrow n\text{Li}^+ + n\text{e}^-$

陰極：$\text{M}^{z+}(\text{aq}) + n\text{e}^- \longrightarrow \text{M}^{(z-n)+}(\text{aq})$

總反應：$n\text{Li} + \text{M}^{z+}(\text{aq}) \longrightarrow \text{M}^{(z-n)+}(\text{aq}) + n\text{Li}^+$

鋰離子液流電池在許多方面有不同於其他液流電池的最新進展。首先，由於該系統的能量容量源於固體活性電極材料，其整體能量密度將遠遠高於液體電解液的流動電池。其次，與半固態液流電池不同，鋰離子液流電池將所有的活性電極材料儲存在能量池中，並且這些活性電極材料不會隨著電解液的循環而流動。電子傳導不像傳統的鋰離子電池和半固態液流電池那樣依賴碳基導電添加劑，而是通過鋰離子液流電池中氧化還原穿梭分子的流動來實現。理論上，溶解濃度較高的氧化還原穿梭分子可以顯著提高功率密度。鋰離子液流電池的運行包括兩個基本步驟。第一步，氧化還原穿梭分子與活性鋰離子儲存材料之間發生化學脫鋰/鋰化。第二步，氧化還原分子在電極上再生，準備再次脫鋰/鋰化[1,2]。

鋰離子液流電池系統的一個重要元素是固體電解板(LISICON)，它將陽極側的有機電解液和陰極側的水溶液分開。除了相當高的鋰離子電導率，固態電解液必須擁有很強的 Li^+ 選擇性，阻止枝晶生長的 Li 陽極到達陰極，同時不影響與 Li 接觸；此外，在一定 pH 範圍內，固體電解液必須對陽極側的有機碳酸鹽電解液和陰極側的水溶液保持穩定。針對鋰離子液流電池，其隔膜具有巨大的研究意義。隔膜應具有良好的 Li^+ 電導率，同時具有良好的緻密性，以防止氧化還原穿梭分子在兩個電極間交叉汙染。現有的玻璃陶瓷膜電阻率高，化學和機械穩定性差，過電位損失大，循環壽命短。Goodenough 和 Zhou 的團隊巧合地選擇了一種商業上可用的鋰超導導體(LISICON)，以其作為隔膜，其鋰離子電導率在 10^{-4}S/cm 左右，在中性條件下一定 pH 範圍內對有機電解液和水溶液陰極的使用都是穩定的。除了隔膜，另一個關鍵因素是陰極水溶液的選擇，鋰離子液流電池的陰極水溶液應該具有以下特徵：①適當的氧化還原電位；②無副反應；③在水中穩定性好；④良好的可逆性；⑤可靠的安全性；⑥成本低[1,3]。

與其他類型的電化學儲能裝置相比，鋰離子液流電池具有顯著的優勢。例如，由於能量儲存在固相中，如果將孔隙率為 50% 的 LiFePO_4 和 $\text{Li}_4\text{Ti}_5\text{O}_{12}$ 分別作為儲槽中的陰極和陽極儲存材料，鋰離子液流電池的儲罐容積能量密度將是目前全釩液流電池的 6~12 倍。因為它不使用黏合劑和導電添加劑，如果大規模使用，它甚至可能超過商用鋰離子電池，此外，鋰離子液流電池對電極在重複脫鋰/鋰化循環中的體積變化具有更強的耐受性，這是商業電池實現長循環壽命最具挑戰性的技術障礙之一。此外，由於具有儲能材料與動力單位，鋰離子液流電

液流電池 與 儲能

池對過充/過放具有更大的容錯性，因此儲存在儲罐中的活性材料不是直接充放電，更具有安全性，並為模組化設計提供更大的靈活性，以實現所需的工作電壓和電流，而不改變儲能單位。綜上所述，電池材料的可逆化學脫鋰/鋰化為能源和動力單位解耦的先進的大規模能量儲存提供了一種優越的方式。由此預計，一旦充分開發，設計的鋰離子液流電池將對汽車儲能產生深遠的影響，並將引領下一代儲能設備發展到一個更高的階段[2]。

7.1.1.2 鋰離子液流電池結構

典型的液流電池結構主要由兩個部分構成，一個正極腔室和一個負極腔室，它們被離子交換膜所隔離。兩個腔室分別與外部的儲液罐相連，在蠕動泵的作用下，包含不同價態活性物質的電解液將在腔室和儲液罐之間循環。與那些將電子能量儲存進固體電極材料的二次電池不同，液流電池不存在嵌入脫出過程。模組化的設計使得電池的活性物質與電極完全分開，電極只負責電流的收集，本身不參與任何化學反應。因此，電池的容量主要取決於外部的循環系統，這就使得電池的功率密度和容量設計彼此獨立。鋰離子液流電池的陰極電解液由陰極活性材料溶解在合適溶劑中構成，而陽極部分可以使用金屬鋰或者使用溶解在合適溶劑中的陽極活性材料。大量的陰極和陽極電解液則儲存在外部的儲液罐中，並通過外部的循環系統和電池主體部分相連。因此，電池的總容量可以通過儲液罐中電解液的體積來改變。另外，和傳統的液流電池不同的是鋰離子液流電池中使用的隔膜通常是可以傳導鋰離子的無機陶瓷類隔膜（固態電解液）或有機聚合物隔膜（聚合物電解液）。

7.1.1.2.1 正極

不同材料體系由於其本身比容量、導電性能等特性的不同，所形成的電極懸浮液性能不盡相同。目前鋰離子液流電池常用的正極材料包括 $LiCoO_2$、$LiNiO_2$、$LiMnO_4$、$LiFePO_4$ 和錳鎳鈷三元複合材料的奈米顆粒，這些材料都可分散於電解液中形成正極懸浮液用於鋰離子液流電池。與其他材料相比，$LiFePO_4$ 材料循環性能優異，成本低廉，是一種極具潛力的鋰離子液流電池正極材料，不足之處是材料的本徵電子導電性太差，必須額外添加導電劑，因此會影響電極懸浮液質量的提升[4]。$LiFeSO_4$ 正極懸浮液如圖 7－2 所示。

為了檢測 $LiFePO_4$ 正極懸浮液的性能，以金屬鋰片為對電極，組裝電池進行 $LiFePO_4$ 懸浮液的電化學性能測試。靜態測試結果顯示，懸浮液中的顆粒體積含量較低時即可實現有效的充放電功能，如圖 7－3 所示。在低倍率放電情況下，在 3.4V 附近具有平坦且長的電壓平臺；隨著電流密度的增大，放電電壓平臺略有降低，靜態放電容量減少，但在不同倍率下材料都表現出良好的循環穩定性。

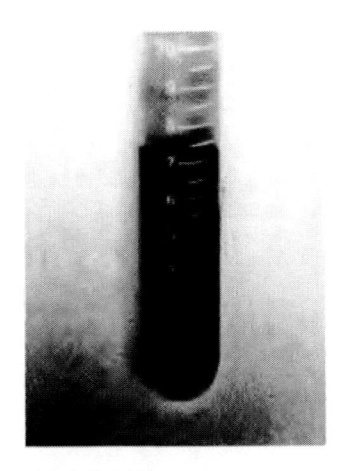

圖 7-2　LiFePO$_4$ 正極懸浮液[4]

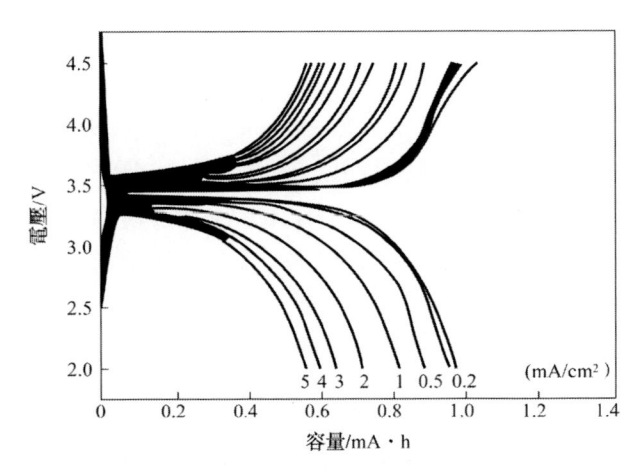

圖 7-3　LiFePO$_4$ 正極懸浮液充放電性能測試結果[4]

　　對 LiFePO$_4$ 材料進行碳包覆、金屬離子摻雜等處理以提高其電導率，有助於提高電極懸浮液的倍率特性；增加懸浮液 LiFePO$_4$ 的體積含量，也能夠使 LiFePO$_4$ 懸浮液的比容量進一步提高。在較低倍率下，LiFePO$_4$ 體積含量最大可以達到 23%，若 LiFePO$_4$ 活性材料的實際質量比容量以 160mA·h/g 計算，則 LiFePO$_4$ 正極懸浮液的質量比容量可達 76mA·h/g[4]。

7.1.1.2.2　負極

　　用於鋰離子電池的負極材料包括金屬鋰、碳材料、Li$_4$Ti$_5$O$_{12}$、錫基負極材料、矽基負極材料、新型合金材料等。

　　常用的碳材料是石墨材料，它具有成本低、導電性好、充放電電壓曲線穩

定、插鋰電位低的特點。以石墨作為負極材料製備負極懸浮液，以金屬鋰片為對電極，組裝電池進行石墨懸浮液的電化學性能測試，如圖 7-4 所示。測試結果顯示，不加以改性的石墨材料的首次不可逆容量較大，倍率性能也較差，這與材料表面 SEI 膜的形成有密切關係，不過，石墨負極懸浮液具有良好的循環穩定性。

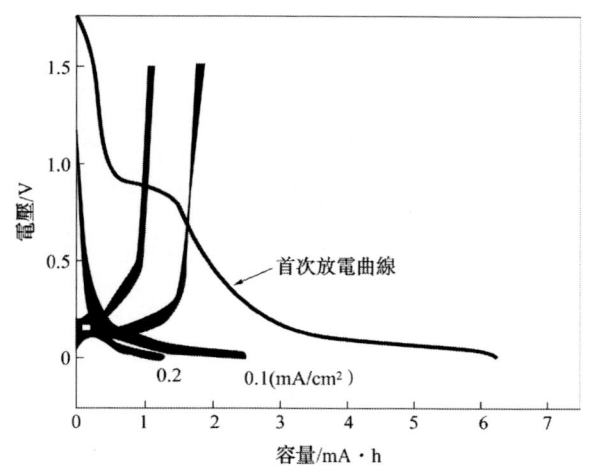

圖 7-4 石墨負極懸浮液充放電性能測試結果[4]

因此，對於負極懸浮液而言，如何避免由 SEI 膜導致的首次循環不可逆性是重要的研究內容。對負極顆粒表面進行處理，在表面沉積銅、銀、鎳、鋅或其氧化物等，都能夠有效改善電極粒子間的接觸狀況，提高電極顆粒的電導率，同時降低 SEI 膜的影響，改善倍率性能。另外，選擇較高工作電位的負極材料也能夠避免 SEI 膜對首次不可逆容量的影響。$Li_4Ti_5O_{12}$ 相對鋰的電極電位為 1.55V，處於有機電解液的穩定電位範圍內；此外，$Li_4Ti_5O_{12}$ 在鋰的插入和脫嵌過程中體積幾乎沒有變化，具有放電電壓穩定、循環性能好的特點，非常適合應用於能量密度要求不高的儲能鋰離子液流電池領域。$Li_4Ti_5O_{12}$ 導電性能差、大電流放電時易產生極化的問題，可以通過在 $Li_4Ti_5O_{12}$ 懸浮液中添加導電劑予以改善。

錫基負極材料和矽基負極材料同樣具有首次不可逆容量高的問題，但具有高的質量比能量和良好的循環穩定性，應用於鋰離子液流電池中時可以通過顆粒表面處理等措施提高其綜合性能。合金材料大多具有較高的比容量，但在脫嵌鋰過程中體積變化大，應用於鋰離子液流電池中時，無須考慮顆粒體積膨脹造成的脫落或接觸電阻增大的問題，因此能夠更好地發揮材料體系高比容量的優勢[4]。

7.1.1.2.3 電解液

與傳統的液流電池使用質子作為電荷傳輸的載體不同，鋰離子液流電池使用鋰離子作為電荷傳輸的載體，所以鋰離子液流電池的電壓可以接近鋰離子電池的

電壓。與應用於鋰離子電池中的隔膜不同的是，鋰離子液流電池中所使用的隔膜不僅用來阻止正負極直接接觸，還用來確保在鋰離子可通過的情況下阻止活性物質的滲透，防止交叉汙染。如圖7-5所示，以此典型的鋰離子液流電池示意圖為例，在充電過程中，陰極電解液中的還原態活性物質運動到正極集流體表面並失去電子變為氧化態活性物質，與此同時陽極電解液中的鋰離子或氧化態活性物質運動到負極集流體表面並得到電子變為金屬鋰或還原態活性物質。在充電過程中伴隨著鋰離子從陰極電解液到陽極電解液的擴散，以此來平衡溶液中的電荷。等到陰極電解液中的還原態活性物質幾乎全部氧化為氧化態活性物質或者陽極電解液中的鋰離子或氧化態活性物質幾乎全部還原為金屬鋰或還原態活性物質時，充電過程就結束了。而在放電過程中，陰極電解液中的氧化態活性物質運動到正極集流體表面並得到電子變為還原態活性物質，與此同時陽極電解液中的金屬鋰或還原態活性物質運動到負極集流體表面並失去電子變為鋰離子或還原態活性物質。鋰離子則是從陽極電解液擴散到陰極電解液，整體過程與充電過程相反[5]。

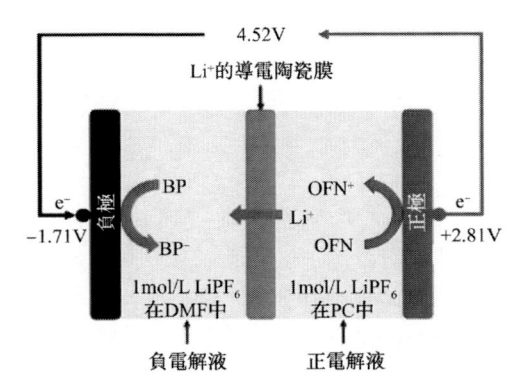

圖7-5 BP$^-$、OFN非水相鋰離子液流電池的工作原理圖
(該電池以BP/BP$^-$作為負極活性材料，以OFN$^+$/OFN作為正極活性材料)[5]

7.1.1.3 鋰離子液流電池分類

鋰離子液流電池依據陽極結構的不同可分為全液流和半液流鋰離子液流電池。前者使用氧化還原活性物質或懸濁液作為陰極和陽極，後者則使用氧化還原活性物質或者懸濁液作為陰極，金屬鋰作為陽極[6]。半液流鋰離子液流電池是現今研究的重點。依據電解液的選擇不同可以將鋰離子液流電池分為兩類：一類是使用水相電解液和質子惰性電解液混合的結構，另一類是使用質子惰性電解液結構。使用水相電解液和質子惰性電解液混合的鋰離子液流電池的基本結構和傳統的液流電池相似。但與傳統的液流電池不同的是，金屬鋰可以被用作電池的陽極。這樣可以利用金屬鋰本身的高能量密度來擴大電池的能量密度，並且可以利

液流電池與儲能

用金屬鋰極低的氧化還原電位得到較高的電池電壓。而對於另一類使用質子惰性電解液的鋰離子液流電池來說，電池的正極部分通常選用電位較高的氧化還原活性物質。這類活性物質的氧化還原電位通常高於水溶液的析氧電位，因此根據熱力學穩定的原理，這類電池應該選用具有較高電化學窗口的離子液體或者有機溶劑作為活性物質的溶劑[5]。

7.1.1.3.1 半固態鋰離子液流電池

半固態液流電池採用正負極材料的懸浮液作為流動電極，如圖7-6所示，與全液流電池（正負極活性物質是溶液）不同，半固態液流電池是將能量儲存在固態活性物質的懸浮液中，目前有報導的主要是半固態鋰離子液流電池。與傳統鋰離子電池不同，半固態鋰離子液流電池的電極是活性材料、導電劑、添加劑以及電解液的固液混合漿料，而無須塗布在集流體上，這樣半固態液流電池結構既保留了液流電池的固有優勢，又省去了集流體、連接片、電池殼等配件，大大提高了電池的能量密度，降低了成本[6-13]。

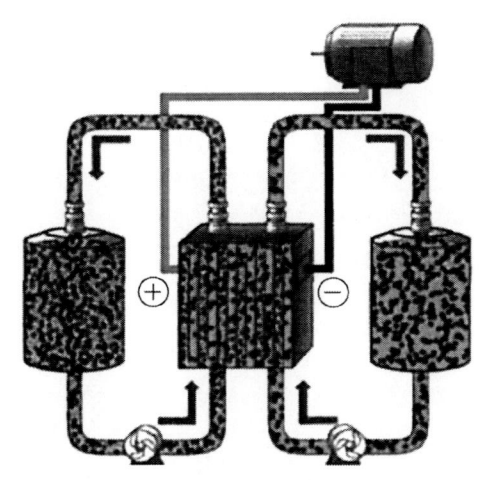

圖7-6 半固態鋰離子液流電池[13]

半固態鋰離子液流電池的電化學反應機理與鋰離子電池相同，當電池放電時，鋰離子從負極活性材料（如石墨、矽碳等）中脫出，通過隔膜嵌入正極活性材料（如鈷酸鋰、磷酸鐵鋰等）內部；同時，負極活性材料內部的電子通過負極集流體流入電池的外部迴路，通過正極集流體流入正極反應腔；電池充電過程與之相反。目前，半固態鋰離子液流電池仍處於實驗室研究階段，還沒有商業化的產品。以磷酸鐵鋰和石墨組成的鋰離子液流電池體系為例，正極懸浮液是將磷酸鐵鋰、導電劑和分散劑分散在電解液中，負極則是將石墨和添加劑分散在電解液中，實驗室一般採用攪拌、球磨、超音波等方法對電極材料進行分散[6]。電解液採用傳統鋰離子電池電解液，溶劑一般是碳酸乙烯酯（EC）、碳酸二甲酯（DMC）、碳酸丙烯酯（PC）等。正負極懸浮液中一般會加入導電劑（如科琴炭黑）來形成連續的導電網路，這樣正負極懸浮液同時具有離子傳輸和電子傳導的性質，是電子和離子的混合導體，電化學反應在懸浮液中發生，電池系統不需要使用額外的集流體材料[6]。電池的工作電壓約為3.2V，$LiFePO_4$正極懸浮液質量比容量最高可達76A·h/kg，石墨負極懸浮液質量比容量最高值為100A·h/kg，在正負極容量匹配的情況下，懸浮液電極的能量密度最高可達138W·h/kg，遠遠高於全釩液流電池。

半固態液流電池可以採用連續流動和間歇流動兩種運行模式，相對來說，間歇流動模式表現出更高的能量效率，更好的電化學性能，適用於半固態液流電池。由於流體電極採用活性物質的懸浮溶液，其濃度不受溶解度的限制，在保證流動性的前提下，具有活性物質含量高的優點，因此相對於全液流和混合液流電池體系，半固態液流電池有明顯的能量密度優勢。同時，鋰離子半固態液流電池省去了傳統電池所必需的部件（如集流體、連接片、電池包裝材料等），與鋰離子電池相比具有明顯的成本優勢[13]。

半固態液流電池的主要問題有懸浮液的黏度比普通溶液大，電極流動時需要消耗較高的能量；懸浮液的穩定性需要提高，包括物理穩定性和電化學穩定性，即懸浮液在擱置和流動過程中活性材料不發生沉降，電池能穩定地進行充放電循環；電池的倍率充放電性能、能量效率需要進一步提高[6,7]。

Tarascon[4,10]帶領的聯合課題組研究了金屬鋰為負極的鋰液流電池，對鋰液流電池中的電池設計方法、懸浮液組成、流速等不同參數對電池性能的影響進行了實驗分析。利用 $LiFePO_4$ 電極懸浮液製備了靜態電池，進行了恆流充放電測試，證明了懸浮狀態下電極活性材料實現充放電功能的可行性。為了降低電池極化內阻，需要對電池反應器結構進行設計以提高其功率密度。通過對電池結構進行設計以及對電極懸浮液配比的優化，當 $LiFePO_4$ 體積含量達到 12.6% 時，能量密度達到 50W·h/kg。

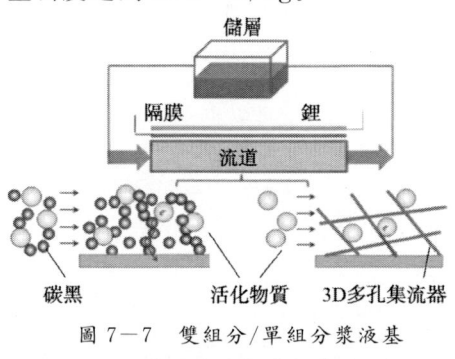

2021 年，Chen 及其團隊[14]研製出具有 3D 集流器的單組分漿液型鋰離子液流電池，其結構如圖 7-7 所示。漿液基鋰離子液流電池技術是一種具有廣闊應用前景的提高氧化還原流電池能量密度的技術。但漿體黏度高、流動阻力大，增加了泵送損失，限制了活性物質的體積比，阻礙了漿體能量密度的進一步提高。研究者提出了一種利用碳氈作為三維集流器的單組分漿液基鋰離子液流電池的概念。單組分料漿由鋰插層顆粒和電解液組成，由於無須添加離散的碳顆粒，可以顯著降低料漿的黏度。通過增加活性物質的體積比，可進一步提高鋰離子液流電池的體積容量和能量密度。演示的低黏度磷酸鐵鋰漿液電池在鈕扣電池中 100 次循環後，能量密度達到 230W·h/L，庫侖效率＞95%，在間歇和連續流模式的流電池測試中都具有良好的穩定性。這一概念為漿液基液流電池提供了一個新的機遇，使其黏度最小化，容量最大化。

圖 7-7 雙組分/單組分漿液基鋰離子流電池的示意圖

液流電池與儲能

7.1.1.3.2 全液流鋰離子液流電池

全液流電池正負極活性物質溶解在電解液中，正負極電解液溶液分別儲存在儲液罐中，當電池工作時，正負極電解液溶液在泵的驅動下，分別在電堆的正負極半電池中循環流動，並在電堆中發生電化學反應，實現電能的儲存和釋放，如圖7－8所示。

新加坡國立大學等以 $LiFePO_4$ 為陰極活性材料，$FeBr_2$ 和 Fe 為氧化還原介質製備鋰離子液流電池。與之前提到的半固態液流電池不同的是，該

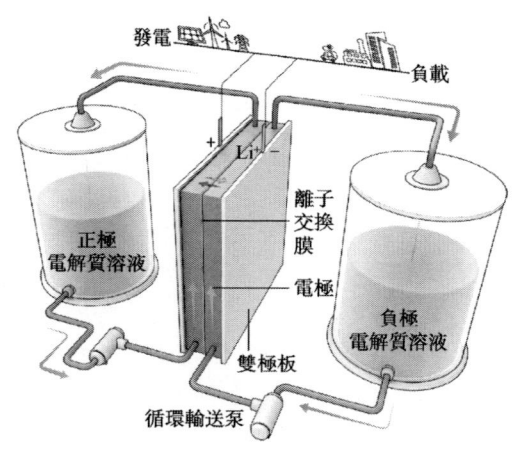

圖7－8 全液流鋰離子液流電池

電池將可脫嵌鋰的活性材料儲存在儲液罐中，活性材料並不隨著電解液的流動而流動，電荷的傳遞不是靠電子導電顆粒而是靠溶解於電解液中的氧化還原電對的流動來實現。電池反應包括兩個基本步驟：在氧化還原電對和活性材料顆粒之間發生的脫嵌鋰過程以及氧化還原電對在電極上的再生。理論上高濃度的氧化還原電對能夠提高功率密度，假設所有的氧化還原電對參加反應，估計＞70％的 $LiFePO_4$ 能夠可逆充放電[2]。

7.1.2 鋰離子液流電池研究進展

7.1.2.1 鋰離子液流電池在國外的應用

2009年6月，麻省理工學院（MIT）的研究人員開發了一種新的電池設計方法——半固態液流電池，這項具突破性的研究成果，是由 MIT 材料科學系的 Mihai Duduta 和 Bryan Ho 研製。該電池質輕、廉價，可替代現有電動車和電網所用的電池。而且這種類型的電池非常容易充電，充電速度也極快，甚至可以和傳統燃油汽車加油的速度相媲美。它是以半固態的液流電池芯為核心。與之前的液流電池（正負極活性物質是溶液）相比，該體系的電池是將能量儲存在固態混合物的懸浮液中。在設計上，電池內的正極和負極材料，就是由電池芯中電解液的懸浮顆粒所組成的。這兩個不同的懸浮液是由具滲透性的多孔離子薄膜隔離開來，通過離子運動產生電能。

在2011年5月第219屆（國際）電化學協會研討會（219th ECS Meeting）上，美國 Drexel University 的 Mr Wang 等討論了電極顆粒形狀與體積分數對於懸浮液流變特性的影響。隨後，在2011年10月第220屆（國際）電化學協會研討會

上，Yet－Ming Chiang 課題組發表了系列會議報告，分別討論了電極懸浮液的電導率和流動性、電化學活性區域、電極懸浮液阻抗特性和隔膜製備技術等議題。

對於半固態負極來說，一個重要的問題是固體電解液介面膜（SEI）所帶來的有害影響。由於 SEI 膜的形成取決於電解液溶劑在 0.8V 電位（相對於鋰金屬或鋰離子）甚至更低電位上的還原，因此可以嘗試的解決方法有：通過使用無電鍍沉積金屬銅來裝飾 MCMB 石墨可以獲得非常良好的電子穿透率，或者，使用諸如鎳錳酸鋰和鈦酸鋰之類的高電壓正負極材料匹配讓電壓升高，在減小 SEI 膜影響的同時，仍然可以維持較高的能量密度。與全釩液流電池相比，含有固體顆粒的電極懸浮液具有很高的黏滯性（約 1000cP），這對於電池的庫侖效率和機械泵的動力損耗有重要影響。

Yet－Ming Chiang 課題組對於單通道電池單位的三維數學模型計算表明：電池實現匹配計量流動的能力以及電極懸浮液電流分布的空間均勻程度，主要取決於電極材料荷電量（State－Of－Charge，SOC）與電壓平臺的關係。電池電壓平臺越平坦（如採用 LiFe－PO$_4$ 正極和 Li$_4$Ti$_5$O$_{12}$ 負極），電極懸浮液電流分布就越均勻，同時電池的能量效率也越高。在鋰離子液流電池結構研究方面，Yet－Ming Chiang 等提出了一種圓柱體結構的鋰離子液流電池，並且嘗試改變鋰離子液流電池集流體的形狀、增加集流體的表面積以提高電池的性能，以及嘗試使用在懸浮液中加入氣泡的方式來提高懸浮液的流動性，初步探索了電池的串並聯結構問題。他們指出，電池的固體活性物質不僅限於可嵌鋰化合物，其他陽離子可嵌化合物同樣可作為半固態液流電池的固體活性物質[15]。

7.1.2.2　鋰離子液流電池在中國的應用

中國科學院電工研究所於 2010 年底最早在中國開展了鋰離子液流電池技術的研究，採用逾滲理論研究了電極懸浮液的電子導電性問題。隨後，中國科學院電工研究所與北京好風光儲能技術有限公司合作，首次提出半流態鋰離子液流電池技術的開發路線，開發設計了一系列重要的電池反應器。

電極懸浮液的逾滲理論研究表明：當電極懸浮液中固體顆粒體積含量較少時，無法形成導電網路，懸浮液不存在電子導電性；當固體顆粒含量增加到某一臨界值時，懸浮液中的固體顆粒將突然出現長程聯結性，懸浮液的電子導電性發生突變，電子可以導電。此後隨著固體顆粒含量的增加，處在電子導電網路中的連通顆粒百分數呈指數形式成長。

電腦初步模擬結果表明：懸浮液的電子導電閾值在 17%（體積分數）左右。當顆粒體積分數達到 21% 左右時，有 90% 的顆粒處在導電網路相互連通中；與全流態鋰離子液流電池相比，半流態鋰離子液流電池的隔膜兩側具有特殊設計的

電極層，可以有效地避免電池內部短路和鋰枝晶的析出，起到了保護隔膜的作用，極大地提高了電池的安全性能和循環壽命。

因此，半流態鋰離子液流電池有可能是未來鋰離子液流電池技術開發的主要技術路線。當顆粒體積分數超過30%時，99%的顆粒都將相互連通，模擬計算與實驗結果吻合良好。電池反應器的設計與製作是鋰離子液流電池技術開發的核心。陳永翀等設計的交叉盒式結構的電池反應器加工方便，適於模組化製作和生產；用新型反應管的電池反應器設計了包含不對稱的正極反應腔和負極反應腔，極大地擴展了電池反應區域，提高了電池的能量密度，並改善了電極懸浮液的流動性[15]。

2021年3月，北京科技大學和清華大學的學者採用電化學離子交換法製備了具有帶狀超晶格結構的新型O_2型錳基層狀正極材料$Li_x[Li_{0.2}Mn_{0.8}]O_2$，從而實現了陰離子高度可逆的氧化還原，並具有優異的循環性能。材料經低壓預循環處理後，比容量可達230mA·h/g，沒有明顯的電壓衰減。P2相層狀錳基鈉離子電池正極材料由於其價格低廉、錳的低毒性以及鈉的廣泛分布等優勢，成為國內外的研究焦點。在電化學離子交換過程中，P2結構的前驅體通過相鄰板條的滑移和收縮轉變為O_2結構的$Li_x[Li_{0.2}Mn_{0.8}]O_2$，並保留了Mn板條中特殊的超晶格結構。同時，$MnO_6$八面體發生一定程度的晶格失配和可逆畸變。此外，陰離子氧化還原催化了固體電解液介面的形成，穩定了電極/電解液介面，抑制了Mn的溶解。通過綜合的結構和電化學表徵，系統地研究了電化學離子交換的機理，為實現高度可逆的陰離子氧化還原開闢了一條新的研究途徑[16]。

7.1.3 鋰離子液流電池總結與展望

開發設計能量密度高、倍率特性好、循環壽命長、便於加工製作的電池反應器是目前鋰離子液流電池技術開發的核心。如何從技術上保證電池反應腔內電極懸浮液的良好電子導電特性和流動性，以及如何從技術上保證隔膜內部電解液的長期電子不導性，是鋰離子液流電池研究的兩大技術難點。鋰離子液流電池的材料包括正極材料、負極材料、導電劑和隔膜材料。目前技術製備的電池材料主要是應用於傳統鋰離子電池電極片的固體膠黏結構，但並不完全適用於鋰離子液流電池的特徵要求。因此，迫切需要開發適合於鋰離子液流電池的各類新型電池材料。另外，與全釩液流電池不同，鋰離子液流電池的懸浮液是非水系有機電解液，並具有電子導電性，因此鋰離子液流電池的串聯高壓輸出及密封絕緣設計將是技術開發的另一難點。鋰離子液流電池串並聯過程中存在的旁路電流和易短路問題需要得到很好的解決[3]。

儘管相對其他儲能技術而言，化學電池是技術相對成熟也是目前產量最大的儲電裝置，然而，安全、環保和成本三大關鍵因素一直制約著大型化學儲能電池

在新能源電網中的規模應用。鋰離子液流電池是最新發展起來的一種化學電池技術，它綜合了鋰離子電池和液流電池的優點，是一種輸出功率和儲能容量彼此獨立、能量密度大、成本較低的新型綠色可充電電池，目前處於技術原理研究和基礎關鍵技術開發階段，相關技術研究與發展有望開闢一類安全、環保和低成本的新型儲能電池路線，並在未來廣泛應用於新能源電網的儲能系統[15]。

7.2 多硫化鈉溴液流電池

7.2.1 多硫化鈉溴液流電池簡介

與其他液流電池相比，多硫化鈉溴液流電池電解液便宜，非常適合大容量規模化蓄電儲能。多硫化鈉溴液流電池在高溫下運行，反應物質為液態鈉與硫，它的可靠性、安全性以及成本問題影響其商業化，高溫二次電池的成本高，放大過程的安全問題突出，目前只適合做微型或小型可攜式電源。需要研製低成本、長壽命、無汙染的儲能系統，以減少發電系統對自然條件的依賴性，提高太陽能太陽能發電、風能發電等可再生能源系統供電的穩定性。其中多硫化鈉溴氧化還原液流電池就是比較理想的儲能裝置[17]。其不僅具有較長的壽命，活性物質存放在液體中，除此之外，它的充放電性能好，具有極高的效率，且成本低，適合商業生產。

多硫化鈉溴液流電池正極充放電過程發生的反應是溴的氧化還原反應，與鋅溴及氫溴電池正極反應相同，多硫化鈉溴液流電池正極材料可選用鋅溴及氫溴電池的正極材料。用於溴電極的電極材料主要是耐腐蝕的廉價碳材料，是多硫化鈉溴液流電池正極材料的首選品種，但如何通過表面改性來提高氈類電極的電化學反應活性及開發出性能均勻的液流電池專用碳氈仍是一個值得探討的問題。

多硫化鈉溴液流電池負極使用硫/多硫化物電對。美國天然氣工藝研究院(Gas Technology Institute)提出以硫化鎳箔為多硫化鈉溴液流電池負極氧化還原反應的催化電極，其製法是將鎳箔加熱至 400℃，然後在惰性氣氛中於 400℃下與 H_2S 氣體反應 20min。此法所得催化電極在 $50mA/cm^2$ 電流密度下充電時的過電位為 120mV。Hodes 等提出了一種載有鈷或鎳的碳粉的聚四氟乙烯黏接式催化電極，其製作過程是：將高比表面積碳粉浸入金屬鹽及 Teflon 乳液中，然後在惰性氣氛下於 300℃燒結，再在 S/S^{2-} 溶液中電解還原(電流密度 $80mA/cm^2$)。實驗表明，常溫下，1mol/L $NaOH+S+Na_2S$ 水溶液中當使用鈷作催化劑時，硫/多硫化鈉電對氧化還原反應的過電位小於 25mV(電流密度 $10mA/cm^2$)，且鈷的性能稍好於鎳。Lessner 等提出在高表面積電極(如金屬網)上沉積 Ni、Co、

液流電池與儲能

Mo 或這些金屬的硫化物作為表面催化層,在 20mA/cm² 電流密度下電極的過電位小於 50mV。Licht 等提出了薄片硫化鈷催化電極,在多硫化鈉電解液中測試其過電位小於 2mV·cm²/mA。美國國家電力公司(National Power PLC)將銅粉或硫酸銅溶液加入多硫化鈉陽極電解液中,兩者在電解液中反應形成 CuS 懸浮狀催化劑,使 PSB 單電池的電壓效率從 57% 提高到 71%(工作電流密度 34mA/cm²)。美國國家電力公司提出將 CuS 或 Ni₃S₂ 粉末以及可溶性鹽熱壓成塊,然後用溶解法溶去其中的可溶性鹽後形成一種網狀多孔催化電極。由於該電極的孔率較低(37%~49%),且溶解法生成的孔多為閉孔,因此將此電極用於 PSB 單電池,在 40mA/cm² 電流密度下充電過電位仍達 100mV。以上方法所製得的催化電極在 PSB 電池中使用時顯示出了一定的活性。

多硫化鈉溴液流電池系統示意圖如圖 7-9 所示。

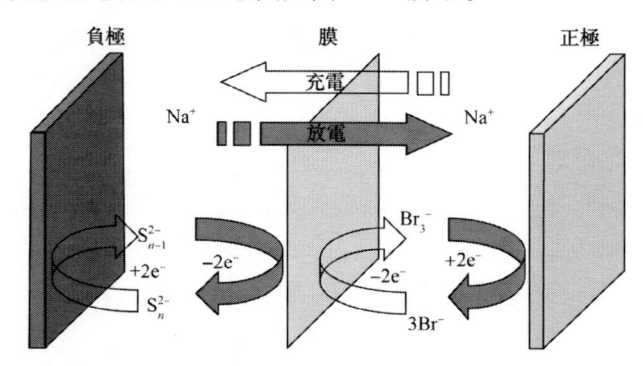

圖 7-9　多硫化鈉溴液流電池系統示意圖

多硫化鈉溴液流電池電解液通過泵循環流過電池,並在電極上發生電化學反應,電池內陰陽極電解液用陽離子交換膜隔開,電池外接負載或者電源,陰極電解液為溴化鈉,陽極電解液為多硫化鈉,在放電時負極電極反應為[17]:

$$(x+1)Na_2S_x \longrightarrow 2Na^+ + xNa_2S_{x+1} + 2e^- \qquad (x=1\sim 4)$$

Na⁺ 通過陽離子交換膜到達正極,與溴發生電極反應:

$$Br_2 + 2Na^+ + 2e^- \longrightarrow 2NaBr$$

放電時電池反應:

$$(x+1)Na_2S_x + Br_2 \longrightarrow xNa_2S_{x+1} + 2NaBr$$

多硫化鈉溴液流電池最吸引人的特點是輸出額定功率和容量的分離。此外,多硫化鈉溴液流電池的電解液資源豐富,而且很容易以很低的成本獲得。因此,該系統對於擴大儲能容量更經濟。然而,多硫化鈉溴液流電池的一個重要缺點是存在半電池電解液交叉污染的問題,故需要電解液管理系統來保持系統的高效工作,並保持較長的循環壽命。雖然持續的電解液維護增加了這樣一個系統的運行成本,但它仍然是最便宜和最有前途的儲能技術,適用於 10~100MW 的

應用，持續時間長達 12h[18]。除此之外，硫化鈉溴液流電池中的離子交換膜不僅具有分隔電池正、負極活性電解液，防止電池大規模自放電的作用，而且還具有較好的傳導鈉離子電荷的能力，這樣電池充放電過程中的歐姆極化損耗就小，有利於電池電壓效率的提高。另外，在充電過程中多硫化鈉/溴液流電池正極會產生腐蝕性極強的溴，故要求所用的離子交換膜具有較強的抗溴腐蝕性能。

7.2.2　多硫化鈉溴液流電池研究進展

1984 年，美國 Remick 發明了多硫化鈉/溴氧化還原液流儲能電池。1990 年代初，英國 Innogy 公司開始開發這種類似於燃料電池技術的電力儲存系統，已經成功開發出 5kW、20kW、100kW 3 個系列的電堆。多硫化鈉溴液流電池技術已經進入商業化示範階段。Innogy 公司分別在英國和美國建造了規模為 120MW·h/12MW 的儲能電廠，下一步的目標將是建造 100MW 級規模的儲能電站。在國際上多硫化鈉溴液流電池技術為英國壟斷，技術高度保密。

在中國，中國科學院大連化學物理研究所率先開展了多硫化鈉溴液流電池的研究開發工作，研製出高效催化劑以及廉價電極材料，製備了化學性質穩定的電解液，成功開發出百瓦級和千瓦級電堆。多硫化鈉溴液流電池循環性能穩定，在 $40mA/cm^2$ 電流密度下，單電池運行 50 個循環，能量效率保持在 80% 以上，循環平均能量效率達 81%，電壓效率達 84.3%，庫侖效率達 96.1%，目前已研製百瓦級電堆最高功率可達 500W。近期又成功地研製了千瓦級電堆，最高功率達 4kW，單電池性能非常均勻，電壓相對偏差在 1.6% 以內，所裝配的電堆結構合理、流體分配均勻，非常適合做大功率電堆，這對於大規模儲電應用非常有利[17]。

7.2.3　多硫化鈉溴液流電池總結與展望

隨著經濟的發展和人們生活水準的提高，整個社會對電能的需求越來越多，依賴程度也越來越高。化石能源資源的有限性及其過度使用所帶來的環境汙染，促使人們越來越重視對水能、風能、太陽能等可再生能源的開發和利用。風能、太陽能輸出的不穩定性難以滿足社會對持續、穩定、可控的電力能源需要。為保證可再生能源發電系統的穩定供電，並充分、有效地利用其發電能力，必須以蓄電的方式加以調節。太陽能、風能發電系統的功率規模多在百千瓦級至兆瓦級，作為與其配套的蓄電儲能系統，液流電池有著很大的優勢。與其他液流電池相比，多硫化鈉溴電池電解液便宜，非常適合大容量規模化蓄電儲能，但多硫化鈉溴液流電池的真正商業化還需在高選擇性、低成本、耐久性好的離子交換膜材

料，高穩定性的電極材料，電極及電堆結構優化設計和密封材料及技術等方面取得突破，尤其需要在相關領域的應用基礎研究方面取得突破。

7.3 鋅鎳單液流電池

7.3.1 鋅鎳單液流電池工作原理

鋅具有儲量豐富、價格相對便宜、能量密度高、氧化還原反應可逆性好等優點，以金屬鋅為負極活性組分可衍生出多種液流電池體系。鋅鎳單液流電池的研究始於 2007 年，由中國人民解放軍防化研究院楊裕生院士等提出，後續美國紐約城市大學、中國科學院大連化學物理研究所等單位逐漸開展此方面的研究。鋅鎳單液流電池正極與負極分別採用氫氧化鎳電極與惰性金屬集流體，採用鋅酸鹽作為電解液，高濃度的 KOH 作為支持電解液。其工作原理如圖 7-10 所示。

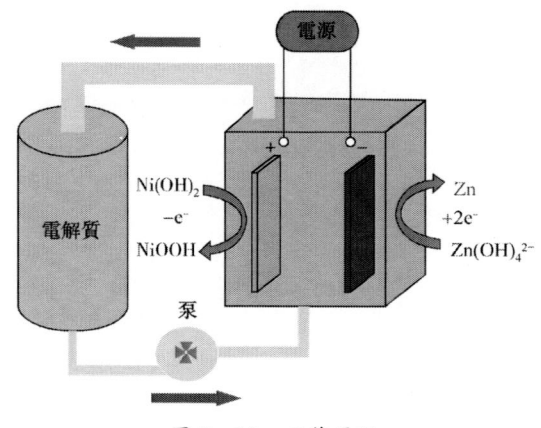

圖 7-10 工作原理

鋅鎳單液流電池是一種單沉積型單液流電池，結構簡單，NiOOH 和 Ni(OH)$_2$ 作為正極反應的活性物質，而負極反應以 Zn 和 Zn(OH)$_2$ 作為活性物質，飽和的鋅酸鉀溶液作為電解液，電池電化學反應如下：

正極反應：$2NiOOH + 2H_2O + 2e^- \longleftrightarrow 2Ni(OH)_2 + 2OH^-$

負極反應：$Zn + 4OH^- \longleftrightarrow Zn(OH)_4^{2-} + 2e^-$

電池總反應式：$Zn + 2OH^- + 2NiOOH + 2H_2O \longleftrightarrow 2Ni(OH)_2 + Zn(OH)_4^{2-}$

7.3.2 鋅鎳單液流電池研究進展

7.3.2.1 鎳電極

鋅鎳單液流電池鎳電極一般採用鎳氫電池、鎘鎳電池等鹼性電池常用的鎳電

極。鎳電極的研究和應用有悠久的歷史，早在 1887 年，氧化鎳已經作為正極活性物質在鹼性電池中開始應用。早期的氫氧化鎳電極是袋式（或極板盒式）電極，活性物質 $Ni(OH)_2$ 與導電物質石墨混合填充到袋中。隨後出現了燒結基板式電極，經不斷改進，工藝逐漸成熟並實用化。燒結式鎳電極技術的發明和應用在鎳電極發展史上具有重要的作用和意義，但這種結構的鎳電極生產工藝複雜，成本較高。近年來，又有發泡式和纖維式鎳基板問世。以質輕、孔隙率高的泡沫鎳作為基體，泡沫鎳塗膏式鎳電極比容量較高，適宜作為鎳氫電池的正極。可以說，泡沫鎳電極的發明和應用是鎳電極發展史上一個新的里程碑。

鎳電極活性物質存在四種基本晶型結構，即 $\alpha-Ni(OH)_2$、$\beta-Ni(OH)_2$、$\beta-NiOOH$ 和 $\gamma-NiOOH$，它們之間的轉化關係如圖 7－11 所示。一般認為，鎳電極在正常充放電情況下，活性物質是在 $\beta-Ni(OH)_2$ 與 $\beta-NiOOH$ 之間轉變，過充電時，生成 $\gamma-NiOOH$。$\alpha-Ni(OH)_2$ 在鹼液中陳化時可轉變為 $\beta-Ni(OH)_2$。$Ni(OH)_2$ 和 $NiOOH$ 可看成 H 原子結合到 NiO_2 結構中。結構分析（X 射線衍射譜、紅外光譜和拉曼光譜等）表明，$\beta-Ni(OH)_2$ 存在有序與無序兩種形式。結晶完好的 $Ni(OH)_2$ 具有規整的層狀結構，層間靠凡得瓦力結合。通過控制工藝條件，用化學方法合成的 $Ni(OH)_2$ 一般具有完整晶型 $\beta-Ni(OH)_2$ 的結構，呈緊密六方 NiO_2 層堆堆（ABAB）形式，其 X 射線衍射譜表現出典型的特徵峰，晶胞參數為 $a=0.3126nm$，$c=0.4605nm$。無序 $\beta-Ni(OH)_2$ 具有 $\beta-Ni(OH)_2$ 的基本結構，它實際上是 Ni 缺陷的非化學計量 $\beta-Ni(OH)_2$ 形式，可表示為 $Ni_{1-x}(H)_x(OH)_2$（$x<0.16$），X 射線衍射峰變寬以及 EXAFS 分析也都證實了這一點。$\alpha-Ni(OH)_2$ 是層間含有靠氫鍵鍵合的水分子的 $Ni(OH)_2$，較低 pH 值下鎳鹽與苛性鹼快速反應或電解酸性硝酸鎳溶液均可得到在鹼性溶液中不穩定、結晶度較低的 $\alpha-Ni(OH)_2$，鹼液中陳化可轉變為 $\beta-Ni(OH)_2$。由於 H_2O 分子的進入，層間距增大，而且各層與層間距並不完全一致。

$$\alpha\text{-}Ni(OH)_2(2.82g/cm^3) \longleftrightarrow \gamma\text{-}NiOOH(3.79g/cm^3)$$
$$\downarrow \qquad\qquad\qquad\qquad \uparrow$$
$$\beta\text{-}Ni(OH)_2(3.97g/cm^3) \longleftrightarrow \beta\text{-}Ni(OH)_2(4.68g/cm^3)$$

圖 7－11　鎳電極活性物質各晶型轉變示意圖

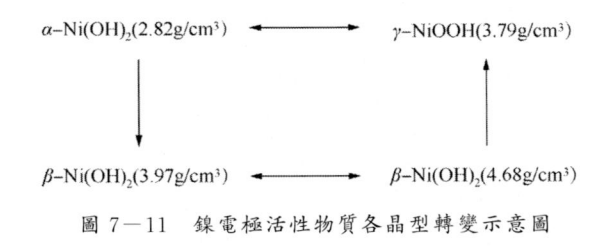

在鋅鎳單液流電池生產中，大多採用燒結式鎳電極作為電池正極，金屬板作為負極。泡沫鎳填充式鎳電極由於具有比能量較高和成本較低的優點而被廣泛應用於電池中。泡沫式鎳電極的主要原料即活性物質就是粉末氫氧化鎳。因此，如何製備出電化學性能優良的氫氧化鎳就成為一個關鍵性問題。

7.3.2.2 電池性能

2007 年，程杰等提出了鋅鎳單液流電池，該電池平均放電平臺在 1.65V 左右，平均庫倫效率在 95% 以上，平均能量效率在 80% 以上，循環壽命大於 10000 次，其正極採用燒結鎳電極，含有 ZnO 的電解液能夠穩定正極活性物質 $Ni(OH)_2$ 結構，以流動電解液控制鋅沉積/溶解還解決了負極鋅枝晶的問題，所以循環壽命得到極大提高。鋅鎳單液流電池與其他二次電池的性能對比如表 7-1 所示。

表 7-1　鋅鎳單液流電池與其他二次電池的性能對比

電池種類	安全性	能量效率/%	比能量/(W·h/kg)	初成本/(元/W·h)	循環壽命/次	工作溫度/℃
鋅鎳單液流電池	高	70~85	20~40	3~5	>10000	-40~40
鉛酸電池	高	70~75	25~40	0.6~1	約 800	-20~40
鋰離子電池	低	90~95	80~150	2.5~6	1000~2000	-20~40
鎳氫電池	高	70~80	60~80	2~4	>1000	-40~50
全釩液流電池	高	70~80	15~25	約 10	>13000	0~40
超級電容器	高	80~95	約 5	25~30	約 200000	-20~40

從表 7-1 可以看出，二次電池種類繁多，鉛酸電池雖然便宜，但對環境具有很大的危害；鎳氫電池價格相對適宜，循環壽命較短；全釩液流電池雖然循環壽命長，但是投資成本太高，工作溫度要求高；鋰離子電池安全性較差；超級電容器使用不當時容易造成電解液洩漏；而鋅鎳單液流電池應用於大規模儲能電池時儲罐不受尺寸約束，且安全、可深度放電。

鋅鎳單液流電池的優點有：

① 安全性能好。正負極之間無須離子交換膜，鹼性水體系。
② 循環壽命長。循環壽命達 10000 次以上。
③ 環保性能好。材料安全無毒、無汙染。
④ 電池容量大。單體容量在 300A·h 以上。
⑤ 溫度範圍寬。可在 -40~40℃ 範圍內工作。

7.3.2.3 鋅鎳單液流電池的現存問題

鋅鎳單液流電池目前存在的問題主要有負極鋅電極積累問題和電極極化問題。

7.3.2.3.1 電極

庫侖效率是電池放電容量[19]與充電容量之比。電池庫侖效率達不到 100%，說明電池在運行過程中存在副反應。鋅鎳單液流電池運行過程中存在的副反應主要是鋅負極的析氫和腐蝕反應以及鎳正極的析氧和腐蝕反應。如果兩極副反應

消耗的電荷不相等，消耗電荷少的電極就不能在放電過程結束時完全放電，而另一個電極則完全放電。鋅沉積/溶解過程的內在動力學速率較高，導致負極副反應消耗的電荷比正極少，因此，金屬鋅會隨著反覆循環逐漸積累在負極上。在週期性充放電循環後負極積累鋅的量逐漸增加，積累在負極和正極之間的鋅在實際工作中會引起短路。在實際情況下，鋅積累成為縮短鋅鎳單液流電池循環壽命的最嚴重問題之一。有以下三種解決方案。

（1）抑制正極副反應

為了緩解由於鋅鎳單液流電池正極副反應（析氧和鎳腐蝕）與負極副反應（析氫和鋅腐蝕）消耗電荷不等導致的鋅積累現象，可以通過調節副反應來平衡正負極反應。一種方法是抑制正極的副反應，從而使得正極副反應消耗的電荷和負極副反應消耗的電荷相匹配。鋁、鈷、錳等各種添加劑已被報導用於提高氫氧化鎳電極的活性或擴大析氧的過電位來減少析氧量。但是，由於動力學活性差異，析氧所消耗的電荷仍然遠遠超過負極上的析氫和鋅腐蝕所消耗的電荷，特別是在高工作電流密度下[20]。

為了降低氫氧化鎳的價格，擴大鎳基鹼性二次電池的應用，採用錳取代氫氧化鎳[$Ni_{1-x}Mn_x(OH)_2$，$x=0\sim0.4$]，Xiaofeng Li 等[20]介紹了一種簡單的球磨方法，獲得了 $Ni_{0.8}Mn_{0.2}(OH)_2$ 的製備最佳球磨條件。X 射線衍射、電化學阻抗譜和充放電測試的結果表明：①$Ni(OH)_2$ 的結構保持了 $Ni_{1-x}Mn_x(OH)_2$ 的結構；②通過 Mn 取代可以有效提高氫氧化鎳的表面電化學活性；③$Ni_{0.8}Mn_{0.2}(OH)_2$ 的容量達到 282mA·h/g；④與未取代的氫氧化鎳相比，$Ni_{0.8}Mn_{0.2}(OH)_2$ 充放電平臺和容量都得到了相應的減少；但隨著放電率的增加，差異在逐漸減小，它們之間的放電平臺差異較小，但後者的容量超過了前者。

根據曲線擬合結果等效電路顯示與未取代的氫氧化鎳相比，$Ni_{0.8}Mn_{0.2}(OH)_2$ 的 R_{ct}（電荷傳輸電阻）減少，C_{dl}（雙層電容）增加（見表 7-2），Mn 取代的表面電化學活性得到有效改進。

表 7-2　在 7mol/L KOH 電解液中的 $Ni(OH)_2$ 電極的阻抗參數

電極	R_{ct}/Ω	C_{dl}/F
未取代的 $Ni(OH)_2$ 電極	0.265	0.596
取代的 $Ni(OH)_2$ 電極	0.218	0.729

（2）增強負極副反應

與前面提到抑制正極副反應的做法類似，可以通過增強負極的副反應來緩解鋅的積累。可以設計一種具有良好質傳結構和反應面大的新型電極來調節負極副反應。張華民等採用的方法是把負極材料從鎳片換成厚度 2mm 的泡沫鎳[21]，

由於多孔材料有著高比表面積和良好的質傳結構，副反應消耗的電荷會隨著電極厚度的增加而增加，通過掃描電子顯微鏡（SEM）分析了電池反應前後，循環使用後負極材料的形貌圖像效果如圖7－12所示（電池A的負電極為鎳片，電池B的負電極為1mm泡沫鎳，電池C的負電極為2mm泡沫鎳[22]）。負極材料是鎳片時，副反應消耗的電荷為電池容量的1.3%；負極材料是2mm厚的泡沫鎳時，副反應消耗的電荷是電池容量的3.7%，副反應消耗的電荷佔比明顯增大，從而使負極的庫侖效率從98.7%下降到96.3%，最終與正極相匹配。將負極材料由鎳片變為泡沫鎳[23,24]後，鋅鎳單液流電池在400次循環中幾乎沒有鋅積累，見表7－3。

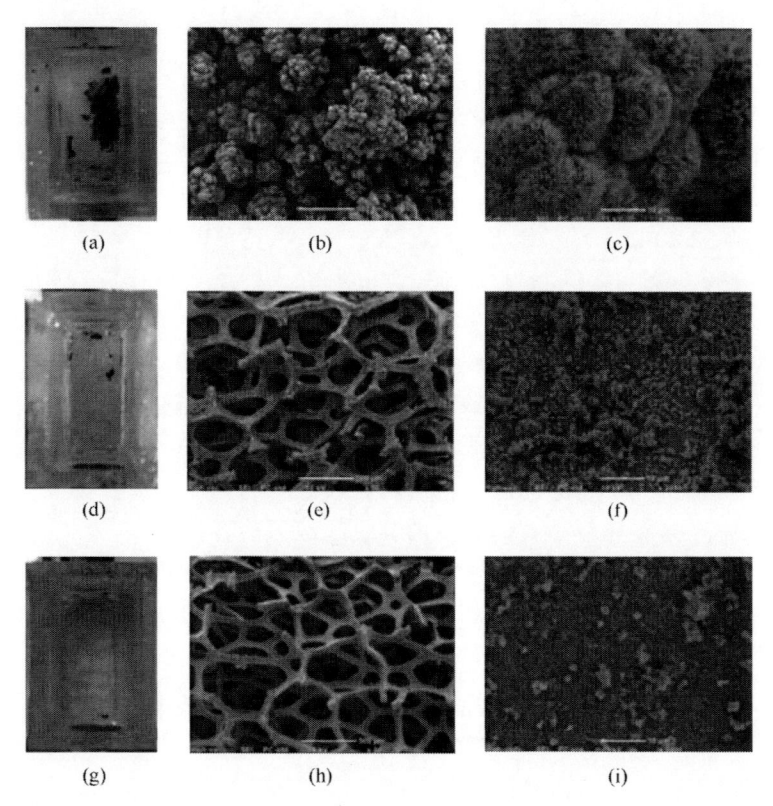

圖7－12　(a)電池A、(d)電池B和(g)電池C底部的光學圖像；(b)－(c)電池A、(e)～(f)電池B和(h)～(i)電池C重複循環後負極表面形貌的掃描電鏡

表7－3　每個循環累積鋅的平均量、負極和正極的庫侖效率以及它們之間的庫侖效率差

電極	鋅積累量/mg	負極庫侖效率/%	正極庫侖效率/%
鎳片	5.53000	98.7	2.7

续表

電極	鋅積累量/mg	負極庫侖效率/%	正極庫侖效率/%
1mm 泡沫鎳	1.78600	97.3	1.0
2mm 泡沫鎳	0.00043	96.3	0

(3) 製備複合正極材料

上文提出的關於提高負極副反應來解決鋅積累的問題，雖然達到了解決效果，但是卻犧牲了電池的庫侖效率。為了解決這個問題，程元徽等提出了一個既能夠消除鋅的積累又不損失電池庫侖效率的新方法：在正極原位偶合另一個氧化還原電對(O_2/OH^-)來消除鋅積累。在正極 $NiOOH/Ni(OH)_2$ 這一原始電對上引進了 O_2/OH^- 這一氧化還原電對，形成了具有雙氧化還原電對的複合正極，複合正極與鋅負極組成複合電池結構。在這種複合結構裡面，放電時鎳電對消耗不了的鋅可以被氧電對消耗，從而避免了鋅積累的問題，複合結構如圖 7-13 所示。

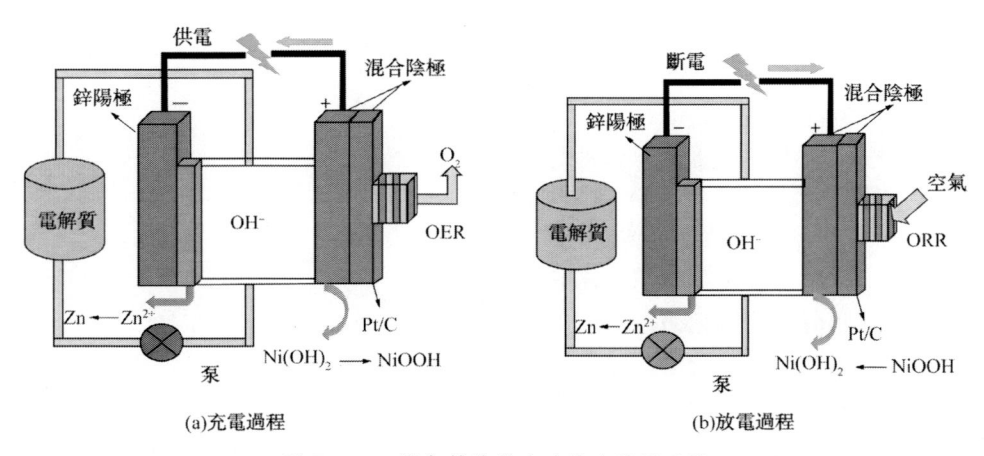

圖 7-13　複合鋅鎳單液流電池的原理圖

7.3.2.3.2　電極極化研究進展

電池在反應時的極化主要包括由雙電層產生的電化學極化(活化極化)、質傳與擴散過程的濃差極化，以及電極、電解液、接觸電阻引起的歐姆極化。極化現象過大，會導致功率密度低，影響電池的循環性能。為了提高電池性能，必須將極化最小化。由於電極極化是決定電池最終性能的關鍵因素之一，所以抑制正負極過大的極化是提高電池性能的有效途徑。為此，研究人員分別從電極材料和結構兩個方面採取改進措施。為了降低正極極化，張華民等設計了一種具有蛇形流場的電池結構，通過增強質量傳輸來降低正極的極化[見圖 7-14(b)]，這種結構可以將電流密度提高至接近 $80mA/cm^2$。與傳統結構電池相比[見圖 7-14

(a)]，在 80mA/cm² 的電流密度下，蛇形流場結構使得電池的能量效率提高了 10.3%，在 70 次充放電循環中，效率沒有明顯下降。

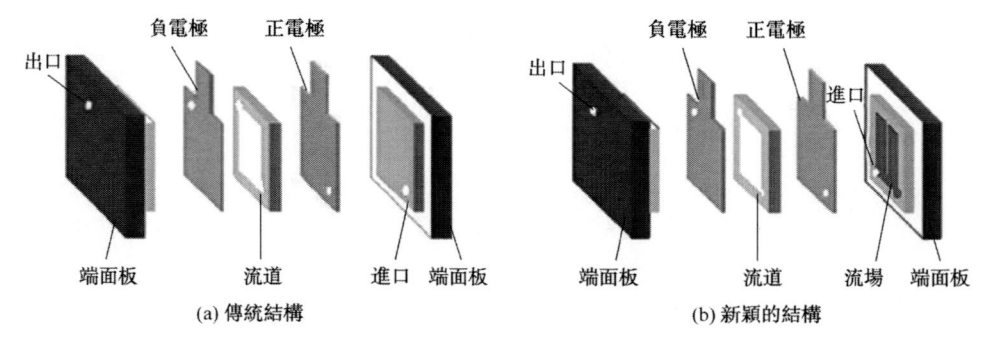

(a) 傳統結構　　(b) 新穎的結構

圖 7—14　電池單位結構

這種新型電池結構組裝的鋅鎳單液流電池(ZNB)穩定性通過長充放電循環測試，研究了 80mA/cm² 電流密度下的性能(見圖 7—15)，發現該電池效率和穩定性都得到了明顯的提升。超過 70 次達到高 CE(95%) 和 EE(75.2%) 循環而不會惡化，這是有史以來報告的最高值。此外，功率密度提高了四倍，達到 80W/kg。因此，成本顯著降低。

另外，針對負極極化的問題，可以利用多孔材料達到降低負極極化的目的。在負極通過引進泡沫鎳(NF)作集流體可以降低負極過電位，泡沫鎳因具有三維多孔結構和高比表

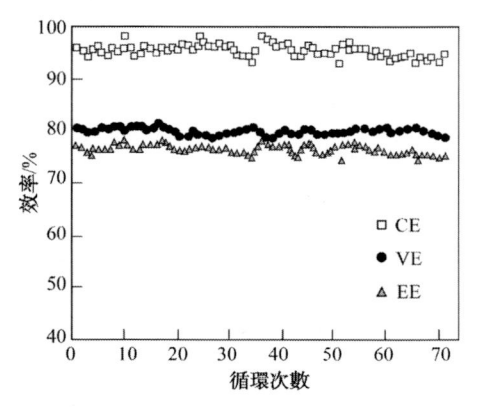

圖 7—15　蛇形流場結構電池在 80mA/cm 電流密度下的性能

面積而被認為能夠有效降低負極極化。即使是在高電流密度(80mA/cm²)下，電極面積大的泡沫鎳都能表現出低極化，產生高庫侖效率(97.3%)和能量效率(80.1%)，功率密度也能提高 4 倍，達到 83W/kg，使得電池效率和穩定性都大大增強。

7.3.3　鋅鎳單液流電池規模化生產概況

自從 2006 年鋅鎳單液流電池被提出到現在，國內外在電池規模化生產(應用)方面取得了明顯進展，尤其是在電池結構、電極材料等方面性能都有所提升，電堆的結構和尺寸、容量以及能量效率不斷得到優化。但是，也存在諸如鋅顆粒脫落和陽極表面鈍化等一些問題，急待解決。

鋅鎳單液流電池經過了基礎技術研究、原理驗證、小規模中試等階段，理論

上電池循環壽命可以超過一萬次。目前，單液流鋅鎳電池已經研發出了三代規模化產品。第一代鋅鎳單液流電池在中國國家電網公司和中國的兩所大學裡面進行了初步演示與應用，結果發現該電池運行效果良好，具有繼續開發的潛力，且浙江裕源儲能科技有限公司已經開始生產。第二代產品的生產線基本完成，儲能規模已經達到1MW/h。中國張北國家風光儲能示範區搭建了儲存容量為50kW·h的單液流鋅鎳電池儲能系統，由168個200A·h的單體電池串聯而成，能量效率可達80%。第三代產品300A·h的電池正在優化改進階段，具有很好的應用前景。表7-4是三代產品及改進產品的性能參數。三代產品依次在容量上有所提升，圖7-16展示了實物圖。

表 7-4　鋅鎳單液流電池三代參數對比

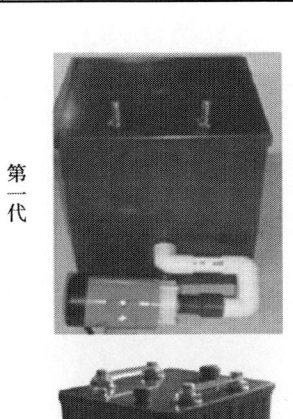

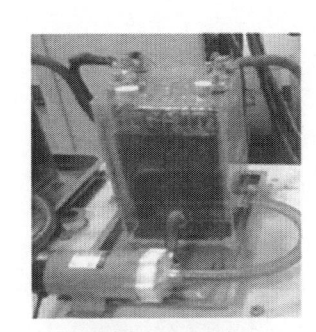

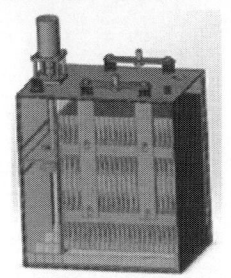

產品	最高截止電壓/V	最低截止電壓/V	額定電壓/V	額定容量/A·h	電對/個	面容量/(mA·h/cm²)	正負極板電池(寬×長)/mm	庫侖效率/%	循環壽命/次	供液方式
第一代	2.05	1.2	1.6	200	15	20	150×180	>90	>10000	外部水泵
第二代	2.05	1.2	1.6	216	19	20	150×240	>90	>10000	外部水泵
第三代	2.05	1.2	1.6	300	23	20	150×240	>95	>10000	內部微型泵
第三代改進	2.05	1.2	1.6	300	23	20	150×240	>95	>10000	外部電極驅動螺旋槳

圖 7-16　鋅鎳單液流電池發展過程

液流電池與儲能

在國外，美國紐約城市大學能源研究所率先開始對單液流鋅鎳電池進行研究，於 2009 年開發出鋅鎳單液流電池，2014 年研製出單體容量 555A·h 的鋅鎳單液流電池，如圖 7－17(a)所示。隨著時間的變化，研究不斷深入，目前已經組裝起了 25kW·h 的儲能系統並將之投入規模化應用，如圖 7－17(b)所示。圖 7－18 顯示了電網規模下 25kW·h 電池的循環性能結果，可以看出電池在大約 1000 個循環中保持了 80％以上的能量效率。

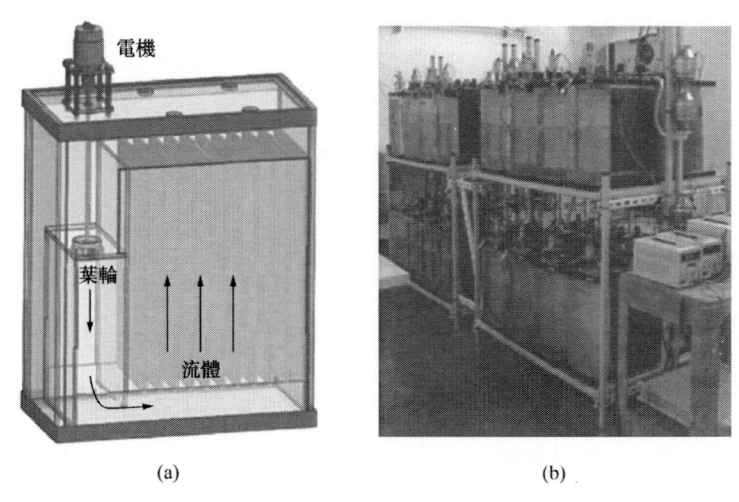

圖 7－17　(a)555A·h 單位的 CAD 圖；(b)電網規模 25kW·h 的鋅鎳單液流電池

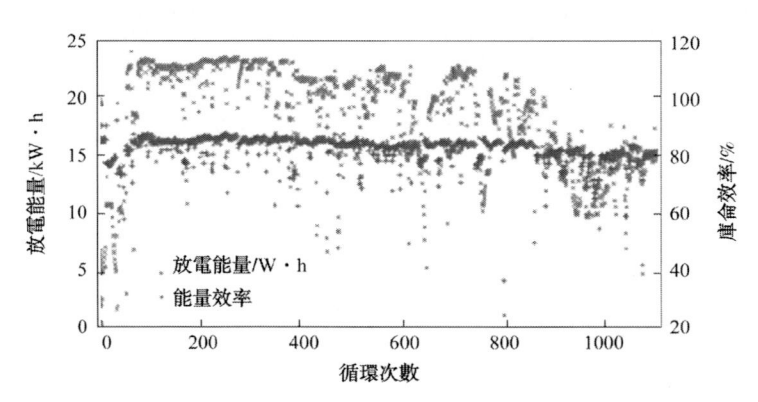

圖 7－18　電網規模 25kW·h 鋅鎳單液流電池的循環性能

該演示系統在運行過程中會出現兩個失效機制：鋅顆粒脫落堵塞電極孔隙導致電池短路以及鋅電沉積過程中陽極表面鈍化。在清洗陽極的過程中，鋅顆粒會從陽極上脫落，堵塞電極之間的流動間隙，導致短路和容量衰減，為了解決這個問題，將陽極清洗步驟中的放電電流降低到－0.6A，較低的電流可以降低顆粒脫落的速率。另一個問題是鋅電沉積時陽極表面會發生鈍化，解決這一問題的方

法之一是在電解液中放置一片泡沫鎳，泡沫鎳具有較高的比表面積，是電解水的優良催化劑，在陽極的清洗過程中，泡沫鎳可以連接到陽極上從而加快去除多餘的鋅；另外，為了避免陽極鈍化問題，還可以改變循環程序。為了降低成本，演示的時候使用了黏結鎳材料代替燒結鎳，這樣可以將成本控制在 407 美元/(kW·h)，這個成本是相對較低的。然而，黏結鎳電極只能在 700 次的循環內保持性能良好，還需要更多的研究來提高黏結鎳陰極的循環壽命。

7.3.4 鋅鎳液流電池總結與展望

鋅鎳單液流電池雖然有著較高能量密度、低成本、安全性高等優點，但仍然存在一些影響電池性能的問題，使得其商業化應用進程受到影響，需進一步深入研究來解決。雖然目前鋅鎳單液流電池還沒有像全釩液流電池那樣接近商業化應用，但是對於鋅鎳單液流電池的工程化應用前景，學者們給予了很大的期待，以後會有越來越多的研究集中在提升鋅鎳單液流電池性能與規模化應用等方面。筆者對於鋅鎳單液流電池未來的發展，提出以下幾點思考與建議：

① 從源頭解決問題，深入探勘問題背後的機理和原因，針對不同的原因採取不同的解決策略，並兼顧各因素之間的耦合效應，提出簡單有效的解決手段。

② 新型的電池結構需要進一步開發，從多尺度全方位研究電池的材料、內部結構及外部操作參數等因素對整個電池系統的影響，進而指導實驗和工程設計，加快應用進度。

③ 目前已研製出一些利用仿生概念設計的高性能電池，如仿生肺燃料電池、仿生脊骨結構製備柔性鋰離子電池、通過「蟻穴」結構固態電解液抑制鋅枝晶製備高性能電池等，將電池與仿生學結合將是鋅鎳單液流電池發展的一個新方向。

7.4 鋅溴液流電池

7.4.1 鋅溴液流電池簡介

7.4.1.1 鋅溴液流電池工作原理

鋅溴電極對基礎上的鋅溴液流電池基本電極反應如下[25]：

負極：$Zn^{2+} + 2e^- \rightleftharpoons Zn$　　　　　$E = -0.76V(25℃)$

正極：$2Br^- \rightleftharpoons Br_2 + 2e^-$　　　　　$E = 1.076V(25℃)$

總反應：$ZnBr_2 \rightleftharpoons Br_2 + Zn$　　　　$E = 1.836V(25℃)$

鋅溴液流電池正極反應的標準電位為 1.076V，負極反應的標準電位為 -0.76V，故鋅溴液流電池的標準開路電壓約為 1.836V。

液流電池與儲能

在此基礎上發展起來的鋅溴液流電池的基本原理如圖 7-19 所示，正負極電解液同為 $ZnBr_2$ 水溶液，電解液通過泵循環流過正負電極表面。充電時鋅沉積在負極上，而在正極生成的溴會馬上被電解液中的溴絡合劑絡合成油狀物質，使水溶液相中的溴含量大幅度減少，同時該物質密度大於電解液，會在液體循環過程中逐漸沉積在儲罐底部，大大降低了電解液中溴的揮發性，提高了系統安全性；在放電時，負極表面的鋅溶解，同時絡合溴被重新泵入循環迴路中並被打散，轉變成溴離子，電解液回到溴化鋅的狀態，反應是完全可逆的。

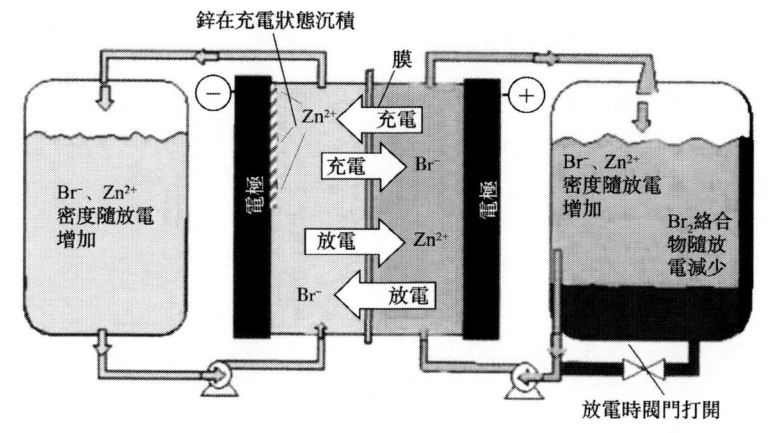

圖 7-19 鋅溴液流電池示意圖[26]

7.4.1.2 鋅溴液流電池的發展進程

C. S. Bradley 最早在 1885 年提出了鋅溴液流電池的概念，從 1970 年代中期到 80 年代初，Exxon 公司以及 Could 公司對鋅溴液流電池存在的技術問題進行了技術改造，有效地解決了鋅溴液流電池自放電的問題。1980 年代，Exxon 公司將鋅溴液流電池的技術許可轉賣給了江森自製公司、歐洲的 SEA 公司、澳洲的舍爾伍德工業公司、日本的豐田公司以及明電舍公司。1994 年，江森自製公司將自己的鋅溴液流電池技術轉賣給 ZBB Energy 公司（後改名為 EnSync），EnSync 公司經過了二十多年的發展，在鋅溴液流電池技術方面的發展已經取得了質的突破，處於世界前列[27]。隨著澳洲、歐洲、北美等發達地區和國家的家用儲能市場的興起，EnSync 公司在家用儲能上加大擴張，進行了家用級別的儲能系統業務的開拓，對微型儲能設備進行生產，開展了家用級別儲能設備的選型和設備的測試。

中國對鋅溴液流電池的研究起步較晚，到了 1990 年代，鋅溴液流電池的相關課題才在中國部分大學與企業開展起來。但如今，在零部件國產化的情況下，鋅溴液流電池的成本接近於鉛酸電池，但能量密度為鉛酸電池的 3～5 倍。安徽美能公司生產的鋅溴液流電池儲能產品，已通過中國國家電網電科院檢測，具備

入圍中國國家電網的資格；北京百能作為一家從電池部件研發做起的鋅溴液流電池公司，已成功研製出了鋅溴液流電池的隔膜、電極極板以及電解液等關鍵部件，實現了批量化生產，降低了鋅溴電池的規模化生產成本。2017年，由中國科學院大連化學物理研究所儲能技術研究部張華民研究員、李先鋒研究員領導的科學研究團隊自主開發的中國首套5kW/5kW·h鋅溴單液流電池儲能示範系統在陝西省安康市華銀科技股份有限公司廠區內投入運行。該系統由一套電解液循環系統、4個獨立的千瓦級電堆以及與其配套的電力控制模組組成（見圖7-20），主要為公司研發中心大樓周圍路燈和景觀燈提供照明電，後期將配套太陽能組成智慧微網。經現場測試，該示範系統在額定功率下運行時的能量轉換效率超過70%。鋅溴單液流電池示範系統的成功運行為其今後工程化和產業化開發奠定了堅實的基礎。

圖7-20　中國首套5kW/5kW·h鋅溴單液流電池示範系統投入運行

7.4.1.3　鋅溴液流電池的技術特點

同其他電池技術相比，鋅溴液流電池技術具有下列特點：

① 鋅溴液流電池具有較高的能量密度。鋅溴液流電池的理論能量密度可達430W·h/kg，實際能量密度可達60W·h/kg。

② 正負極兩側的電解液組分（除去絡合溴）是完全一致的，不存在電解液的交叉汙染，電解液理論上使用壽命無限。

③ 電解液的流動有利於電池系統的熱管理，傳統電池很難做到。溫度適應能力強（-30～50℃）。

④ 電池能夠放電的容量是由電極表面的鋅載量決定的，電極本身並不參與充放電反應，放電時表面沉積的金屬鋅可以完全溶解到電解液中，因此鋅溴液流電池可以頻繁地進行100%的深度放電，且不會對電池的性能和壽命造成影響。

⑤ 電解液為水溶液，且主要反應物質為溴化鋅，油田中常用作鑽井的完井液，因此系統不易出現著火、爆炸等事故，故具有很高的安全性。

⑥ 所使用的電極及隔膜材料主要成分均為塑膠，不含重金屬，價格低廉，可回收利用且對環境友好。

⑦ 模組化設計，輸出功率及儲能容量可以獨立靈活調控。

⑧ 系統總體造價低，具有良好的商業應用前景。

液流電池與儲能

鋅溴液流電池的這些特點，使它成為大規模儲能電池的選擇之一。鋅溴液流電池商業化過程中的問題是初始成本較高。在較大的生產規模下，鋅溴電池與鉛酸電池相比，具有價格上的優勢，作為儲能電池，也可用於太陽能和風能發電系統儲能。鋅溴液流電池由於能量密度較高，被研究開發用作電動汽車動力電源。裝備鋅溴電池（200W·h/kg）的 Fiat 牌號的 Panda 電動汽車，一次充電，行程達到 260km。在電動汽車中，鋅溴液流電池可用作正常驅動的連續動力源，與超級電容混合使用。這種混合型電動車是目前認為較為現實可行的。

然而，由於鋅溴液流電池正極電解液活性物質 Br_2 具有很強的腐蝕性及化學氧化性、很高的揮發性及穿透性，而負極電解液活性物質鋅在沉積過程中容易形成枝晶，嚴重限制了鋅溴液流電池的應用。正極電解液活性物質 Br_2 會滲透隔膜到負極，與負極活性物質發生化學反應，引起電池的自放電，降低鋅溴液流電池的能量效率。Br_2 會穿透塑膠材質的電解液溶液和電解液輸運管路，造成環境汙染。負極電解液活性物質鋅離子在沉積過程中容易形成金屬鋅枝晶造成脫落，會大幅度降低電池的儲能容量和使用壽命。

7.4.2　鋅溴液流電池研究進展

鋅溴液流電池的研究開發主要集中在三個方面：一是提高電池循環壽命，研發高性能、長壽命電極材料，開發高穩定性的電解液溶液。二是抑制活性物質通過隔膜，研究開發高阻溴能力、低離子電阻的電池隔膜；降低溴電解液溶液對電解液溶液儲罐和輸送管路的穿透性，篩選和設計對溴分子具有高配合能力的化合物，減少溴的環境汙染。三是提高電池的功率密度，採用高活性電極材料，設計新型電極結構，通過提高電池的功率密度，從而進一步降低電池成本。

7.4.2.1　電池結構

在鋅溴液流電池中，電解液是溴、鋅溴化合物和四元胺鹽的具有腐蝕性的混合物。四元鹽由於其絡合能力強，用於降低游離溴在電解液中的濃度。電池以塑膠為基本結構材料。較早的電池結構材料採用聚丙烯，後來用聚乙烯作為框架材料。聚乙烯材料抗拉強度在飽和溴水溶液的作用下降低 13%～25%，在正極電解液侵蝕下降低 80%。製備電極採用的碳塑膠聚合物複合材料比製作電池液流框架的 PVC 材料具有更好的抗腐蝕性能。PVC 液流框架中的添加物更容易受含溴電解液的化學攻擊，而 PVC 本身只被電解液輕微腐蝕。

7.4.2.2　電極

金屬電極由於其電荷轉移電阻低而可用於鋅溴液流電池，但它們成本高且退化嚴重，例如腐蝕或溶解，這對液流電池的長期性能和運行有害。因此，具有大比表面積、良好化學和電化學穩定性的碳基電極被用作替代材料[28,29]，但碳基電

極上的電活性物質的交換電流密度通常比金屬電極上的低一到兩個數量級[30]。玻璃碳、碳氈和碳石墨具有更高的電荷轉移，如使用人造絲碳氈的鋅溴液流電池的庫侖效率為沒有氈的鋅溴液流電池的兩倍(92.26％)[31]。溴電極的極化程度相對較高，導致較低的功率密度和工作電流密度(20mA/cm²)。多項研究試圖提高 Br_2/Br^- 的電化學活性(Br_2/Br^- 的電化學活性遠遠小於 Zn^{2+}/Zn 的電化學活性)以平衡反應速率來提高功率密度。碳奈米材料如單壁碳奈米管(SWCNT)[32]、多壁碳奈米管(MWCNT)[33]和介孔結構碳[34]已被用於溴電極以提高 Br_2/Br^- 的活性。使用碳表面電極作為鋅電極和碳體積電極作為溴電極的反對稱鋅溴液流電池已被證明提高了電池效率和耐久性[35]。總之，對好的鋅溴液流電池電極材料的共同要求是低電阻、低極化和低成本、良好的化學和物理穩定性以及大比表面積和高反應速率。

Suresh 等將表面改性碳紙成功地應用於鋅溴液流電池，反應機理如 7-21 所示，氧官能團的引入增強了親水性並增加了電化學活性位點以加強 Br_2/Br^- 氧化還原反應。因此，碳紙的官能化改善了 Br_2/Br^- 氧化還原對的可逆性。

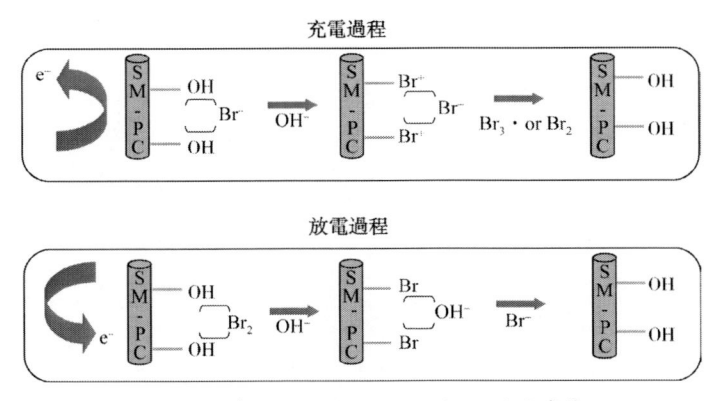

圖 7-21 表面改性碳紙上 Br_2/Br^- 的反應機理

Kim 等[36]在電極上引入玻璃纖維(GF)夾層，可改善高電流密度和高容量操作條件下的電池性能。玻璃纖維的極性基團($-OH$、$Si-O$ 和 $Si-O-Si$)增強了與電解液的親和力並誘導了與鋅離子的強相互作用。這實現了離子的快速傳輸和中間層中離子的均勻分布，減輕了鋅枝晶的生長，並大大延長了循環時間(見圖 7-22)。

7.4.2.3 隔膜

可以用陽離子交換膜作為電池的隔膜，它允許陽離子通過，但阻止溴的遷移。一般來說，離子交換膜對溴的阻力較大，因而可減小電池自放電，但是這種膜比較昂貴，且歐姆電阻較高。在鋅溴液流電池中，可採用較為廉價的微孔性聚合物隔膜，其缺點是不能完全阻止溴穿過。用陰離子聚合電解液對隔膜進行浸漬處理後，溴在隔膜中的滲透減小，但隔膜電阻略有增加。這種效果可解釋為：①聚合電解液中帶負電的基團排斥帶負電的溴絡合物；②隔膜中一部分微孔被阻塞。

液流電池與儲能

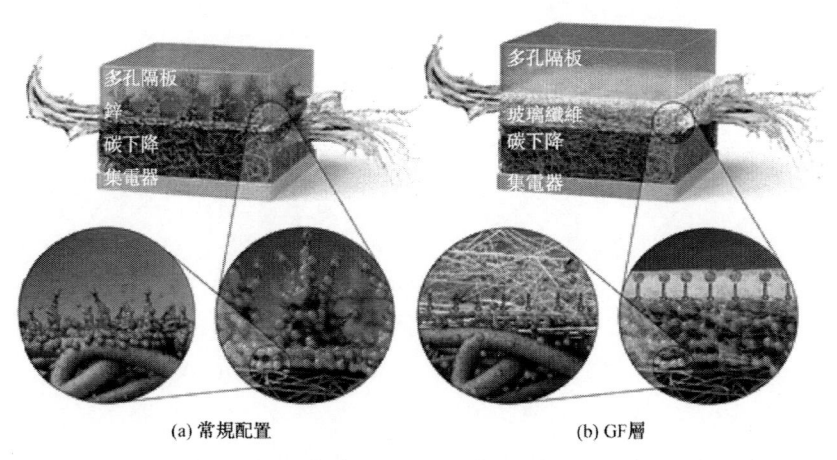

(a) 常規配置 (b) GF層

圖 7-22　常規配置和 GF 層 Zn 枝晶的形成

微孔膜和離子交換膜都能夠有效分離陽極和陰極電解液。此外，離子交換膜允許攜帶電荷的離子通過它，這大大提高了鋅溴液流電池的效率[37]。如 Nafion 填充多孔膜是一種穩定的陽離子交換膜，可有效阻止溴通過膜分離器。Zhang 等[38]設計了一種活性碳塗層膜（見圖 7-23），結果表明溴電極的過電位和介面電阻分別降低了 0.06V 和 1.3Ω，這是大比表面積在靠近膜處形成了高電化學活性層（2314m²/g）和對溴和溴離子的強吸附能力所致。

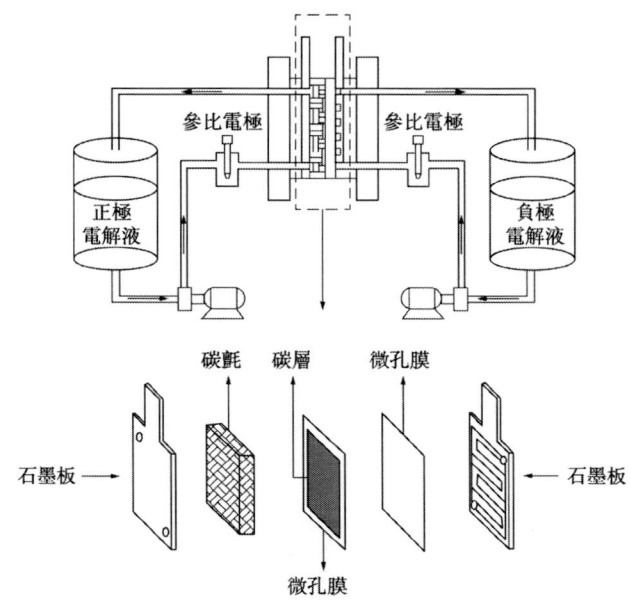

圖 7-23　採用活性碳塗層膜（CCM）的鋅溴液流電池示意圖[38]

7.4.2.4 電解液

鋅溴液流電池的電解液除了用作活性反應物質的溴化鋅外，還可作為導電支持劑、枝晶抑制劑以及溴絡合劑等。其中導電支持劑的主要作用是在高電解液利用率下保持溶液的電導率，降低電池內阻，枝晶抑制劑的作用則是使負極在多次的充放電循環中保持光滑的鋅沉積，阻止鋅枝晶的生成；溴絡合劑在電解液中的作用是至關重要的，由於在充電時會產生游離溴，絕大部分游離溴會被絡合劑絡合後沉積在液罐底部，仍有少量的溴被無機溴離子絡合留在電解液中。因此減少電解液中的溴濃度，降低自放電，避免溴的揮發，是鋅溴電池研發過程必須克服的問題之一。總之，對電解液的一般要求包括：均勻的離子濃度梯度、高離子電導率和低內阻的質傳。

Yang等提出在$ZnBr_2$溶液中添加聚山梨醇酯(P20)，聚山梨醇酯促進水相和聚溴化物相的混合，並且在整個電極表面上均勻地發生Br_2/Br^-氧化還原反應，從而導致鋅在整個電極表面上均勻氧化，改善了整個電極表面的鋅沉積層和去鍍層的均勻性，提高了電池的電流效率[39]。

浙江大學王建明教授團隊的研究表明，Bi^{3+}和四丁基溴化銨(TBAB)同時作為電解液添加劑使用，有明顯抑制鋅側電極的枝晶生長的作用(見圖7-24)，且對鋅側電極的電化學反應幾乎不產生影響[40]。

圖7-24 在陰極過電位$\eta=-200mV$的條件下鋅電極在空白(a)和同時添加0.1g/L Bi^{3+}、0.02g/L TBAB的溶液(b)中的沉積形貌

Gao等展示了一種沒有輔助部件並利用玻璃纖維分離器的鋅溴靜態(非流動)電池，它克服了高自放電速率，同時很好地保留了溴鋅化學電池的優點。它通過添加劑四丙基溴化銨(TPABr)，不僅將流體溴調節為縮合固相來減輕溴的交叉擴散，而且為鋅電沉積向非樹枝狀生長提供了有利的介面。所提出的溴鋅靜態電池顯示出142W·h/kg的高比能量，具有高達94%的高能量效率。通過優化多孔電極結構，電池在受控自放電速率下顯示超過11000次的超穩定循環壽命[41]。

7.4.3 鋅溴液流電池總結與展望

鋅溴液流電池發展較為迅速，它具有優越的儲能性能，在新能源汽車領域、電網調頻調峰、工程用電、偏遠山區遠距離供電、太陽能、風能等間歇性能源的儲能領域等均有廣闊的應用前景。

相比鉛酸和鋰離子電池，鋅溴液流電池具有能量密度高、可深度充放電、常溫下即可正常工作、沒有安全隱患等特點，可作為車載行動電源使用。據有關文獻報導，裝備鋅溴液流電池（200 W·h/kg）的電動汽車，一次充電，行程達到 260 km，因此鋅溴液流電池可以作為新能源汽車中的動力驅動能源。

通常鋅溴液流電池在電力系統中起到的作用是消除負載峰值，在用電量特別大的時候，通過鋅溴液流電池提前儲存好的能量，讓電池放電，極大地減小了高峰用電期對電網的衝擊，使得電網不會超過自身的負載值。在用戶用電量小的時候，電池組能夠再充電，根據用電量的需求，鋅溴電池可以進行合理的調配。因此在電力傳輸系統裡，儲能系統可以有效地提高傳輸系統的可靠性。在電力分配端，儲能系統可以提高用電的質量，在終端用戶端，儲能系統的存在可以減小對電網帶來的衝擊，延長發電器和設備的壽命。

整體來說，鋅溴液流已被證明是固定儲能最有前途的解決方案之一。儘管通過對先進材料的廣泛研究，鋅溴液流已經取得了顯著的性能，但要實現這些元件的商業化和工業化還需要克服挑戰。功率密度，循環壽命甚至能量密度都需要進一步提高。實現鋅溴液流工業化，迫切需要低成本的先進材料[42]。

7.5 鋅鈰液流電池

7.5.1 鋅鈰液流電池工作原理

鋅鈰液流電池以 Ce^{3+}/Ce^{4+} 為正極活性電對，Zn/Zn^{2+} 為負極活性電對。正、負極電解液分別儲存在兩個不同的儲液罐裡，在輸送泵的作用下分別循環流過正、負電極。其工作原理如圖 7-25 所示。

電極反應式為：

正極反應：　　　　$2Ce^{3+} \longleftrightarrow 2Ce^{4+} + 2e^-$

負極反應：　　　　$Zn^{2+} + 2e^- \longleftrightarrow Zn$

電池總反應式：　　$2Ce^{3+} + Zn^{2+} \longleftrightarrow 2Ce^{4+} + Zn$

鋅鈰液流電池的特點是正、負極電解液的交叉混合不會對電池性能產生嚴重的影響，但由於四價鈰離子與單質鋅發生化學反應，會降低電池的庫侖效率。在

充電過程中，如果正極電解液中含有 Zn^{2+}，Zn^{2+} 不會失去電子而在正極放電，因為鋅的最高氧化值是＋2；同樣地，若負極含有三價鈰離子，三價鈰離子也不會在負極得電子變為二價鈰、一價鈰或金屬鈰，得電子的是 Zn^{2+}。在放電過程中，若正極電解液中混有 Zn^{2+}，首先被還原的是四價鈰離子；若負極電解液中混有三價鈰離子，也不會影響鋅的放電。鋅鈰液流電池電流密度可以達到 300～400mA/cm²。元素鈰是來源相對較為豐富的一種稀土金屬，Ce^{4+}/Ce^{3+} 具有較高的氧化還原電位(1.72V)，而負極電對 Zn^{2+}/Zn 氧化還原電位為－0.76V，因此，電池可以達到較高的理論開路電壓，受到人們的關注。鋅鈰液流電池結構與全釩液流電池類似，只是所用電極材料不同，正極為碳塑板，負極為鍍鉑鎳網。

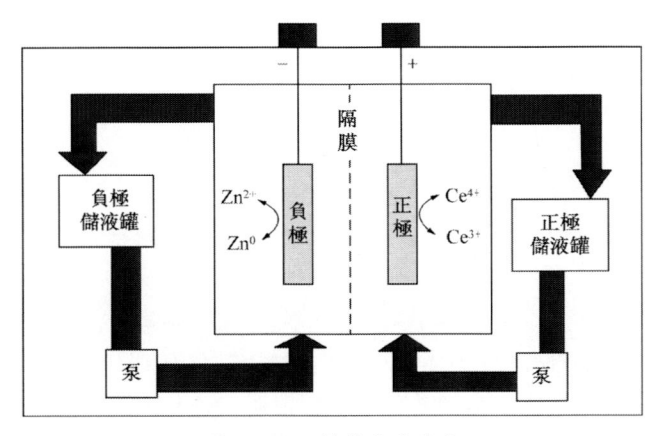

圖 7－25　鋅鈰液流電池

與常規化學電源相比，鋅鈰液流電池系統具有規模大、壽命長、成本低和效率高等特點。鋅鈰液流電池的功率取決於電極活性表面的大小和電堆的大小，電池的容量取決於儲液罐中電解液的多少。通過單電池的串並聯可以獲得兆瓦級的功率，通過調控電解液的濃度和體積可以獲得幾十至幾百兆瓦時的容量。由於活性物質在電解液中，電極為惰性電極，不參與成流電極反應，因而電池可深度放電，電池的循環壽命可達上萬次，使用壽命可達 10 年以上。經過優化的電池系統充放電能量效率高達 80％以上。

7.5.2　鋅鈰液流電池研究進展

7.5.2.1　電極

鈰是稀土元素，價電子層構型為 $4f^1 5d^1 s^2$，常見氧化值有＋3 和＋4 價。三價鈰離子溶液為無色，四價鈰離子溶液呈黃色。Ce 的化合物可用於正極電解液活性物質，在酸性體系中，Ce(Ⅳ)/Ce(Ⅲ) 電對具有很高的氧化還原電位(1.72V)。在酸性溶液中，Ce(Ⅳ) 具有很強的氧化能力。在弱酸性或鹼性溶液

中，Ce(Ⅲ)容易被氧化成 Ce(Ⅳ)，Ce(Ⅳ)能水解沉澱。在酸性溶液中，Ce(Ⅳ)能夠與 H_2O 發生氧化反應。在溶液體系中，體系的酸度大小也決定了發生何種氧化還原反應。Ce(Ⅳ)/Ce(Ⅲ)半電池在不同 Ce(Ⅳ)濃度下的電化學行為不盡相同。Ce(Ⅳ)濃度在 0.2mol/L 時，其極化電阻最小，為最佳理論濃度。在不同濃度下測得的阻抗參數表明，在溶液體系處於穩定狀態時，緩慢掃描，或同時使用比較低的干擾頻率掃描，Ce 的反應都是由質傳動力學控制的；當該體系處於暫態時，不論是使用快速頻率掃描，還是使用高擾動頻率掃描，都是由傳荷控制的；而當體系處於穩態和暫態之間時，則是由質傳和傳荷兩者混合控制的。

有學者用旋轉圓盤法與旋轉環盤法研究了 Ce(Ⅳ)/Ce(Ⅲ)的電化學動力學參數。用旋轉圓盤法得出在鉑電極的表面與玻璃碳電極表面上均生成一層氧化膜，對 Ce(Ⅲ)的氧化反應能夠起到阻礙作用。但是在鉑上的氧化膜對 Ce(Ⅳ)的還原反應卻有催化作用。用旋轉環盤法得出 Ce(Ⅲ)在玻璃碳電極上的氧化與析氧之間存在競爭，為了得到較高的 Ce(Ⅲ)的氧化效率，應控制氧化電流密度在 20~80mA/cm^2。有學者研究了在不同硫酸濃度中 Ce(Ⅳ)/Ce(Ⅲ)氧化還原電對的電化學性能。研究結果表明，硫酸濃度的變化主要有兩個結果：一是硫酸濃度增加，氧化峰電流降低；二是隨著硫酸濃度從 0.1mol/L 上升到 2.0mol/L，氧化還原反應的峰電壓上升，隨著其濃度的進一步升高，峰值電壓降低。溫度的升高對 Ce(Ⅳ)/Ce(Ⅲ)電對有比較大的影響，它能使其氧化還原反應峰電流增加，峰電壓降低。在 298K 的溫度下，恆電流電解表明：Ce(Ⅲ)的氧化反應電流效率是 73%，還原反應電流效率是 78%，並且隨著溫度的升高而有所變化。

Ce(Ⅳ)/Ce(Ⅲ)在甲基磺酸溶液中的氧化還原行為與在硫酸中的電化學行為不盡相同[43]。在比較大的酸濃度範圍內甲基磺酸鈰的形成速率比較高，並且在溫度範圍比較大的情況下，甲基磺酸鈰可用於不同芳香化合物的氧化劑。Ce(Ⅲ)在不同濃度和成分的硝酸及硫酸介質中的電化學氧化行為也有相關報導。在硝酸介質中，隨著硝酸濃度的增加，Ce(Ⅳ)/Ce(Ⅲ)電對的氧化還原峰電位也在發生變化。在高濃度硝酸溶液中，Ce(Ⅳ)/Ce(Ⅲ)的動力學比較快，其表觀電位獨立於氫離子和硝酸根，但標準速率常數隨著氫離子的增加而變大，與硝酸根無關。

7.5.2.2 電解液

目前，鋅/鈰液流電池研究主要是以甲基磺酸為電解液。據稱單體電池能夠成功地在電流密度 400~500mA/cm^2 下運行，其不足之處是 Ce(Ⅳ)/Ce(Ⅲ)在甲基磺酸介質中的溶解度比較低。Ce(Ⅲ)在硝酸、硫酸、高氯酸溶液中氧化還原過程隨著酸濃度的增加，對峰電流、峰電位都有影響。Mark D. Pritzker 等研究了與氯化物或硫酸鹽混合的甲磺酸(MSA)電解液中的鋅電沉積和電溶解，以最終

用於分開和未分開的鋅鈰液流電池。循環伏安法和極化實驗表明，與添加硫酸鹽或 MSA 時相比，向甲磺酸鹽基電解液中添加氯化物使成核電位沿正方向移動，降低成核過電位並增強 Zn 沉積和隨後溶解的動力學。因此，與使用純 MSA 電解液的情況相比，使用混合的甲磺酸鹽/氯化物介質應該能夠使分離的和未分離的鋅鈰 RFB 在更寬的溫度和 MSA 濃度範圍內運行。然而，與僅使用 MSA 的電解液相比，向基於 MSA 的電解液中添加硫酸鹽並不會改善 Zn/Zn(Ⅱ)系統的性能。

圖 7-26 顯示了在 $1mol/dm^3$ MSA 中含有 $1.2mol/dm^3$ ZnMSA/$0.3mol/dm^3$ $ZnCl_2$ 的溶液中獲得的循環伏安圖與僅使用 MSA 的電解液（$1.5mol/dm^3$ ZnMSA 在 $1mol/dm^3$ MSA）在 25℃、35℃ 和 45℃ 三種不同溫度下獲得的循環伏安圖。研究表明，溫度升高會導致兩種電解液中 E 的正偏移。

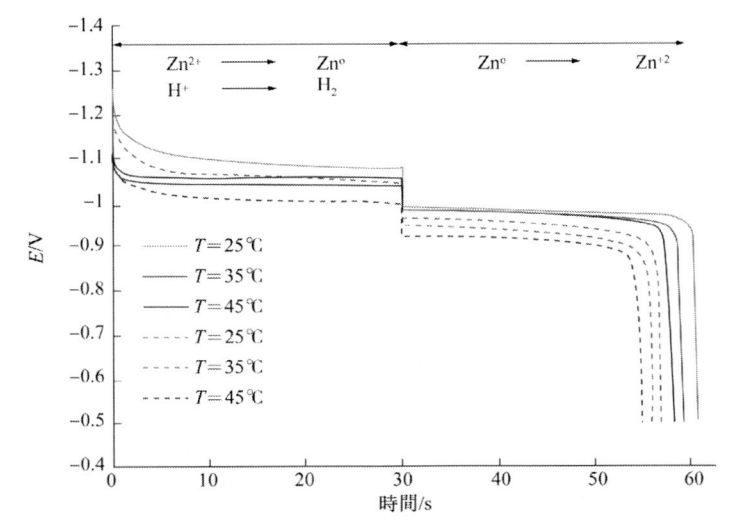

圖 7-26　在三種不同溫度下，在混合甲磺酸鹽/氯化物介質（實線）和
僅使用 MSA 的電解液（虛線）中，在玻碳電極（約 $0.071cm^2$）上獲得的循環伏安圖

研究發現，當充電和放電期間兩個電極的極化盡可能低時，可充電電池的操作最有效。因此，當發生 Zn(Ⅱ)還原時，電極電位在充電期間盡可能為正，而在 Zn 氧化發生時放電期間盡可能為負，這樣便會使電極極化盡可能低，從而使電池的操作最有效。因此，在這種情況下，在完整的充電/放電循環過程中電極電位有最小變化。從這個角度來看，圖 7-27 中瞬態曲線的比較清楚地表明，除了 45℃ 時的陰極極化外，混合電解液比純 MSA 系統實現了更好的性能。由於在這些實驗的兩個階段施加的電流大小相同，Zn 沉積的充電效率可以簡單地從圖 7-27 中的資料中獲得。

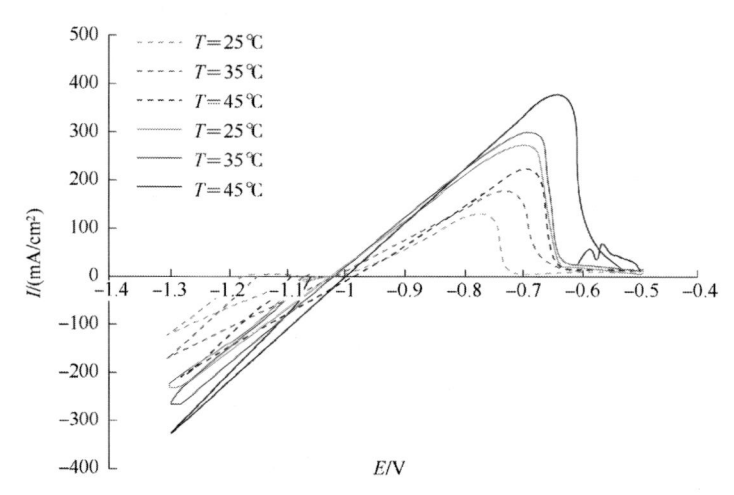

图 7-27 在 25mA/cm² 的混合甲烷磺酸盐/氯化物介质（实线）
和仅使用 MSA 的电解液（虚线）中，玻碳电极（约 0.071cm²）
在恒电流阴极和阳极极化期间电极电位随时间的变化（在三种不同的温度下）

7.5.2.3 负极

负极反应的反应式为：

$$Zn^{2+} + 2e^- \longleftrightarrow Zn$$

充电时发生锌的沉积反应，放电时发生锌的溶解反应。在电池的充放电反应过程中，除了发生以上的主反应外，同时还存在下列副反应：

$$2H^+ + 2e^- \longrightarrow H_2$$
$$Ce^{4+} + e^- \longrightarrow Ce^{3+}$$
$$Zn + 2H^+ \longrightarrow Zn^{2+} + H_2$$
$$Zn + 2Ce^{4+} \longrightarrow Zn^{2+} + 2Ce^{3+}$$

这 4 个副反应都会降低电池的能量效率，导致电池性能下降。

在 0.01mol/L Zn(Ⅱ) 的甲基磺酸溶液中锌的沉积为质传控制过程，锌离子的扩散系数为 $7.5 \times 10^{-6} cm^2/s$。增大锌离子浓度，锌的溶解过程减慢，但锌离子的沉积过程加快。随着酸浓度的增加，析氢副反应和锌腐蚀速率加快，库仑效率下降。为了防止库仑效率下降，抑制析氢反应和锌腐蚀成为研究的重点。P. K. Leung 等发现氧化铟能抑制析氢反应。在电解液制备时，使用氧化铟[44]作添加剂可以改善电池性能，能量效率可提高 11%。其实验为加入三种选定的电解添加剂：氢氧化四丁基铵、酒石酸钾钠和氧化铟[45,46]，添加剂的浓度为 $2 \times 10^{-3} mol/dm^3$。电解液为含有 $0.01mol/dm^3$ 甲基磺酸锌和 $0.5mol/dm^3$ 甲基磺酸钠的溶液。用甲基磺酸调整到 pH=4，温度为 295K，创建酸性环境。电位首先从对 Ag/AgCl-0.8V 扫到-1.5V，然后再从-1.5V 扫到-0.8V。还

原和氧化過程可以看作一個半電池鋅電池的充電和放電週期。較大的陽極峰容易被觀察到，除加入四丁基氫氧化銨外，加入其他添加劑，陽極峰都比較強。而當使用氧化銦和酒石酸鉀[47]時，該比率約為88%。與沒有添加劑的實驗相比，添加這兩種添加劑代表了一種改進(82.3%)。儘管有氧化銦的存在，但仍觀察到單一的陰極和陽極峰。

7.5.2.4 正極

影響 Ce^{3+}/Ce^{4+} 電極反應動力學的因素主要有支持介質、添加劑、電極和溫度等。支持介質對 Ce^{3+}/Ce^{4+} 半電池反應動力學有顯著的影響(見表7-5)。在 1mol/L HNO$_3$ 介質中 Ce^{3+}/Ce^{4+} 電極反應的標準速率常數為 2.0×10^{-3} cm/s，而在 1mol/L NH$_2$SO$_3$H 中變為 5.0×10^{-5} cm/s。Ce^{3+} 離子在 1mol/L HNO$_3$ 介質中的擴散係數為 8.8×10 cm^2/s，而在 2mol/L CH$_3$SO$_3$H 中減至 5.37×10^{-6} cm^2/s。另外，支持介質的濃度對 Ce^{3+}/Ce^{4+} 電極反應也有非常顯著的影響。在 4mol/L H$_2$SO$_4$ 介質中，Ce^{3+}/Ce^{4+} 電極反應峰電位差為 400mV；而在 1mol/L H$_2$SO$_4$ 介質中峰電位差增加到 1200mV。電位差越大，電極反應動力學越緩慢。

表7-5　支持介質對 Ce^{3+}/Ce^{4+} 電極反應動力學的影響

支持介質	HNO$_3$	H$_2$SO$_4$	CH$_3$SO$_3$	NH$_2$SO$_3$H
交換電流密度 j_0/(10^3A/cm^2)			1.32	0.60
標準速率常數 k_0/(10^3A/cm)	20	2.93	0.55	0.50
Ce^{3+} 擴散係數/(10^3A/cm)	8.8		5.37	5.93

為了改善 Ce^{3+}/Ce^{4+} 電解液的穩定性和電極反應動力學，一般在電解液製備時加入一定量的添加劑。有些添加劑對電解液的穩定性和電極反應動力學都有積極作用，如表7-6所示的磺基水楊酸、DTPA、EDTA、鄰苯二甲酸酐，這4種添加劑就兼具兩方面的改善作用。

表7-6　添加劑對 Ce^{3+}/Ce^{4+} 電極反應動力學和電解液穩定性的影響

添加劑	動力學	穩定性	添加劑	動力學	穩定性
磺基水楊酸	+	+	乙酸鉛	−	−
EDTA	+	+	硝酸銀	−	−
DTPA	+	+	四硼酸鈉	−	o
硫脲	o	+	檸檬酸鈉	−	−
脲	−	o	乙酸鈷	+	o
鄰苯二甲酸酐	+	+			

註：「+」表示強，「−」表示弱，「o」表示無影響。

溫度對 Ce^{3+}/Ce^{4+} 電極反應動力學有明顯影響。25℃時，6mol/L HNO$_3$ 溶

液中，Ce^{3+}/Ce^{4+}電極反應的標準速率常數為2.6×10^{-2}cm/s，升溫到60℃標準速率常數增至4.6×10^{-2}cm/s。與此同時，Ce^{3+}的擴散係數由6.9×10^{-6}cm²/s增加到1.31×10^{-5}cm²/s，見表7—7。

表7—7　溫度對Ce^{3+}/Ce^{4+}電極反應動力學的影響

溫度/℃	擴散係數/(10^{-6}cm²/s)	標準速率常數/(10^{-4}cm/s)
25	6.9	260
40	9.2	370
60	13.1	460

7.5.3　鋅鈰液流電池總結與展望

對於液流電池新體系，包括水系和非水系，主要集中論述了體系的原理及優缺點等。雖然液流電池在新體系的研發方面取得了很大的進步，但是要滿足應用的需求，仍然面臨著很多艱巨的挑戰。主要包括：在有機溶劑的非水系液流電池體系中，由於其導電性較低和活性物質濃度低，使其歐姆極化很大，導致工作電流密度低，系統成本高。非金屬離子的水系液流電池，特別是有機電對的水系液流電池，存在的主要問題在於導電性差、工作電流密度低、溶解度小、能量密度低、化學穩定性低、循環性能差等問題。解決上述問題首先是要對電解液進行更加系統的電化學及物理化學性質的研究，同時，尋找新的電化學活性物質，或者對其進行合適的分子改性，這涉及電化學、物理化學、有機化學及分子工程等多項領域。另外隔膜作為液流電池最關鍵的材料之一，在新體系的研發過程中應該加強對隔膜材料的研究和開發。隨著上述問題的解決以及大規模儲能時代的到來，液流電池新體系在儲能方面才能展現出很好的應用前景。

新能源利用是解決能源問題和環境問題的必然選擇。儲能技術是新能源利用的瓶頸之一。鋅鈰液流電池是一種大規模儲能技術，有著廣闊的應用前景。雖然鋅鈰液流電池的研究已經取得了一些成績，但是仍然還處在實驗研究階段，離商業化應用還有一段很遠的距離，還有許多問題有待解決：

① 析氫析氧副反應問題。由於鋅鈰液流電池單電池電壓大，充電時正負極存在析氫析氧副反應。

② 負極產物鋅的防腐蝕和電極反應速率的平衡問題。鋅鈰液流電池負極電解液含酸介質，充電產物鋅會被氫離子腐蝕。

③ 高化學電化學穩定性、高催化活性和高導電性正極的設計製備問題。

④ 基於鋅鈰液流電池儲能系統應用的發電、儲能、電能轉換及用電多體系的系統耦合及綜合能量管理控制理論。

7.6 鉛酸液流電池

7.6.1 鉛酸液流電池簡介

2004年英國的Pletcher教授及其研究課題小組在對傳統鉛酸電池進行深入認識的基礎上[48]，提出了一種全沉積型的單液流電池體系，並針對該單液流電池體系開展了一系列深入的研究。該電池體系採用酸性甲基磺酸鉛(Ⅱ)溶液作為電解液，正負極均採用惰性導電材料(碳材料)作為電極基底。

7.6.1.1 鉛酸液流電池工作原理

在充電期間，Pb^{2+}被氧化成沉積在正極上的PbO_2，同時被還原成負極上的鉛。放電時，PbO_2和Pb會自發反應並恢復為可溶性Pb^{2+}。PbO_2的晶型包括$\alpha-PbO_2$和$\beta-PbO_2$。$\alpha-PbO_2$化學活性低，結構穩定。相反，$\beta-PbO_2$具有高化學活性，結構鬆散[49,50]。這類液流電池體系充放電時在正負極發生反應的方程式為：

負極：$Pb^{2+}+2e^- \rightleftharpoons Pb$ $E=-0.130V$

正極：$Pb^{2+}+2H_2O \rightleftharpoons PbO_2+4H^++2e^-$

$\alpha-PbO_2$ $E=+1.468V$

$\beta-PbO_2$ $E=+1.460V$

全電池：$2Pb^{2+}+2H_2O \rightleftharpoons PbO_2+4H^++Pb$ $E=+1.598V$

$Pb^{2+}/\alpha-PbO_2$和$Pb^{2+}/\beta-PbO_2$的標準電位分別為1.468V和1.460V。其標準平衡電位高於釩氧化還原液流電池(1.26V)，並且與鋅溴氧化還原液流電池(1.836V)的電位相當。從上述方程式可以看出，電解液成分在電池運行過程中不斷變化。充電期間Pb^{2+}濃度降低，而酸度增加，因為2mol H^+隨著每莫耳沉積的鉛釋放。電解液的體積和Pb^{2+}的濃度以及可在電極上實現的鉛和二氧化鉛的厚度決定了儲存容量。電極化學性質與傳統鉛酸電池不同，因為不存在硫酸鉛形式的不溶性Pb^{2+}。簡化的可溶性鉛酸液流電池單位設計如圖7-28所示。

7.6.1.2 鉛酸液流電池發展歷程

可溶性鉛酸液流電池(SLFB)的支持電解液和工作原理與標準鉛酸電池(LAB)有著根本的不同。LAB的最簡單形式稱為溢流電池，它由浸入靜態硫酸溶液中的固體鉛(負極)和二氧化鉛(正極)電極組成。電極使用隔板隔開，鉛及其化合物在整個操作過程中保持不溶；兩個電極在放電時都轉化為硫酸鉛，並且根據以下反應在充電時逆轉[52]：

液流電池與儲能

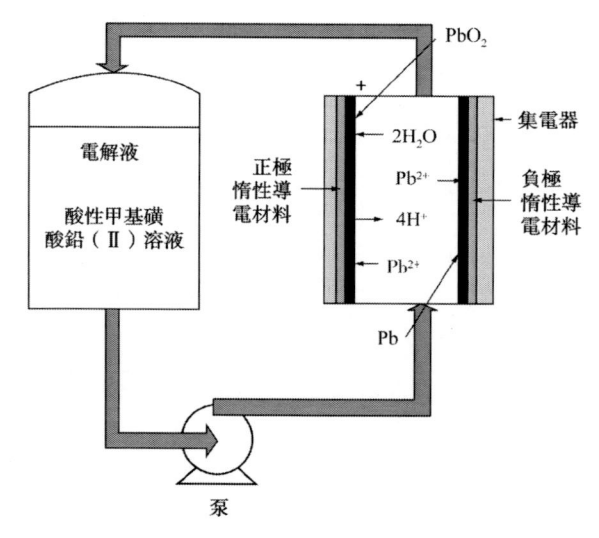

圖 7-28 可溶性鉛酸液流電池的運行原理[51]

負極：$Pb+SO_4^{2-} \rightleftharpoons PbSO_4+2e^-$　　　　　　　　$E=-0.358V$

正極：$PbO_2+SO_4^{2-}+4H^++2e^- \rightleftharpoons PbSO_4+2H_2O$　$E=+1.683V$

全電池：$Pb+PbO_2+2H_2SO_4 \rightleftharpoons 2PbSO_4+2H_2O$　　$E=+2.041V$

標準鉛酸電池用於啟動、照明和點火（SLI）應用，例如在短時間內需要高電流的汽車中。電池還可以擴展為不間斷電源和增加可再生能源的穩健性。其最大的實驗室裝置是美國德克薩斯州 153MW Notrees 風電專案中的 36MW/24MW·h 陣列。

自 1859 年由 Gaston Planté 創立以來，標準鉛酸電池已經經歷了 150 多年的發展。1881 年世界上第一輛全電動汽車和 1886 年的潛艇均由標準鉛酸電池提供動力。20 世紀下半葉，閥控式鉛酸蓄電池（VRLAB）問世。閥控密封鉛酸電池一般分為兩類：一類為貧液式，即陰極吸收式超細纖維隔膜電池，中國的雙登電池和國外進口的日本湯淺、美國 GNB 公司的電池屬於這一類；另一類為膠體電池，中國的奧冠和國外進口的德國陽光電池屬於這一類。兩種類型的閥控式密封鉛酸蓄電池的原理和結構都是在原鉛酸蓄電池的基礎上，採取措施促使氧氣循環複合及抑制氫氣產生，任何氧氣的產生都可認為是水的損失。但閥控式鉛酸蓄電池的比能量和比功率較低，分別約為 30~40W·h/kg 和 180W/kg，遠低於目前用於為電動汽車提供動力的鋰離子電池（比能量 160W·h/kg 和比功率 1800W/kg）[53]。然而，鉛電池仍然是一個受歡迎的研究領域，先進的鉛酸電池已經顯示出顯著的改進。其中包括 CSIRO 於 2006 年開發的超級電池。早期研究表明，通過結合超級電容器與單個電池中的鉛電極並排，充放電功率可提高 50%，循環

壽命增加三倍[54]。這些有希望的結果引起了人們對將這些電池用於混合動力電動汽車的興趣。

涉及可溶性鉛的電池研究的最早記錄可以追溯到 1940 年代後期。這些原電池主要使用固體鉛負極和由二氧化鉛塗層組成的正極，支持電解液使用高氯酸、氟硼酸或氟矽酸，其靈感來自當時的鍍鉛行業。它們是為小規模、短期的緊急應用而設計的，在這種應用中，乾電池在運行前充滿酸。在 1970 年代後期和 80 年代初期，次級盒式、鈕扣式和流通池的多項專利被提交。為了獲得更高的效率、更高的電流密度和更好的性能，Wurmb 等首次使用循環電解液通過包含雙極電極的電池堆[55]，並首次確定了可溶性鉛酸液流電池當前有關二氧化鉛沉積可逆性的問題。Henk 等開始逐步淘汰矽氟化鉛以使用甲磺酸鉛[56]。

2013 年的燒杯電池研究中，Verde 等在 79％的能量效率下實現了 1h 2000 次循環[57]，表明了可溶性鉛系統的潛力，Pb^{2+}/PbO_2 對引起了進一步的關注：Velichenko 等[58]深入研究了甲磺酸溶液中二氧化鉛沉積的多階段過程，而 Li 等[59]研究了電解液條件對二氧化鉛形態的影響。可溶性鉛酸液流電池仍然是液流電池研究的一個有前途的領域，現在的努力集中在正極反應的可逆性和系統的規模化上。

7.6.1.3　鉛酸液流電池特點

由於在一定的溫度範圍內，電沉積生成的活性物質 Pb 和 PbO_2 均不溶於甲基磺酸溶液，因此該液流電池體系不存在正負極活性物質相互接觸的問題，所以不需要使用離子交換膜，甚至連單沉積液流電池中的通透性隔膜也不需要，所以也不存在使用兩套電解液循環系統的問題，這些都大大降低了液流電池的成本。

理想的鉛酸液流電池中的電解液和電極將能夠在各種溫度和電流密度下的每個完全放電階段後恢復到它們的初始狀態，即鉛和二氧化鉛沉積物應該均勻、緻密、厚實並能很好地黏附到電極上。同時還能夠以電化學方式完全重新溶解回電解液中作為 Pb^{2+}。電池還應該能夠以高速率完全放電，同時仍然保持其電壓並且不會造成任何持久損壞。要使這些所有發生，兩個電極反應必須具有相同且高的充電效率（＞95％）。諸如洩漏電流和內阻之類的損失應該很低，以最大限度地減少電極過電位，這一切都應該以最小的輔助損失來實現，例如溫度控制、電源管理和電解液泵送（低溶液黏度和最小的壓降）流動路徑。

鉛酸液流電池中的兩個半電池都面臨挑戰。雖然鉛沉積和剝離在負極上非常有效，但電解液中仍然需要表面活性劑，以避免沉積粗糙的花椰菜狀晶體結構，這可能是枝晶生長的前體。這些結節狀的生長物很容易被流動的電解液從電極上脫落，導致能量容量的損失，甚至可以從內部電池壁的一側向正極生長，如果接觸，可能會發生電短路，導致能量容量的損失[60]。因此，重要的是能夠在兩個

電極上沉積均勻、緻密的沉積物。

在正極，Pb^{2+}/PbO_2氧化還原電對反應動力學較慢，過電位比負極高得多[61]。Pb^{2+}/PbO_2對的不良可逆性是該系統的主要限制因素，電池循環時間過長會導致兩個電極上沉積物的堆積。這些沉積物不能通過傳統的電池放電溶解，需要通過通電或拆卸電池並物理去除沉積物來強行去除。氧化鉛沉積物還可以穿過非導電表面，例如電池的內壁或入口/出口流量分配器，導致短路。此外，正極二氧化鉛成核反應存在過電位較高的問題，在PbO_2電沉積的過程中容易發生析氧副反應，產生的少量氧氣泡對已沉積的PbO_2有一定的沖刷作用，這導致該體系全鉛液流電池的比面容量（電極單位面積上的容量）增加到一定數值後（例如現有的$15\sim20mA\cdot h/cm^2$），正極電沉積的PbO_2會出現脫落的情況。這些不溶的、下落的沉積物在池底部積聚成淤泥，並會阻塞流場。

同時，電池放電結束後負極存在有鉛剩餘的問題，多次循環後造成鉛的累積，循環次數過多會導致電池短路的問題，這大大限制了全鉛液流電池的儲能能力。

7.6.2 鉛酸液流電池研究進展

國外研究工作者在鉛酸液流電池的電極材料、電解液的組成與性質和電池性能等方面做了許多研究工作。Pletcher等[48,62]主要選用泡沫鎳、網狀玻璃碳為電極材料，以銅板為集流體，將其鑲嵌在聚氯乙烯中製備成電極。研究中發現，以去除網狀結構的玻璃碳電極為正極，以泡沫鎳電極或網狀玻璃碳電極為負極，可在正、負極上分別獲得高電化學活性的Pb和PbO_2沉澱，沉澱的結構和形貌均適合電池的充放電循環運行。此外電極若採用三維結構電極材料可降低電極反應的電流密度，正、負極表面形成的Pb和PbO_2沉澱會具有均一的孔結構且黏附性好，從而可進一步提高電池的能量儲存效率[63]。

Oury等[64]將一種「偽蜂窩」石墨電極（見圖7—29）置於兩個銅板負極之間進行研究，負極和正極的活性表面積分別為$29cm^2$和$171cm^2$。結果表明，電池總體性能較好，實現了100次以上的循環，充電效率95%，能量效率75%。

甲基磺酸是一種穩定、非氧化性且毒性相對較低的酸，腐蝕性也比硫

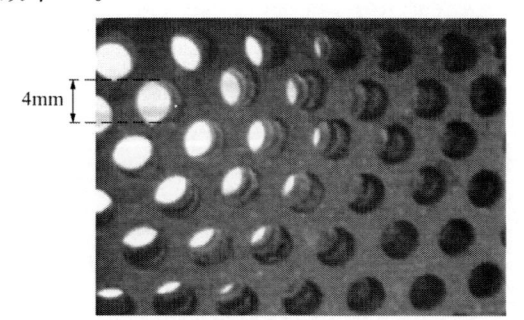

圖7—29 「偽蜂窩」石墨電極[64]

酸小，是一種更安全、更易儲存和運輸的電解液。在甲基磺酸中，氧化還原電對Pb(II)/Pb和PbO_2/Pb(II)是用於發展儲能電池很好的電對搭配。通過使用循

環伏安法測定兩個電對在碳電極上的性質，發現在電流密度為 50mA/cm 時，其能量效率為 60%，Pb(Ⅱ)/Pb 電對的反應速率非常快，沒有出現明顯的過電位，且鉛的沉積和溶解過程能夠容易地進行，同時在反應的電位範圍內，無析氫現象出現[63]。Hazza 等研究發現，隨著甲基磺酸濃度的升高，電解液的導電性提高，甲基磺酸鉛的溶解度卻在降低。增大活性物質甲基磺酸鉛的濃度，可以提高電池的儲存能量[60]。

在甲基磺酸鉛液流電池中，隨著充電/放電循環，一些 PbO_2 會脫落，降低電池的效率並限制其使用壽命。Luo 等首次提出可溶性三氟甲基磺酸鉛水溶液作為鉛可溶性液流電池的支持電解液，可以提高其效率和循環穩定性。與 $Pb(CH_3SO_3)_2$/CH_3SO_3H 電解液相比，$Pb(CF_3SO_3)_2$/CF_3SO_3H 電解液中 PbO_2/Pb^{2+} 的動力學和可逆性得到改善。在相同電流密度下，$Pb(CF_3SO_3)_2$/CF_3SO_3H 電解液的充電電壓低於 $Pb(CH_3SO_3)_2$/CH_3SO_3H 電解液的充電電壓，範圍為 10～60mA/cm^2。此外，沉積在 $Pb(CF_3SO_3)_2$/CF_3SO_3H 電解液中的 PbO_2 層光滑緻密，在數十個循環中沒有觀察到任何 PbO_2 顆粒從正極脫落。鉛顆粒比沉積在 $Pb(CH_3SO_3)_2$/CH_3SO_3H 電解液中的顆粒小。通過使用 $Pb(CF_3SO_3)_2$/CF_3SO_3H 電解液，在 40mA/cm^2 的電流密度下，在 244 次循環後，高庫倫效率下降到 80%。

關於可溶性鉛酸液流電池的實驗模擬研究也同樣重要。Gu、Nguyen 和 White 開發了鉛酸電池的數學模型[65]。他們的數學模型基於這樣的假設：細胞幾何形狀和結構可以被視為一個統一的宏觀單位，電荷轉移和其他傳輸效應垂直於縱向發生。Gu 等的研究表明交換電流密度取決於工作溫度。此外，單位幾何形狀會影響輸出；薄正極比厚正極對輸出電壓的影響更大。他們將此歸因於薄正極中更大程度的極化。孔隙率對電池也有很大影響，因為孔隙率越大的電極放電時間越長。

7.6.3 鉛酸液流電池總結與展望

目前，可溶性鉛酸電池仍處於起步階段，需要大量工作來優化其電化學性能和工程。要進一步推動鉛酸液流電池儲能技術的產業發展，還需要政府的支持以及相關研究機構的共同努力，不斷完善技術，不斷創新。尤其是為了滿足實用化和商業化的要求，需要大幅度降低鉛酸液流電池的製造成本，同時要提高電池的可靠性、穩定性，這樣才能將液流電池儲能技術推向廣闊市場[63]。要擴大規模，仍然需要進行大量的工作，包括為長期連續運行開發特定的充放電制度，克服汙泥堆積、電極表面活性物質的脫落和減少枝晶形成。為了進一步擴展系統，需要對整個系統進行更精確的仿真。具體來說，仿真模型應包括在充放電過程中電極間間隙的變化以及多孔沉積物和流道內的物質濃度梯度，從而確定充放電的「安

液流電池與儲能

全」電流限制。此外,電極材料、電池和堆的設計仍有待優化,包括優化電解液在電極上的流動分布和速度,同時考慮沉積厚度的變化導致的電池幾何形狀的變化,並保持泵送損失較低[51]。

參 考 文 獻

[1] WANG Y, HE P, ZHOU H. Li—Redox Flow Batteries Based on Hybrid Electrolytes: At the Cross Road between Li—ion and Redox Flow Batteries[J]. Advanced Energy Materials, 2012, 2(7): 770-779.

[2] HUANG Q, LI H, GRATZEL M, et al. Reversible chemical delithiation/lithiation of LiFePO$_4$: towards a redox flow lithium—ion battery[J]. Physical Chemistry Chemical Physics Pccp, 2013, 15(6): 1793-1797.

[3] 胡林童,郭凱,李會巧,等. 新型鋰—液流電池[J]. 科學通報,2016(3): 350-363.

[4] 馮彩梅,陳永翀,韓立,等. 鋰離子液流電池電極懸浮液研究進展[J]. 儲能科學與技術,2015, 4(3): 241-247.

[5] 鄭琦. 基於過渡金屬有機配合物的鋰離子液流電池的研究[D]. 蘇州:蘇州大學,2018.

[6] 朱科宇,杜繼平,謝海明. Semisolid flow lithium ion battery CN: 102447132A[P]. 2012-05-09.

[7] WEI T S, FAN F Y, HELAL A, et al. Biphasic Electrode Suspensions for Li—Ion Semi—solid Flow Cells with High Energy Density, Fast Charge Transport, and Low—Dissipation Flow[J]. Advanced Energy Materials, 2015, 5(15): 1500535.

[8] BRUNINI V E, CHIANG Y M, CARTER W C. Modeling the hydrodynamic and electrochemical efficiency of semi—solid flow batteries[J]. Electrochimica Acta, 2012, 69: 301-307.

[9] SMITH K C, CHIANG Y M, CRAIG CARTER W. Maximizing Energetic Efficiency in Flow Batteries Utilizing Non—Newtonian Fluids[J]. Journal of the Electrochemical Society, 2014, 161(4): A486-A496.

[10] HAMELET S, TZEDAKIS T, LERICHE J B, et al. Non—Aqueous Li—Based Redox Flow Batteries[J]. Journal of the Electrochemical Society, 2012, 159(8): A1360-A1367.

[11] HAMELET S, LARCHER D, DUPONT L, et al. Silicon—Based Non Aqueous Anolyte for Li Redox—Flow Batteries[J]. Journal of the Electrochemical Society, 2013, 160(3): A516-A520.

[12] FIKILE, R, BRUSHET T, et al. An All—Organic Non—aqueous Lithium—Ion Redox Flow Battery[J]. Advanced Energy Materials, 2012, 2(11): 1390-1396.

[13] 徐松. 鋰硫液流電池流體正極設計,製備及性能研究[D]. 北京:中國科學院大學,2018.

[14] CHEN H, LIU Y, ZHANG X, et al. Single—component slurry based lithium—ion flow battery with 3D current collectors[J]. Journal of Power Sources, 2021, 485: 229319.

[15] 陳永翀，武明曉，任雅琨，等．鋰離子液流電池的研究進展[J]．電工電能新技術，2012，31(3)：81－85．

[16] YANG Z, ZHONG J, FENG J, et al. Highly Reversible Anion Redox of Manganese－Based Cathode Material Realized by Electrochemical Ion Exchange for Lithium－Ion Batteries[J]. Advanced Functional Materials，2021，31(48)：2103594.

[17] 趙平，張華民，周漢濤，等．多硫化鈉——溴化鈉氧化還原液流電池研究[J]．電源技術，2005，29(5)：322－324．

[18] ZHOU H, ZHANG H, PING Z, et al. A comparative study of carbon felt and activated carbon based electrodes for sodium polysulfide/bromine redox flow battery[J]. Electrochimica Acta, 2006, 51(28): 6304－6312.

[19] LI X, XIA T, ZHENG L, et al. Mn－substituted nickel hydroxide prepared by ball milling and its electrochemical properties[J]. Journal of Alloys & Compounds, 2011, 509(32): 8246－8250.

[20] YAO S, HUANG X, SUN X, et al. Structural Modification of Negative Electrode for Zinc－Nickel Single－Flow Battery Based on Polarization Analysis[J]. Journal of The Electrochemical Society, 2021, 168(7): 070512.

[21] HE K, CHENG J, WEN Y, et al. Study of tubular nickel oxide electrode[C]//Proceedings of the 2nd international conference on machinery, materials engineering, chemical engineering and biotechnology(MMECEB), 2015.

[22] YAO S, HUANG X, SUN X, et al. Structural Modification of Negative Electrode for Zinc－Nickel Single－Flow Battery Based on Polarization Analysis[J]. Journal of the Electrochemical Society, 2021, 168(7): 070512.

[23] CAO H, SI S, XU X, et al. Acetate as Electrolyte for High Performance Rechargeable Zn－Mn－Deposited Zn/Ni Foam－Supported Polyaniline Composite Battery[J]. Journal of the Electrochemical Society, 2019, 166(6): A1266－A1274.

[24] CHENG Y, ZHANG H, LAI Q, et al. A high power density single flow zinc－nickel battery with three－dimensional porous negative electrode[J]. Journal of Power Sources, 2013, 241: 196－202.

[25] 林登．電池手冊(原著第3版)[M]．北京：化學工業出版社，2007．

[26] ECKROAD S. EPRI－DOE Handbook of Energy Storage for Transmission and Distribution Applications[J]. Polyvinyl Fluoride, 2003, 1001834.

[27] LEX P, JONSHAGEN B. The zinc/bromine battery system for utility and remote area applications[J]. Power Engineering Journal, 1999, 13(3): 142－148.

[28] JIANG H R, WU M C, REN Y X, et al. Towards a uniform distribution of zinc in the negative electrode for zinc bromine flow batteries[J]. Applied Energy, 2018, 213: 366－374.

[29] JIANG H R, SHYY W, WU M C, et al. Highly active, bi－functional and metal－free B_4C－nanoparticle－modified graphite felt electrodes for vanadium redox flow batteries[J].

Journal of power sources，2017，365(oct. 15)：34－42.

[30] SHAO Y，ENGELHARD M，LIN Y. Electrochemical investigation of polyhalide ion oxidation－reduction on carbon nanotube electrodes for redox flow batteries[J]. Electrochemistry Communications，2009，11(10)：2064－2067.

[31] SURESH S，ULAGANATHAN M，VENKATESAN N，et al. High performance zinc－bromine redox flow batteries：Role of various carbon felts and cell configurations[J]. The Journal of Energy Storage，2018，20(DEC.)：134－139.

[32] MUNAIAH Y，DHEENADAYALAN S，RAGUPATHY P，et al. High Performance Carbon Nanotube Based Electrodes for Zinc Bromine Redox Flow Batteries[J]. Ecs Journal of Solid State Science and Technology，2013，2(10)：M3182.

[33] MUNAIAH Y，SURESH S，DHEENADAYALAN S，et al. Comparative Electrocatalytic Performance of Single－Walled and Multiwalled Carbon Nanotubes for Zinc Bromine Redox Flow Batteries[J]. Journal of Physical Chemistry C，2014，118(27)：14795－14804.

[34] LI X，XI X，ZHOU W，et al. Bimodal highly ordered mesostructure carbon with high activity for Br_2/Br^- redox couple in bromine based batteries[J]. Nano Energy，2016，21：217－227.

[35] KIM Y，JEON J. An antisymmetric cell structure for high－performance zinc bromine flow battery[J]. Journal of Physics Conference，2017 939(1)：012021.

[36] KIM R，JUNG J，LEE J－H，et al. Modulated Zn Deposition by Glass Fiber Interlayers for Enhanced Cycling Stability of Zn－Br Redox Flow Batteries[J]. Acs Sustainable Chemistry & Engineering，2021，9(36)：12242－12251.

[37] LIM H S. Zinc－Bromine Secondary Battery[J]. Journal of The Electrochemical Society，1977，124(8)：1154.

[38] ZHANG L，ZHANG H，LAI Q，et al. Development of carbon coated membrane for zinc/bromine flow battery with high power density[J]. Journal of Power Sources，2013，227：41－47.

[39] YANG J H，YANG H S，RA H W，et al. Effect of a surface active agent on performance of zinc/bromine redox flow batteries：Improvement in current efficiency and system stability[J]. Journal of Power Sources，2015，275：294－297.

[40] 王建明，張莉，張春，等. Bi^{3+}和四丁基溴化銨對鹼性可充鋅電極枝晶生長行為的影響[J]. 功能材料，2001，32(1)：45－47.

[41] GAO L，LI Z，ZOU Y，et al. A High－Performance Aqueous Zinc－Bromine Static Battery[J]. iScience，2020，23(8)：101348.

[42] YUAN Z，YIN Y，XIE C，et al. Advanced Materials for Zinc－Based Flow Battery：Development and Challenge[J]. Adv Mater，2019，31(50)：e1902025.

[43] AMINI K，PRITZKER M D. Improvement of zinc－cerium redox flow batteries using mixed methanesulfonate－chloride negative electrolyte[J]. Applied Energy，2019，

255: 113894.

[44] FUNG M K, WONG K K, CHEN X Y, et al. Indium oxide, tin oxide and indium tin oxide nanostructure growth by vapor deposition[J]. Current Applied Physics, 2012, 12(3): 697-706.

[45] CHANG R-D, WANG H-J. Indium penetration through thermally grown silicon oxide[J]. Vacuum, 2015, 118: 133-136.

[46] WANG S, HE Y, YANG J, et al. Enrichment of indium tin oxide from colour filter glass in waste liquid crystal display panels through flotation[J]. Journal of Cleaner Production, 2018, 189: 464-471.

[47] SAITOU M. Cu-Zr Thin Film Electrodeposited from an Aqueous Solution Using Rectangular Pulse Current Over a Megahertz Frequency Range[J]. International Journal of Electrochemical Science, 2018, 13(4): 3326-3334.

[48] PLETCHER D, ZHOU H, KEAR G, et al. A novel flow battery—A lead-acid battery based on an electrolyte with soluble lead(II) V. Studies of the lead negative electrode[J]. Journal of Power Sources, 2008, 180(1): 621-629.

[49] CARR J P, HAMPSON N A. The impedance of the PbO_2/aqueous electrolyte interphase II. Phosphate electrolytes[J]. Journal of Electroanalytical Chemistry & Interfacial Electrochemistry, 1970, 28(1): 65-70.

[50] SIRÉS I, LOW C, PONCE-DE-LEÓN C, et al. The characterisation of PbO_2-coated electrodes prepared from aqueous methanesulfonic acid under controlled deposition conditions[J]. Electrochimica Acta, 2010, 55(6): 2163-2172.

[51] ZHANG C P, SHARKH S M, LI X, et al. The performance of a soluble lead-acid flow battery and its comparison to a static lead-acid battery[J]. Energy Conversion & Management, 2011, 52(12): 3391-3398.

[52] PAVLOV D. Lead-Acid Batteries: Science and Technology[M]. Elsevier Science Ltd, 2017.

[53] KRISHNA M, FRASER E J, WILLS R, et al. Developments in soluble lead flow batteries and remaining challenges: An illustrated review[J]. The Journal of Energy Storage, 2018, 15(feb.): 69-90.

[54] LAM L T, LOUEY R. Development of ultra-battery for hybrid-electric vehicle applications[J]. Journal of Power Sources, 2006, 158(2): 1140-1148.

[55] WURMB R, BECK F, BOEHLKE K. Secondary battery. US: 04092463A. [P]. 1978-05-30.

[56] HENK P. Lead salt electric storage battery. US: 4400449[P]. 1983-08-23.

[57] VERDE M G, CARROLL K J, WANG Z, et al. Achieving high efficiency and cyclability in inexpensive soluble lead flow batteries[J]. Energy & Environmental Science, 2013, 6(5): 1573-1581.

[58] VELICHENKO A B, AMADELLI R, GRUZDEVA E V, et al. Electrodeposition of lead di-

oxide from methanesulfonate solutions[J]. Journal of Power Sources, 2009, 191(1): 103 —110.

[59] LI X, PLETCHER D, WALSH F C. A novel flow battery: a lead acid battery based on an electrolyte with soluble lead(Ⅱ): Part Ⅶ. Further studies of the lead dioxide positive electrode[J]. Electrochimica Acta, 2009, 54(20): 4688—4695.

[60] PLETCHER D, WILLS R. A novel flow battery—A lead acid battery based on an electrolyte with soluble lead(Ⅱ): Ⅲ. The influence of conditions on battery performance[J]. Journal of Power Sources, 2005, 149(none): 96—102.

[61] WALLIS L, WILLS R. Membrane divided soluble lead battery utilising a bismuth electrolyte additive[J]. Journal of Power Sources, 2014, 247(2): 799—806.

[62] COLLINS J, KEAR G, LI X, et al. A novel flow battery: A lead acid battery based on an electrolyte with soluble lead(Ⅱ) Part Ⅷ. The cycling of a 10 cm × 10 cm flow cell[J]. Journal of Power Sources, 2010, 195(6): 1731—1738.

[63] ZHANG H. Flow Battery Technology[M]. American Cancer Society, 2015.

[64] OURY A, KIRCHEV A, BULTEL Y. Cycling of soluble lead flow cells comprising a honeycomb—shaped positive electrode[J]. Journal of Power Sources, 2014, 264: 22—29.

[65] GU H, NGUYEN T V, WHITE R E. A mathematical model of a lead—acid cell: discharge, rest, and charge[J]. Journal of The Electrochemical Society, 1987, 134(12).

第8章　儲能與液流電池的應用與展望

8.1　引言

　　現代社會的電力生產和消費具有空間和時間上的不均衡性，即電力生產地點遠離消費地點。電力消費存在峰谷時間偏差，但電力供應系統需要時刻保持電力生產供應與電力消費之間的平衡。因此，時刻保持發電和用電的動態平衡，對於電力系統來說是非常重要的。用電量是隨著不同時段或季節不斷波動的。為保證用電負荷的需求，發電廠的建設和電網的電力傳輸能力必須滿足用電高峰的需求，這就造成了電力需求的峰谷差大，發電總負荷係數和電網負荷利用係數較低，發電設備的利用率較低，使能源資源利用率較低。

　　如圖8-1所示，利用大規模（高功率、大容量）儲能設施可實現電網的削峰填谷。將儲能設備納入電力系統，可實現電力在時間和空間上的計劃調配，從而從根本上解決發電量與用電需要峰谷不匹配的矛盾。

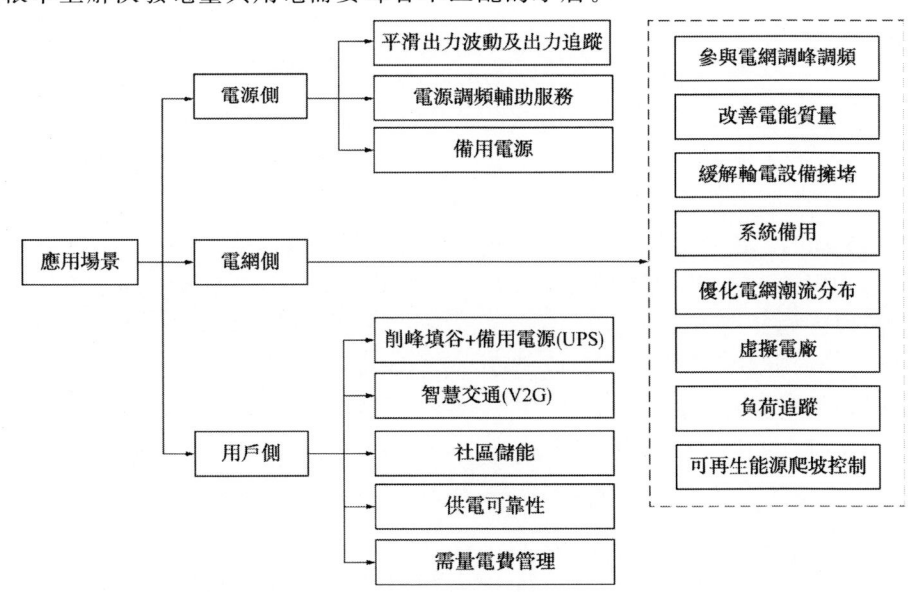

圖8-1　儲能在電源側、電網側、用戶側的應用場景

液流電池與 儲能

　　儲能是新型電力系統之基,「雙碳」目標下,儲能作為電氣化時代能源調節的重要作用日益凸顯。能源供給結構將隨著「雙碳」進程逐步推進演變,非化石能源電力供給份額將快速提升。受政策加速發表與成本持續下探的雙輪驅動,儲能行業將迎來景氣擴張。第26屆聯合國氣候變化大會期間,中美聯合明確指出為減少二氧化碳排放,兩國計劃將在「鼓勵整合太陽能、儲能和其他更接近電力使用端的清潔能源解決方案的分散式發電政策」等方面展開合作。由此可以看出,儲能的重要性已獲得「國際認證」。

　　現有的儲能系統包括機械儲能和新能源儲能兩種形式,機械儲能中以抽水儲能技術較為成熟。

　　新能源因其可再生、環保等優點在近年來成為研究的焦點。我們應構建清潔低碳安全高效的能源體系,著力提高利用效能,實施可再生能源替代行動,深化電力體制改革,構建以新能源為主體的新型電力系統。基於風電和太陽能發電間歇性的特性,儲能可消除發電波動,改善電力質量,打破風電和太陽能發電接入電網和消納的瓶頸。市場對風電、太陽能發電的電能質量的關注,讓我們看到了兆瓦級儲能市場的巨大潛力。到2030年,日本、美國、德國規劃本國可再生能源消費將分別占到其總電力消費的34%、40%、50%。而中國在2020年,可再生能源在全部能源消費中達到了15%。由此可見,在電力消費方面,可再生能源逐漸從輔助角色轉變為主導角色。

　　目前,中國電力系統靈活性比較差,遠不能滿足波動性風光電併網規模快速成長的要求。中國靈活調節電源,包括燃油機組、燃氣機組以及抽蓄機組佔比遠低於世界平均水準。特別是新能源富集的三北地區,靈活調節佔比不到4%,遠遠低於美國、日本等國家。高比例可再生能源電力系統運行的最大難點或者說風險就是靈活性可高調節資源不足,安全穩定問題凸顯。而目前新能源配置儲能專案普遍被認為是新能源配電儲能裝置,尤其是化學電池。

　　此前,市場對大規模電化學儲能技術需要的緊迫性認識不足,研發投入不足,技術有待完善,電化學在電力系統中的應用規模較小。而液流電池憑藉其容量大(可靈活設計)、安全性高、壽命長等突出特點,再次得到了全世界的關注。液流電池由於具有安全性高、儲能規模大、效率高、壽命長等特點,在大規模儲能領域具有很好的應用前景[1]。

　　就目前儲能市場而言,液流電池的佔比不大,全球範圍內,與液流電池直接相關的促進政策並不多。近十年來液流電池領域相關研究逐年增加,且成長較快,該領域正在成為科學研究人員關注的焦點。來自全球70多個國家或地區的研究人員參與了液流電池的研究,當前領域相關研究集中度較高,主要集中在中美兩國,其中中國的研發量位居第一,幾乎占全部發文量的1/3。Markets and

Markets 機構指出，全球液流電池市場規模到 2023 年將增至 9.46 億美元。從市場區域來看，亞太地區具有很大潛力。微電網專案在日本和印度的快速成長提升了液流電池占領市場份額的速度。近十多年來歐美各國和日本也陸續將先前與風能/太陽能發電相配套的、已經較為成熟的全釩液流電池儲能系統用於電站調峰、平衡負載等方面，可見液流電池在已開發國家大規模電力系統的應用將越來越普遍[2]。中國近年來也在國內實施大量的液流電池儲能專案（見表 8-1）。

表 8-1　2020 年以來主要液流電池簽署專案

公告時間	專案名稱	功率/MW	容量/MW·h
2020 年	河北石家莊趙縣全釩液流電池儲能電站項目	600	800
2020 年	中國首個百千瓦級鐵—鉻液流電池儲能示範項目	0.25	1.5
2020 年 1 月	福建省寧德市總投資 150 億元全釩液流電池儲能電池項目	1000	2000
2020 年 5 月	上海電氣計劃建設大型全釩液流電池儲能電站示範項目	100	400
2020 年 10 月	上海電氣全釩液流電池儲能項目正式投產	200	1000
2021 年 3 月	北京普能世紀湖北襄陽全釩液流電池整合電站項目	100	500
2021 年 3 月	寧夏偉力得吉瓦級全釩液流電池智慧產線項目	1000	4000
2021 年 5 月	寧夏偉力得 200MW/800MW·h 電網側共享儲能電站項目	200	800
2021 年 7 月	新疆阿克蘇全釩液流電池產業園項目	3000	12000
2021 年 8 月	河南淅川全釩液流電池儲能裝備製造項目	500	2000

8.2　電力系統削峰填谷

削峰填谷（Peak cut）是調整用電負荷的一種措施。根據不同用戶的用電規律，合理地、有計劃地安排和組織各類用戶的用電時間，以降低負荷高峰，填補負荷低谷，減小電網負荷峰谷差，使發電、用電趨於平衡。因電廠是全天候持續發電的，如果發出來的電不用掉，用於發電的能源也就浪費掉了。一個發電廠發電能力通常是固定不輕易改變的，但是用電高峰通常在白天，晚上則是低谷，這就造成白天電不夠用，而晚上又浪費了多餘的用不掉的電。針對此現象，電力系統就把一部分高峰負荷挪到晚上低谷期，從而利用晚上多餘的電力，達到節省能源的目的。負荷轉移管理是電力行銷的主要工作內容。其目的在於通過改變電力消費的時間和方式，促進均衡用電提高電網負荷率，改善電網經濟運行，優化電力資源配置和合理使用，同時也使客戶從中受益。

電網的基本功能是為用戶提供充足、可靠、穩定、優質的電能。然而，隨著社會、經濟的發展，對電力的需求越來越多，電力系統的運行正在發生重大變

液流電池與儲能

化。電力負荷峰谷差日益增大,白天高峰和夜間低谷差值達到發電量的 30%～40%。2011 年,中國發電總負荷係數僅為 51.8%,電網負荷利用係數小於 55%,現有電力系統的發電設施的裝機容量難以滿足峰值負荷需要。電網負荷在一天之內的典型變化情況如圖 8-2 所示。電力需求的多樣性和不確定性,使得按滿足客戶最大需要設置的發供電能力在需要低谷時段被大量閒置,不僅增加了發供電成本,而且也增加了客戶的電費負擔。

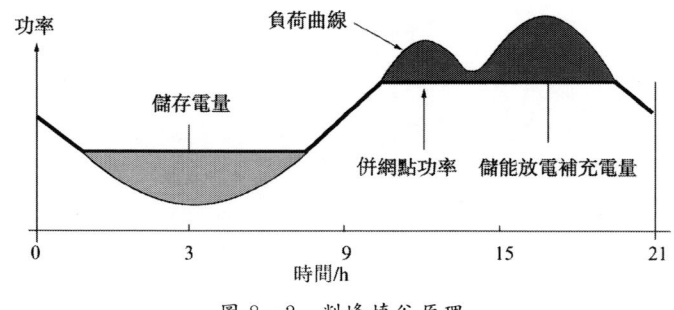

圖 8-2 削峰填谷原理

電力企業為了改變這種狀況,著手研究並採取了用電負荷管理措施。初期,通過指導企業調整生產班次或調整上下班時間,高峰停運大型用電設備,達到錯峰用電,使電網負荷率得到改善。隨後又研究推出了與客戶利益掛鉤的經濟激勵措施,進一步鼓勵客戶自願去改變用電時間和用電方式,使電網負荷率獲得進一步提高。隨著科學技術的發展,電力企業對一部分客戶採用了直接控制負荷技術。控制技術與經濟激勵措施有機結合,用電負荷管理會發揮更大作用。在嚴重缺電時期,政府運用法律和行政手段,介入電力資源的配置和有效利用,對推動用電負荷管理也發揮了巨大作用。

液流電池儲能系統用於電力系統,可用於構建智慧電網,調節用戶端負荷平衡,提高火力發電設備的能量效率,保證智慧電網穩定運行,提高電力系統對可再生能源發電併網的兼容能力。所以說,液流電池儲能技術是實現電力系統節能減排的重要手段。

目前液流電池能夠達到工業示範的,也只有技術較為成熟的全釩液流電池。2019 年 1 月 5 日,湖北棗陽 10MW 太陽能＋3MW/12MW·h 全釩液流電池儲能專案順利投運,整體儲能系統將幫助棗陽市園區企業消納太陽能餘電、利用峰谷價差削峰填谷套利為企業減少電費開支。該專案是中國首個用戶側全釩液流電池儲能專案、中國首個全釩液流電池光儲用一體化專案,也是中國已投運的最大的全釩液流電池光儲專案,開啟了全釩液流電池儲能技術在中國用戶側儲能市場的商業化探索。2017 年 11 月中建三局中標全球規模最大的全釩液流電池儲能電站——大連液流電池儲能調峰電站國家示範專案一期工程,該專案投資總額高達人民幣

18億元，是中國能源局批准的首個大型化學儲能國家示範專案，總規模為200MW/800MW·h。該專案建成後將成為全球規模最大的全釩液流電池儲能電站，可提高遼寧尤其是大連電網的調峰能力，改善電源結構，提高電網經濟性，促進節能減排。其採用中國自主研發、具有自主智慧財產權的全釩液流電池儲能技術，適用於大功率、大容量儲能，具有安全性好、循環壽命長、響應速度快、能源轉換效率高、綠色環保等優點。

8.3　應急備用電站

電力系統可因配電線路或電站故障、惡劣天氣、電網突發事件等意外狀況而中斷，對於一些特殊場合如醫院、實驗室、資料中心、通訊基站等，電力中斷可導致巨大的經濟損失甚至人員傷亡。因此，需配置應急備用電站（見圖8－3），以便在電力系統發生故障時提供後備電能。據統計，大部分電力中斷或電壓驟降持續時間較短，99%的中斷持續時間較短，90%的中斷持續時間不足1s。在這種情況下，受影響最大的是精密電子儀器和資料儲存通訊設備的使用，針對這部分用戶的應急電源需具有極高的響應速度，並且在短時間內可提供較大的功率[3]。

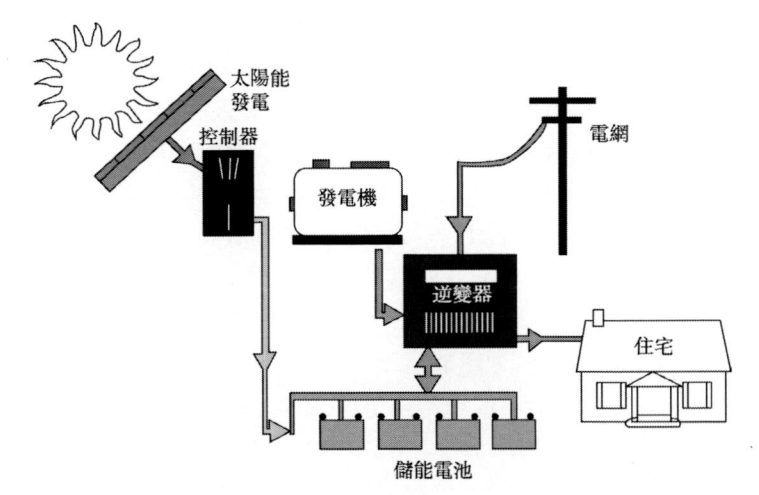

圖8－3　備用電站示意圖

而對於醫院、工廠、軍事基地等大型設施，則需要備用電源在緊急情況下提供穩定、長效的電能，功率和容量規模是首要考慮因素。現代化戰爭中，軍事基地和指揮部門等不可有分秒的斷電，因此，應急備用電源是軍事設施必要的裝備之一。通常使用的柴油機發電系統噪音大、熱輻射強，不利於隱蔽。而全釩液流電池儲能技術可以克服上述不足，在軍用領域有廣闊的應用前景。高效液流電池

儲能系統的另一個重要應用是政府、醫院等重要部門非常時期的備用電站，如電網的事故引起停電、嚴重自然災害引起的停電等。

全釩液流電池響應速度快，放電時間長，功率模組和系統容量可獨立設計、靈活調控，因此，既可用於電子設備的短時間保護性電源，也可用於大規模不間斷電源。而且相比傳統的柴油發電機或鉛酸電池等後備電源技術，液流電池本身無碳排放，不使用高環境毒性的重金屬，採用規格合適、環境友好的液流電池，有利於應急備用電站的普及和發展。

8.4 屋頂太陽能儲能一體化

太陽能儲能系統就是太陽能發電儲能系統，通過太陽能板將光能轉換為電能，儲存在電池組中，主要由太陽能板、電池組、太陽能充電控制器和逆變器組成。隨著太陽能發電建設規模的迅速擴增，結合分散式太陽能發電併網的實踐應用情況，太陽能發電受光照和溫度的變化引起的發電功率波動問題愈顯突出。

為了實現太陽能發電系統向電網輸送的功率穩定，有學者提出運用儲能型太陽能發電系統，以解決削峰填谷、併網功率波動等問題。此前已經有報導在儲能型太陽能發電系統中採用了新型儲能元件全釩液流電池[4]，以抑制功率波動對電網產生的負面影響。太陽能儲能也是2030年碳達峰、2060年碳中和未來發展的一種形式，可以逐漸擺脫石油能源，尤其是目前的電動車就是一個很好應用，未來越來越多的太陽能儲能發電系統會更全面地應用在生活中。

2021年12月，浙江省首個「太陽能發電＋熔鹽儲熱＋液流儲電」專案在杭州市錢塘區西子航空園區「零碳工廠」投運。專案建有容量6MW屋頂太陽能電站，裝有年消納電能$974.4 \times 10^4 kW \cdot h$的熔鹽儲熱裝置和容量$400kW \cdot h$的液流電池，全年可減排二氧化碳1.25t，實現園區全生命週期零碳排放。在園區內，通過充分利用屋頂資源，建成的太陽能電站年發電量可達約$530 \times 10^4 kW \cdot h$，可滿足園區$500 \times 10^4 kW \cdot h$的年用電量，多出的電還可通過併入電網，獲得「陽光收益」。同時，園區內兩個儲鹽罐可將電能以熱能的形式儲存，在需要用熱時提供蒸汽熱源。目前，兩個儲鹽罐的總儲熱達100GJ，年供蒸汽超過10000t，熱電聯供效率可達90%。此外，園區內還裝有一個整合箱式全釩液流電池，該液流電池通過儲存太陽能或低谷電能並在用電高峰時釋放，幫助電網實現柔性削峰填谷。通過智慧系統聯動調節太陽能、熔鹽儲熱和液流儲電，最佳情況下，相比原有的節能模式，每年能節省費用450萬元。該「零碳工廠」作為中國「新能源＋儲能」的代表性專案，對於當前建設以新能源為主體的新型電力系統，進一步提升電力系統靈活調節能力和安全保障能力，具有積極意義。

近年來，液流電池儲能在太陽能儲能建築一體化中，應用最多的就是屋頂太陽能建築。該技術充分將太陽能與儲能結合，從而減少對不可再生資源的消耗。2021年6月20日，中國能源局綜合司下發了《關於報送整縣(市、區)屋頂分散式太陽能開發試點方案的通知》，對屋頂資源豐富，具備安裝太陽能能力且符合消納能力的建築屋頂進行分散式太陽能安裝試點，共有676個地點入圍，按照中國2860個縣級行政區計算，試點數量占約24%。據估算，此批試點整體需要在120G～150GW。中國國家電投湖北綠動中釩新能源有限公司與襄陽市高新區簽署了100MW全釩液流電池儲能電站及500MW分散式屋頂太陽能裝機專案，計劃投資93.2億元。其中，投資43.2億元建設100MW全釩液流電池儲能電站及500MW分散式屋頂太陽能裝機專案，投資50億元建設1GW風電太陽能發電專案，此外，上海電氣1MW/1MW·h全釩液流電池儲能專案落地汕頭智慧能源綜合園，與風力發電機組、屋頂太陽能電站、廠區負荷等共同組成「風光荷儲一體化」智慧能源專案。未來將新能源與儲能結合利用是發展的必然需要，新能源與儲能、製氫相結合是實現可再生能源充分利用的可行路徑。

8.5　儲能應急電源車

電能出現至今已有100多年的歷史，我們的生活發生了翻天覆地的變化。不知不覺中，電的使用已經滲透到我們生活的方方面面。在如今的科技環境下，日

圖8-4　應急發電車

常用電還是比較簡單的。尤其是在室內，如果要取電，可以連接相應的市電介面。但是在停電、戶外工作、長途自駕等情況下，在無法連接市電但又需要大量電力的情況下，就不容易取電。電源車可稱為行動發電車、應急電源車、發電車

(見圖8-4)。多功能應急電源車是在定型的二類汽車底盤上加裝廂體及發電機組和電力管理系統的專用車輛，主要用於如果停電將會產生嚴重影響的電力、通訊、會議、工程搶險等場所，作為機動應急備用電源使用。電源車具有良好的越野性和對各種路面的適應性，適應於全天候的野外露天作業，而且能在極高、低溫和沙塵等惡劣的環境下工作。具有整體性能穩定可靠、操作簡便、噪音低、排放性好、維護性好等特點，能很好地滿足戶外作業和應急供電需要。

這種車載應急電源，當市電正常時，由市電經過互投裝置給重要負載供電，同時進行市電檢測及蓄電池充電管理，再由電池組向逆變器提供直流能源；當市電供電中斷或市電電壓超限時，互投裝置將立即投切至逆變器供電，在電池組所提供的直流能源的支持下，用戶負載所使用的電源是通過EPS逆變器轉換的交流電源。車載應急電源的主體是一個蓄電池，其基本的功能是儲存電能，在車用蓄電池受凍或者故障的情況下，不需要任何交流電源就可以作為啟動汽車、卡車、輪船等電壓為12V的交通運輸車輛的啟動系統。

2021年4月，35kV紅場儲能站開始啟動，10MW/20MW·h可移動共享儲能應急電源在浙江亞運主場館基地投運，這代表著全系統、全容量、全功率投運的紅場儲能站一次性併網成功，並首次具備應急電源實際應用條件。據悉，紅場儲能站隸屬220kV鳳凰變電站供區，作為杭州應急電源基地首座35kV儲能電站，該儲能站由25個電源、電氣設備艙、4輛行動儲能車、41臺變壓器、20臺儲能變流器和26712節電池等組成，總容量2×10^4kW·h，功率1×10^4kW。正式投運後，紅場儲能站承擔起為2022年杭州亞運會等大型活動保供電、削峰填谷、降低網損和為日常配電搶修提供應急電源等多重使命。2022年杭州亞運會，這些行動儲能車將作為亞運多重保電措施中的重要一環，直接抵達保電現場，實現0.4kV低壓用戶用電直接供應及10kV高壓電的轉化供應(見圖8-5)。

除了行動儲能車，紅山儲能站的儲能設備，可在負荷低谷期儲存冗餘負荷，在用電高峰時段釋放之前儲存的負荷，實現「電源、負荷、電網」三者的動態平衡。對於蕭山電網來說，這個全新投產營運的儲能站，不僅是「源網荷互動體系」的能量儲備點，也是電網彈性的重要蓄勢點。作為國網杭州市蕭山區供電公司建設多元融合高彈性電網的生動實踐，該儲能站將在未來的電網運行中發揮重要作用。同時，35kV紅場儲能站是浙江省電力有限公司儲能產業化的試點專案，其建設對於實現可再生能源的應用、加快推進電力能源領域「雙碳」目標具有重要意義。

8.6　通訊基站

通訊基站即公用行動通訊基站，是行動設備接入網際網路的介面設備，也是

第8章 儲能與液流電池的應用與展望

圖 8-5　紅山儲能基地

無線電臺站的一種形式，指在一定的無線電覆蓋區中，通過行動通訊交換中心，與行動電話終端之間進行資訊傳遞的無線電收發信電臺。行動通訊基站的建設是行動通訊營運商投資的重要部分，行動通訊基站的建設一般都是圍繞覆蓋面、通話質量、投資效益、建設難易、維護方便等要素進行。隨著行動通訊網路業務向資料化、分組化發展，行動通訊基站的發展趨勢也必然是寬頻化、大覆蓋面建設及 IP 網路之間協定互連。

　　隨著通訊用戶數日益增加，網路覆蓋範圍需要不斷延伸。通訊基站是通訊網路的骨架，是電信營運商開展業務的基礎。供電系統是保障基站設備正常工作的重要組成部分。傳統基站供電系統一般包括發電設備（如柴油發電機）、儲能設備（如蓄電池組）及能量變換和管理設備（如直流變換器、逆變器）等。通訊基站除分布在城市外，還大量分布在沙漠、海島、山區等各種環境中，覆蓋面積寬廣，一般無人值守，對電源可靠性和壽命具有高的要求。柴油發電機是許多邊遠地區供電系統的能量來源。但採用柴油發電機發電成本較高、噪音大、汙染環境，燃料運輸成本也很高。隨著科技的進步和可再生能源的發展，以太陽能發電或風力發電為主的新能源基站得到廣泛關注。中國移動結合中國西部電網建設落後及通訊需要迫切問題，在新疆、西藏、內蒙古等省份，規模引入風能、太陽能等可再生能源供電系統，建設新能源基站。「十一五」末中國移動在西藏的基站達 2400 個。

　　儲能設備是新能源基站的重要組成部分，直接影響基站運行的穩定性與可靠性。目前新能源基站中使用的蓄電池多為鉛酸蓄電池。據統計，基站中供電系統的故障有 50% 以上是蓄電池組故障或蓄電池維護不當造成的，直接經濟損失巨大。如中國移動每年有 2.4 億儲量的鉛酸蓄電池進入報廢程序。據了解，大部分基站蓄電池存在電池容量下降快、使用壽命短、環境汙染等嚴重問題。通常經過

1～4 年的使用，蓄電池容量只有其標稱容量的 50% 左右，有的只有 30%～40%，遠遠達不到設計使用要求。主要原因在於新能源基站工作條件惡劣以及鉛酸電池的固有性質（固/液相變化、擴散質傳、溫度、大電流充放電、過載、充放電深度直接影響電池壽命）。另外，鉛酸電池能量效率低於 50%，這樣造成本來成本較高的新能源發電經鉛酸電池蓄電後損失了一大半，浪費資源。

因此，開發新型長壽命、高效率、高可靠性、低成本的儲能設備非常必要。液流儲能電池選址自由度大，系統可全自動封閉運行，無汙染，維護簡單，營運成本低。電解質為釩離子的水溶液，整個電池系統無爆炸和著火危險，安全性好。釩電解質溶液可循環使用和再生利用，環境友好。因此液流電池儲能應用於通訊基站也是目前研究焦點。

8.7　高能源消耗企業備用電源

電力、鋼鐵、建材、有色金屬、化工和石化等六大高耗能行業用電量占全社會用電量的近一半，都是集中用電大戶，在電網負荷中占有相當大的比例。拉閘限電會嚴重影響其正常的生產或經營活動，還嚴重影響生產設備的使用壽命。如果建自備電廠，10×10^4 kW 級以下的燃煤電站已被淘汰。由於石油漲價，柴油機發電的成本越發攀高，用於工業生產極不經濟。如果利用電力系統「谷」期的電能對儲能系統充電，利用峰谷電價差，可以為企業獲得經濟利益。而且由於儲能裝置放電輸出的是直流電，在電車、輕軌和捷運等交通部門應用時，可以不經「變流/整流」而直接應用，因此，電能的總轉換效率高，在成本上更為經濟。

8.8　展望

儲能技術本身不是新興的技術，但從產業角度來說卻是剛剛出現，正處在起步階段。到目前為止，中國沒有達到類似美國、日本將儲能當作一個獨立產業加以看待並發表專門扶持政策的程度，尤其在缺乏為儲能付費機制的前提下，儲能產業的商業化模式尚未形成。儲能行業因為各自有不一樣的條件，如機械儲能對地形有特殊的要求，因此，儲能的地區需要也是不同的：水能豐富的地區對機械儲能需要較大，而電磁儲能因為民用技術尚未成熟，更多的是運用於軍事領域。對於電化學能的需求，北京、上海、深圳等較為發達的城市需求量較大，這些地區新能源汽車行業的發展走在中國各個省份的前列，對鋰電池的需求強烈。

日益成長的能源消費，特別是煤炭、石油等化石燃料的大量使用給環境和全球氣候所帶來的影響使得人類可持續發展的目標面臨嚴峻威脅。如按現有開採不

可再生能源的技術和連續不斷地日夜消耗這些化石燃料的速率來推算，煤、天然氣和石油的可使用有效年限分別為 100～120 年、30～50 年和 18～30 年。顯然，21 世紀所面臨的最大難題及困境可能不是戰爭及食品，而是能源。

近年來，在以美國、日本、中國為首等各國政府的大力支持及社會各界研究團隊技術創新等激勵下，儲能技術在全球範圍內正快速實現大規模產業化。在目前能源轉型升級的關鍵時期，大規模可再生能源正逐漸成為主導能源。風光儲能目前存在的不僅僅是儲能形式不靈活，時空匹配性差等問題，對於風光儲能市場而言，當前風電和太陽能發電已經實現全面平價上網，投資回收週期肯定會變得更加漫長，資方對於電站投資的成本控制會更加嚴格。儘管風光＋儲能模式備受推崇，但是對於儲能電站該由專案方來投資還是作為電網配套一直沒有明確界定。一般來說，如果儲能電站由投資方來承擔，一個風電和太陽能電站的投資成本將增加 15％～20％，電池 3～5 年就需更換一次，這對於投資方來說成本難以承受。對於整個儲能市場而言，目前中國的儲能發展還是以政策導向為主。

在政策支持逐步明朗的背景下，隨著產業穩定預期的基本形成，太陽能企業、分散式能源企業、電力設備企業、動力電池企業、電動汽車企業等紛紛進入，開始加大力度布局，開拓儲能市場。儲能在可再生能源併網、電網輔助服務、用戶側儲能等領域的新應用模式也在不斷湧現。新增專案中，用戶側儲能一枝獨秀，占到年度新增裝機容量的 59％。巨大的市場前景引發了儲能領域的投資熱潮，推動了儲能技術的進步。但對於儲能的營利性商業模式是缺少的。儲能領域已經成為投資新焦點，機遇與風險共存，隨著新能源＋儲能成為風光電站開發的標配，以新能源電站開發為主業的大量央企、地方國企和 EPC 工程總承包紛紛加入儲能市場，並逐漸成為新能源儲能電站和獨立式儲能電站的開發主力。

此外，明確的裝機成長預期也吸引大量資本和圈外企業紛至沓來，除風光等臨近產業的企業外，傳統車企、化工企業等也正在大規模布局儲能和電池產能。特別是電池領域，近年來的瘋狂擴產也會帶來未來潛在的低端產能過剩、高端產能不足的風險。儘管儲能成為被寄予厚望的萬億元級發展新賽道，但是目前過於脆弱的市場盈利機制仍將會令行業發展在短期內面臨極強的波動和不確定性風險。對於電化學儲能，目前的應用主要是作為園區的備用電站或者分散式能源電站，在平峰時段，將電能儲存下來，在尖峰時段，將電賣給工業用戶，賺取差價。這類模式未來的盈利能力會更強，目前已經投運的儲能電站 IRR（內部收益率）已經可以達到 8％左右。

各國儲能政策走向及儲能技術發展的趨勢，都給液流電池的商業化應用帶來極大的機遇[5]。由於中國的釩資源儲量豐富，中國目前的液流電池發展以全釩液流電池為主。而全球最早的全釩液流電池的行業標準 NB/T 42040－2014《全釩液

液流電池與儲能

流電池通用技術條件》便是由中國於 2014 年發布的。而在 2016～2018 年，與全釩液流電池相關的國家標準也由中國陸續發布，涉及通用技術條件、系統測試方法、安全要求、用電解液等方面。可見，全釩液流電池是中國在儲能領域中發展的重點之一。大多數液流電池依賴於釩，這是一種稀有昂貴的金屬。一直以來，儲能市場上鋰電占有著絕對的優勢，但近幾年隨著能源結構轉型升級，可再生能源大量投入大型發電系統中、分散式能源系統逐步普及等給儲能技術帶來了新的挑戰，鋰離子電池儲能技術表現出難以適應大規模儲能的趨勢，這也給液流電池帶來巨大的發展機遇。

同時，高能量密度的鋅碘、鋅溴、有機體系等新型液流電池也不斷深入發展，在成本低廉的基礎上進一步實現技術突破，進而達到商業化普及。此外，中國政策也不斷加大支持力度，採取多種激勵措施來刺激市場和研發，這為液流電池的發展應用提供了良好的社會環境。在此背景下，結合液流電池的研究進展和市場需要，液流電池在儲能領域大規模普及應用具有很大的潛力和出色的前景。

鋅鎳單液流電池由於安全、穩定、成本低、能量密度高等優點成為電化學儲能焦點技術之一。鋅鎳單液流電池在電網削峰填谷，太陽能、風力等發電儲能設備應用具有一定的潛質。但該電池出現的許多問題影響到電池的進一步發展，比如鋅枝晶、鋅積累、極化以及氣體副反應等。鋅鎳單液流電池存在的最嚴重問題是鋅枝晶與積累導致的電池短路以及循環壽命降低，關於這方面的研究也是最多的，目前提出的一些解決辦法也有很多偏限性。比如電解液中加入添加劑雖然可以改善鋅形貌，但是添加劑用量值得深入研究，電池長時間運行後微量的添加劑會失效，而添加劑的大量使用極易對電池造成其他損害。因此，最有效的辦法還是從源頭解決問題，深入探勘問題背後的機理和原因，針對不同的原因採取不同的解決策略，並兼顧各因素之間的耦合效應，找出簡單有效的解決手段。

另外，開發新型電極材料可以降低電池成本，提高正負電極的面積容量。在實際應用中，鋅鎳單液流電池已經經歷了三代規模化產品。開發新型電池結構、建立精準物理模型、將電池與仿生結合等將是鋅鎳單液流電池發展的方向[6]。鋅溴液流電池技術也是目前全球主要的儲能技術之一，其具有能量密度高、電解液成本低的優勢，能夠大容量、長時間的充放電，且可回收利用，對環境汙染少。鋅溴液流電池的成本價格僅為全釩液流電池的 1/5 左右，具有天然的優勢。《鋅溴液流電池電極、隔膜、電解液測試方法》標準的發表，對於該技術的普遍推廣應用將會起到很大幫助。電動汽車動力源也可利用鋅/溴液流電池能量密度較高的特點與超級電容器混合使用，可以研究開發用於電動汽車的動力源。裝備鋅/溴液流電池（200W・h/kg）的電動汽車，一次充電行程達到 260km。但要實現這

些元件的商業化和工業化還需要克服一系列挑戰，功率密度、循環壽命甚至能量密度都需要進一步提高。

在鋅鈰液流電池短短發展的幾年中，鋅鈰液流電池以其高電壓(2.48V)、較低的成本吸引了越來越多科學研究工作者的關注。但目前鋅鈰電池的研究只限於對 Ce(Ⅲ)/Ce(Ⅳ) 電對的電化學動力學方面的討論，對於電池的設計和優化還處於起步階段，需要解決的問題還比較多。目前，還需解決的問題是充放電過程中的副反應、Ce(Ⅲ)/Ce(Ⅳ) 電對和負極鋅沉積溶解的可逆性差以及高性能低成本離子交換膜的開發。鋅鈰電池的循環穩定性較差，特別是在溫度較低時表現尤為明顯，電池內部反應過程和原理也需要進一步深入研究。雖然石墨氈作為電池的電極材料效果比較好，但尚未達到電池工業化所需要的性能[7]，需要開發配套的電極材料，解決這些問題還需要時間。

鐵鉻液流電池是 NASA 在 1980 年代初期提出的電池，在 2014 年的時候首次完成了商業化專案。鐵鉻液流電池的優勢在於循環的次數非常多，可以達到 2 萬次以上。鐵鉻液流電池的資源主要是鐵和鉻，現在地球上大概有 1.5×10^8 t 鐵、3200t 鉻，所以鐵、鉻的成本也是比較低廉的。另外因為它安全係數比較高，可以進行並行的設計，規模大、容量大，可以達到百兆瓦的級別。在發電側鐵鉻液流電池可以實現削峰填谷，彌補風電的波動率大和光電間歇性的缺點。具體在用戶側可以滿足不同的保護櫃、機櫃的用電需要，實現用戶負載的儲能保護，另外也可以進行高低峰電價的套利，現已有多種用戶側的應用場景[8]。

2020 年 12 月 24 日，中國國家電投集團公司的 250MW/1.5MW·h 鐵鉻液流電池光儲示範專案投產運行。專案位於沽源戰石溝太陽能電站，沽源戰石溝太陽能電站將通過與鐵鉻液流電池儲能發電運行相結合的方式，有效降低太陽能電站場用電量，提高太陽能電站穩定性，實現光儲系統的長期、穩定運行。該專案不僅是中國國家電投集團公司打造的百千瓦級鐵鉻液流電池首座示範電站，而且在中國鐵鉻液流電池儲能專案應用中尚屬首例。專案建設有 3 個直徑 4m、高約 9m、單件重 15t 的正負極和備用電池液儲罐，1 個直徑 2.2m、高約 4m、重 2.5t 的吸收塔，核心設備由具備 6h 儲能時長的 8 臺 31.25kW 和一號電池堆模組組成，是研究實現光儲系統長期、穩定運行的關鍵專案，可提高太陽能電站發電收益、供電穩定性和太陽能發電質量，對於驗證新型儲能技術應用於清潔能源消納具有里程碑意義。鐵鉻液流電池是近幾年被譽為最安全、壽命最長的儲能技術，目前其研究技術和示範規模量與全釩液流電池相差很多。

此外採用多種類型液流電池聯合作用的儲能系統也開始得到應用。50MW 牛津能源超級樞紐(ESO)鋰電池/釩液流混合儲能專案是英國直接將其連接到其國家輸電網的第一個儲能電站，如圖 8-6 所示，專案主要為電網和計劃包含 50 個

液流電池與儲能

超級充電樁的電動汽車充電站提供配套服務。專案的優化和交易引擎(OTE)是整個專案的基礎。引擎控制電池和電動汽車充電行為,以便它們適時自動使用更便宜、更清潔的電力。

圖8-6 50MW牛津能源超級樞紐(ESO)鋰電池/釩液流混合儲能專案布置圖

專案電池由50MW/50MW·h瓦錫蘭(Wartsila)鋰離子電池和2MW/5MW·h Invinity Energy System釩液流電池組成(見圖8-7),這些將由組合能源管理系統控制,該系統將與OTE通訊,後者將決定電池的最佳充電/放電時間表。專案允許釩液流(不會劣化)與鋰離子一起提供頻率響應服務,從而減少鋰離子的劣化。

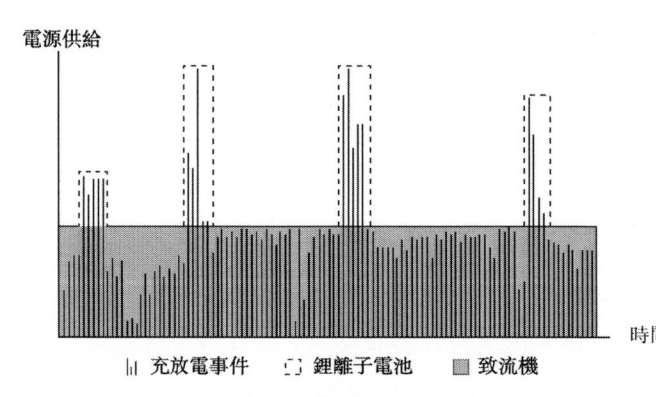

圖8-7 釩液流與鋰離子協同優化原理

混合儲能聯動使用的系統也是未來儲能的新走向,隨著公用事業公司迅速擴展可再生能源發電組合,太陽能發電設施和儲能系統混合解決方案是提供電網可靠性的關鍵技術。能源設施混合部署是一個未來趨勢,而這對於電網來說,是一種自然發展過程。混合部署的能源系統是指可再生能源發電設施和電池儲能系統

共址部署，其優點是可以減少輸電成本，並分擔安裝費用，還可以為電網營運商提供更大的電力調度靈活性。

　　太陽能發電以其取之不盡、用之不竭、綠色環保的特點而受到人們青睞，但受光照和溫度等自然條件影響，太陽能發電量常常不夠穩定。因此，對電能的儲存和轉換提出了更高的要求。

　　華陽集團建設了太陽能＋飛輪＋電池混合儲能示範專案，將具有高效、安全、綠色、經濟等特點的飛輪儲能和電池按一定配比組成混合儲能系統，在電網頻率頻繁擾動時，由飛輪儲能裝置承擔大部分出力，在飛輪儲能裝置不能滿足要求時，電池儲能在功率或能量上進行補充，實現協調互補，使新能源場站具備一次調頻能力，提高新能源發電靈活性，實現新能源大規模消納，保障電力安全可靠供應。華陽集團將在此基礎上，繼續規劃打造百兆瓦級太陽能＋飛輪＋鈉電混合能源體系示範專案，進一步改善風電太陽能發電間歇性、波動性，提高新能源專案電能質量，實現新能源專案本地調峰調頻功能。同時，將新能源專案開發與礦業生態修復相結合，降低生態修復成本，提升協同效益。

　　由瑞士儲能廠商 Leclanché 公司和飛輪技術開發商 S4 Energy 公司提供產品構建的一個混合部署儲能系統已在荷蘭投入運行。該儲能系統將鋰離子電池儲能系統與飛輪形式的機械儲能系統結合在一起。這個混合部署的儲能系統將一個 8.8MW/7.12MW·h 鋰離子電池儲能系統與 6 個飛輪儲能系統組合在一起，可提供高達 3MW 的功率。它將為荷蘭電網營運商 TenneT 公司營運的電網提供頻率穩定的電力服務。這個混合部署儲能系統在荷蘭阿爾默洛營運，圖 8－8 中部署的是 S4 Energy 公司的飛輪儲能系統，後面是 Leclanché 公司提供的集裝箱式電池儲能系統。該儲能系統旨在加快向清潔能源的過渡，將幫助當地電網管理增加可變的可再生能源發電量。

　　飛輪儲能可以在很短的時間內提供瞬時功率而不會失去容量，通過高速旋轉的飛輪儲存能量。單機的容量可以做到很高，效率可達 86%～94%，使用壽命在 10 萬次以上，成本估計在 1200～2500 元/kW，比較適合高頻次的調頻應用。由於飛輪不易退化，因此該技術被視為對高容量電池儲能系統的一種補充。飛輪組件可以持續提供備用電源，而電池儲能系統只在頻率變化時間較長時加入，從而保護其電池免於退化，並確保更長的電池壽命。利用飛輪儲能的優勢與其他儲能形式混合的形式，可作為多功能儲能電源車的電量來源。與普通應急發電車不同，飛輪儲能混合形式下的發電車除了應急發電系統之外，還增加了飛輪儲能電源系統，相當於大功率的 UPS，並與主供電源和用電設備串聯。當主供電源停電時，飛輪儲能電源系統會向用電設備供電，並向與之連接的應急發電系統自動發出指令，應急發電系統隨即啟動供電，確保電力供應不間斷。多功能儲能電源

液流電池與儲能

圖 8-8 飛輪+鋰離子電池儲能系統

車可以充當城市「戶外行動電源」，在削峰填谷、應急保電、應急救援、臨時擴容、智慧充售、行動救援等多重應用能力上得到進一步提升。

目前，全球儲能已是焦點，各國也愈加重視液流電池的儲能計劃，僅在 2021 年 12 月國外發布的液流電池專案就有 3 例。如美國加利福尼亞州能源供應商中央海岸社區能源（CCCE）宣布了四個新的電網規模電池儲能專案，其中包括三個長時液流電池專案。這可能是迄今為止世界上對該技術最大的公用事業採購，將建造具有 8h 儲能的釩氧化還原液流電池（VRFBs）系統，其規模從 6MW/18MW·h 到 16MW/128MW·h，以及 4h 的鋰離子電池系統。CCCE 預計所有批准專案營運日期為 2026 年。此外美國洛克希德·馬丁公司表示，計劃為加拿大的一個裝機容量為 102.5MW 的太陽能發電專案設施配套部署一個持續放電時間為 8h 的液流電池儲能系統。還有韓國 H2 Inc 公司正在美國加利福尼亞州一家天然氣調峰廠現場部署一個 5MW/20MW·h 釩氧化還原液流電池（VRFBs）專案。這個持續放電時間為 6h 的液流儲能系統（ESS）將與太陽能發電場配套部署，並構建一個零排放的微電網，為當地健康中心和消防站等關鍵社區資源提供備用電源。該儲能系統還將利用加州批發能源市場機會並通過平衡服務支持電網獲得收入。

新型儲能將在推動能源領域碳達峰、碳中和過程中發揮顯著作用。到 2030 年，將實現新型儲能全面市場化發展，以新能源形式的儲能將迎來大規模的配置，風光儲能和電化學儲能將切合市場的應用。風光儲能對地區有一定的依賴性，但對於太陽光充足的沙漠與非洲地區而言，通過太陽能儲能開發的「沙漠太陽能儲能與治理相結合」的新模式和非洲太陽能儲能都得優異的效果。在中國 1% 的沙漠上鋪滿太陽能電池板，夠 13 億人使用，可見利用太陽能+儲能+電池能夠帶來的電力將是巨大的。

第8章　儲能與液流電池的應用與展望

未來新型電力系統儲能將迎來改變，雲端儲能將成為新形態儲能服務，雲端儲能依賴於共享資源而達到規模效益，使得用戶可以更加方便地使用低價的電網電能和自建的分散式電源電能。雲端儲能可以綜合利用集中式的儲能設施或聚合分散式的儲能資源為用戶提供儲能服務，將原本分散在用戶側的儲能裝置集中到雲端，用雲端的虛擬儲能容量來代替用戶側的實體儲能。雲端的虛擬儲能容量以大規模的儲能設備為主要支撐，以分散式的儲能資源為輔助，可以為大量的用戶提供分散式的儲能服務。隨著人工智慧的發展，儲能將變得更加靈活，未來儲能電站的跨省調峰也將成為電力市場的新形勢。跨省調峰為儲能裝置、電動汽車充電樁及負荷側各類可調節資源參與省間調峰輔助服務交易帶來新的市場機制，使一些區域省間電力調峰輔助服務市場參與方由發電側延伸到需求側。新型市場主體通過改變自身充放電行為或用電行為，將高峰時段用電或充電挪到低谷、腰荷（中間）時段，從而為所在省的省級電網在低谷、腰荷時段吸納省外富餘清潔能源提供一部分增量空間。新形勢不僅有助於發揮需求側參與區域電網調節的能力、促進清潔能源消納，而且還為新型市場主體帶來一部分增量收益。

液流電池儲能未來的發展，將不僅限於單種液流電池的使用，而是通過多種類型液流電池的協同作用，以及與其他新能源共同作用來實現能源最大化。用更低的成本得到更加優異的儲能效果是我們未來研究需要關注的側重點。清華大學液流電池工程研究中心主任王保國表示，液流電池儲能裝機成本未來有望與鋰電池大體持平，但液流電池在安全性和壽命上有絕對優勢。他指出，如果提高電路密度，電堆至少還有 40% 的降價空間。未來在裝機容量十幾萬 kW·h 的區間內，液流電池價格基本能做到 3000～3500 元/kW·h，電解液的價格可能降到 900～1100 元/kW·h。在加快液流電池商業化、規模化的過程中，降低成本也必然是需要考慮的。這就需要從構成液流電池儲能的原材料著手，包括對於電解液、隔膜、雙極板、電極、電堆技術、模組及系統技術等的提高優化，仍需要廣大研究者不斷努力。

未來各國配套政策將加快推進電力現貨市場、輔助服務市場等市場建設進度，通過市場機制體現電能量和各類輔助服務的合理價值，給儲能技術提供發揮優勢的平臺。從競爭趨勢來看，在政策支持逐步明朗的背景下，基於對產業前景的穩定預期，太陽能企業、分散式能源企業、電力設備企業、動力電池企業、電動汽車企業等紛紛進入，加大力度布局，開拓儲能市場，全球儲能行業競爭或將加劇。包括開始運用碳排放交易的手段來實現「雙碳」目標，其實碳排放交易影響下也在促使能源行業的發展，碳排放權交易市場相對其他市場來說更加抽象，其基本原理在於通過人為構建「碳資產」來衡量碳排放權的稀缺性，從而將二氧化碳排放這一能源領域重要的外部性實現內部化，引導社會生產活動向綠色低碳轉

型，促進綜合能源業務空間大幅成長。碳排放交易將對企業的生產經營及決策產生重要影響，儲能作為一種良好的技術手段，為企業提供了另一種應對選擇。

參 考 文 獻

［1］張曉紅，馬列. 釩液流電池在太陽能發電系統中的應用研究［J］. 電力學報，2016，31(2)：111－115.

［2］宋子琛，張寶鋒，童博，等. 液流電池商業化進展及其在電力系統的應用前景［J/OL］. 熱力發電：1－12［2022－01－05］.

［3］房茂霖，張英，喬琳，等. 鐵鉻液流電池技術的研究進展［J/OL］. 儲能科學與技術：1－9［2022－01－05］.

［4］于海江，劉昉. 新型電力系統呼喚新型儲能技術［N］. 中國電力報，2021－11－04(005).

［5］袁家海，李玥瑤. 大工業用戶側電池儲能系統的經濟性［J］. 華北電力大學學報：社會科學版，2021，7(3)：39－49.

［6］楊朝霞，婁景媛，李雪菁，等. 鋅鎳單液流電池發展現狀［J］. 儲能科學與技術，2020，9(6)：1678－1690.

［7］李建林，譚宇良，王含. 儲能電站設計準則及其典型案例［J］. 現代電力，2020，37(4)：331－340.

［8］李松. 全釩液流電池用PAN基石墨氈複合電極性能研究［D］. 瀋陽：瀋陽建築大學，2020.

液流電池與儲能

主　　　編	：徐泉，牛迎春，王岫，徐春明
發 行 人	：黃振庭
出 版 者	：崧燁文化事業有限公司
發 行 者	：崧燁文化事業有限公司
E-mail	：sonbookservice@gmail.com
粉 絲 頁	：https://www.facebook.com/sonbookss/
網　　址	：https://sonbook.net/
地　　址	：台北市中正區重慶南路一段 61 號 8 樓 8F., No.61, Sec. 1, Chongqing S. Rd., Zhongzheng Dist., Taipei City 100, Taiwan

電　　　話：(02)2370-3310
傳　　　真：(02)2388-1990
印　　　刷：京峯數位服務有限公司
律師顧問：廣華律師事務所 張珮琦律師

-版權聲明-

本書版權為中國石化出版社所有授權崧燁文化事業有限公司獨家發行繁體字版電子書及紙本書。若有其他相關權利及授權需求請與本公司聯繫。

未經書面許可，不可複製、發行。

定　　價：520 元
發行日期：2025 年 04 月第一版
◎本書以 POD 印製

國家圖書館出版品預行編目資料

液流電池與儲能 / 徐泉，牛迎春，王岫，徐春明 主編 . -- 第一版 . -- 臺北市：崧燁文化事業有限公司，2025.04
面；　公分
POD 版
ISBN 978-626-416-487-0(平裝)
1.CST: 蓄電池
337.42　　　　　　114004008

電子書購買

爽讀 APP　　　臉書